Der Grubenausbau.

Der Grubenausbau.

Von

Hans Bansen,
dipl. Bergingenieur,
ord. Lehrer an der Oberschlesischen Bergschule zu Tarnowitz.

Mit 352 in den Text gedruckten Figuren.

Springer-Verlag Berlin Heidelberg GmbH
1906

ISBN 978-3-662-38726-9 ISBN 978-3-662-39613-1 (eBook)
DOI 10.1007/978-3-662-39613-1

Softcover reprint of the hardcover 1st edition 1906

Vorwort.

Das vorliegende Buch enthält in der Hauptsache den Stoff, der beim Unterricht an der Oberschlesischen Bergschule im Grubenausbau durchgenommen wird. Daraus erklärt sich, daſs in erster Reihe oberschlesische Verhältnisse berücksichtigt wurden. Ein Buch, das aber nur diese allein behandelte, wäre zu einseitig gewesen; darum wurden auch die anderen wichtigeren Bergbaubezirke berücksichtigt. Dadurch hoffe ich erreicht zu haben, daſs das Buch auch für Bergleute aus solchen Gegenden brauchbar ist. Bei der Bearbeitung des Stoffes legte ich besonderes Gewicht darauf, die Ausführung der einzelnen Arbeiten genau und eingehend zu beschreiben, damit der künftige technische Grubenbeamte, der während seiner Anfahrzeit doch nicht bei allen Arbeiten angelegt werden konnte, sich über deren Ausführung unterrichten kann. Doch nicht allein für den Bergschüler, auch für den „Akademiker" unter den Bergleuten ist der bearbeitete Stoff bestimmt und demgemäſs entsprechend über den Rahmen des Bergschulunterrichts hinaus erweitert worden. Besonders der „höhere" Bergmann wird in vielen Fällen nicht wissen, wie die eine oder andere Arbeit genau ausgeführt wird; denn seine praktische Ausbildungszeit ist noch wesentlich kürzer als die des künftigen Steigers oder Obersteigers. Kommt er aber nach beendetem Studium in Betriebsstellungen, dann muſs er zunächst erst bei der Lehrmeisterin Praxis lernen, ehe er es manchem Steiger gleichtun kann. Hierin soll ihm dieses Buch helfend zur Seite stehen. Ich brauche z. B. nur auf die Getriebearbeit in Schächten zu verweisen, die nicht jeder praktisch kennen gelernt hat, aber als Beamter schlieſslich doch einmal leiten muſs. Ihre Ausführung erscheint sehr einfach, wenn man sich darüber nach unseren vorhandenen Lehrbüchern der Bergbaukunde unterrichten will. Erst in der Ausführung treten die Schwierigkeiten zutage.

Zum Schlusse richte ich an meine Leser noch die Bitte, mir von Fehlern, die sich etwa in das Buch eingeschlichen haben sollten, von interessanten Arbeits- und Ausführungsweisen usw. Mitteilung zu machen, für die ich mich stets dankbar erweisen werde.

Tarnowitz, im Dezember 1905.

H. Bansen.

Inhaltsverzeichnis.

Erster Teil.

Einleitung.

Zweiter Teil.

Die Herstellung und der Ausbau von Schächten.

Dritter Teil.

Der Ausbau von Strecken.

Vierter Teil.

Der Ausbau von Abbauen.

Fünfter Teil.

Der Ausbau von Füllörtern, Maschinenstuben und sonstigen grofsen Räumen.

Bei der Bearbeitung benutzte Literatur.

Jicinsky, Katechismus der Grubenerhaltung.

Höfer, Taschenbuch für Bergmänner.

Verein „Hütte“, Des Ingenieurs Taschenbuch.

Die Entwickelung des Niederrheinisch-Westfälischen Steinkohlen-Bergbaues. Bd. III: Stollen und Schächte (im Text unter der Bezeichnung „Sammelwerk“ angeführt).

Dufrane-Demanet, Traité d'exploitation des mines de houille.

Köhler, Lehrbuch der Bergbaukunde.

Treptow, Grundrifs der Bergbaukunde und Aufbereitung.

Sickel, Die Grubenzimmerung.

Riemer, Das Schachtabteufen in schwierigen Fällen.

Handbuch der Ingenieurwissenschaften. Band IV, 2. Abteilung.

Tecklenburg, Handbuch der Tiefbohrkunde. Band VI.

Rziha, Tunnelbaukunst.

Lange, Katechismus der Baukonstruktionslehre.

Mellin, Rückblick auf das Bergwesen der Pariser Weltausstellung 1900.

Krause, Ing. Dr. Max, Über das Hasselmannsche Imprägnierungsverfahren, speziell in seiner Bedeutung für das Grubenholz. Glückauf 1898, Nr. 39.

Die Methoden zur Konservierung der Hölzer. Der Bergbau, XV. Jahrgang (1901/02), Nr. 13.

Untersuchung über die Gebrauchsfähigkeit verschiedener Holzarten zu Grubenstempeln. Zeitschrift für das Berg-, Hütten- und Salinenwesen im Preufsischen Staate. Nr. 48 (1900).

Die Anwendung des Imprägnierverfahrens Hasselmann auf Schwellen und Nutzholz. Glückauf 1902, Nr. 5.

Über Versuche mit verschiedenen Holzarten mit Rücksicht auf ihre Verwendbarkeit im Bergbau. Glückauf 1898, Nr. 9.

Dütting, Über die Gebrauchsfähigkeit einiger Holzarten zum Grubenausbau. Glückauf 1898, Nr. 41.

Über die Verwendbarkeit des Akazienholzes insbesondere für den Grubenbetrieb. Glückauf 1898, Nr. 2 und 14.

Kausch, Akazienholz (Robinie) als Zukunftsholz für den Bergbau. Glückauf 1898, Nr. 43.

Kausch, Die Verwendung des Akazien-(Robinien-)Holzes im Bergbau. Glückauf 1899, Nr. 11.

Bewährung des Akazienholzes als Grubenholz. Glückauf 1899, Nr. 30.

Wex, Der Stand der Grubenholzimprägnierung auf den Zechen des Oberbergamtsbezirks Dortmund am Ende des Jahres 1903. Glückauf 1904, Nr. 15.

Dr. H. Riesenfeld, Vergleichende Versuche über Holzimprägnierung. Kohle und Erz 1904, Nr. 1 und 2.

Alfred Wiede, Die Wasserabdämmung beim Abteufen des Pöhlauer Schachtes der Gewerkschaft Morgenstern in Reinsdorf durch Versteinung der natürlichen Wasseradern. Jahrbuch für das Berg- und Hüttenwesen im Königreiche Sachsen, Jahrgang 1901.

F. M. Georgi, Wasserdämmung und Betonausbau im König-Georg-Schachte des Königlichen Steinkohlenwerkes Zauckerode. Jahrbuch für das Berg- und Hüttenwesen im Königreiche Sachsen, Jahrgang 1904.

Schimitzek, Eisenarmierter Betonausbau alter Schächte. Österreichische Zeitschrift für Berg- und Hüttenwesen 1904, Nr. 34.

Heise, Gewellte Tübbings. Glückauf 1904, Nr. 41.

Über gewellte Tübbings. Glückauf 1904, Nr. 46.

Heise, Zur Frage der gewellten Tübbings. Glückauf 1905, Nr. 3.

Hoffmann, Zur Frage der Schachttübbings und deren Verstärkung. Glückauf 1905, Nr. 9.

Heise, Neues über die Festigkeitsverhältnisse gewellter und anderer Tübbings. Glückauf 1905, Nr. 9.

Max Venator, Über Abteufen mittels des Haaseschen Röhrenverfahrens. Jahrbuch für das Berg- und Hüttenwesen im Königreiche Sachsen, Jahrgang 1901.

Die Verwendung komprimierter Luft beim Absinken des Schachtes Sterkrade der Aktiengesellschaft Gutehoffnungshütte. Glückauf 1898, Nr. 10.

R. Wabner, Abteufen und Auszimmern von Schächten im gebrächen, rolligen oder losen Gebirge mit sogenannter Schleifsenzimmerung in Oberschlesien. Berg- und Hüttenmännische Zeitung 1890, Nr. 2.

R. Pierre, Das Abteufen des Schachtes I der Bergwerksgesellschaft Laura und Vereeniging zu Eygelshoven (Holländisch Limburg) mittels Gefrierverfahrens. Glückauf 1903, Nr. 21.

C. Klein, Über die Anwendung des Gefrierverfahrens zum Abteufen von Schächten in schwimmendem und wasserreichem Gebirge. Glückauf 1903, Nr. 27.

Verfahren und Einrichtung zum Abteufen von Schächten für beliebig grofse Teufen und unter Berücksichtigung des Wasserabschlusses in der Steinsalzlagerstätte mit alleiniger Anwendung des Gefrierverfahrens. Glückauf 1903, Nr. 50.

Joosten, Die neueste Anwendung des Gefrierverfahrens auf der Zeche Auguste Victoria i. W. Glückauf 1904, Nr. 50 und 51.

L. Hoffmann, Leistungen und Kosten beim Schachtabteufen im Ruhrbezirk. Glückauf 1901, Nr. 36/37.

Erfahrungen mit Eisenpfählen auf dem Steinkohlenbergwerk Ver. Glückhilf-Friedenshoffnung bei Waldenburg i. Schl. Glückauf 1904, Nr. 18.

Verfahren und Vorrichtung zum Stützen des Hangenden in Abbaubetrieben. Glückauf 1904, Nr. 21.

Middendorf, Ausbau von Abbaubetrieben mit eisernen Stempeln. Glückauf 1904, Nr. 13.

Mauerung aus Holz in druckhaftem Gebirge. Glückauf 1904, Nr. 29.

J. Treptow, Verwahrung der Grubenbaue gegen Gebirgsdruck und Brandgefahr bei den Werken des Zwickau-Oberhohndorfer Steinkohlenbauvereins. Jahrbuch für das Berg- und Hüttenwesen im Königreiche Sachsen, Jahrgang 1901.

Erster Teil.

Einleitung.

Erster Abschnitt.

Allgemeines.

A. Der Zweck des Grubenausbaues.

Die Grubenräume müssen so lange offen erhalten werden, als es für die Zwecke des Betriebes nötig ist. Um dies zu erreichen, sind besondere Mittel nötig, die entweder gleich bei der Herstellung der Räume oder verschiedene Zeit nachher zur Anwendung gelangen. Die hauptsächlichsten dieser Mittel sind erstens eine besondere Form und Weite, die man den Bauen gibt, und zweitens eine Unterstützung des Gebirges.

B. Der Druck.

Als Feind der offenen Räume tritt der Druck auf. Er ist eine Folge der Schwerkraft, die nicht nur einzelne Gesteinsstücke und -blöcke, sondern auch zusammenhängende Gebirgsschichten nach unten zieht, sobald sie ihrer Unterstützung ganz oder teilweise beraubt worden sind. Diese Bewegung nach dem Mittelpunkte der Erde ist entweder ein plötzliches Zubruchegehen (Verschütten) oder ein allmähliches Hereindrängen.

Der Druck äufsert sich als

1. Firstendruck,
2. Stofsdruck (Seitendruck oder Schub),
3. Sohlendruck.

I. Der Firstendruck.

Der Firstendruck ist am gröfsten bei Massen, die wir uns als in gewissem Grade flüssig vorstellen können, wie Letten und plastischer

Ton. Dies ist namentlich der Fall, wenn sie sich im feuchten Zustande befinden.

Etwas anders verhält sich der Sand, der gar keinen inneren Zusammenhang, also auch keine Spannung besitzt. Je grobkörniger und scharfkantiger er ist, um so näher drängen sich die einzelnen Körner aneinander, so dafs dadurch eine Art von Verband entsteht. Dies ersetzt, allerdings in nur geringem Mafse, den fehlenden inneren Zusammenhang. Hierzu ist indessen ein gewisser Feuchtigkeitsgehalt erforderlich.

Bei zunehmender Trockenheit und abnehmender Korngröfse wird der Sand immer dünnflüssiger und weniger zusammenhängend, was bei Ton und Letten nicht der Fall ist.

Mit der Zunahme des Wassergehaltes verhalten sich jedoch Sand, Letten und Ton ganz gleich. Sie werden schwimmend und gewinnen dadurch bedeutend an Beweglichkeit. Somit steigt auch der Druck, den sie auszuüben vermögen. Es ist aber zu berücksichtigen, dafs man es nun nicht mehr allein mit dem Gebirgsdrucke zu tun hat, sondern auch mit dem Wasserdruck.

Auch die festen Gebirgsmassen verhalten sich verschieden, je nach dem Grade ihres Zusammenhanges. Sie können sich nur verbiegen oder aber in Stücke zerfallen. Bei sehr festem Gestein lösen sich oft nur einzelne Schalen und Wände ab als Zeichen dafür, dafs Druck vorhanden ist.

II. Der Seitendruck.

Den Seitendruck kann man vom freien Fall eines Körpers, z. B. einer Kugel, auf einer schiefen Ebene ableiten. Je gröfser der Neigungswinkel der schiefen Ebene ist, mit um so gröfserer Kraft drückt der auf ihr abwärts rollende Körper auf etwaige Hindernisse, die ihn aufhalten wollen.

Jede Gebirgsart hat einen besonderen, natürlichen Böschungswinkel, den sie unter allen Umständen anzunehmen trachtet. Dies ist besonders leicht wahrzunehmen an senkrechten Wänden (Streckenstöfsen) im rolligen Gebirge. Die geböschte Fläche stellt die schiefe Ebene dar; auf ihr rollt alles nach unten, was nicht innerhalb des Böschungswinkels liegt. Um dies zu verhüten, werden senkrechte Wände im rolligen Gebirge durch Holzzimmerung oder Mauerung gestützt. Wie stark der Ausbau sein mufs, um dem Seitendruck mit hinreichender Kraft widerstehen zu können, lehrt am besten die praktische Erfahrung.

Im festen Gebirge können die Seitenstöfse der Grubenbaue ohne besondere Unterstützung senkrecht, sogar überhängend hergestellt werden, ohne dafs ein Nachteil eintritt. Dagegen werden bei geringerer Festigkeit des Gebirges oben an den Stöfsen Abbröckelungen stattfinden; diese werden sich so lange fortsetzen, bis die Stöfse die dem Gebirge eigentümliche Böschung besitzen.

Der Stofsdruck kann durch Firstendruck noch vergröfsert werden. Die einzelnen Teilchen des im Stofse anstehenden Gebirgsstückes werden dann nicht allein infolge der Schwere nach unten gezogen, sondern sie erhalten von dem ebenfalls nach unten strebenden Firstengesteine noch einen besonderen Schub nach unten. Dies wird namentlich dann wahrnehmbar werden, wenn hangende Gebirgsschichten im ganzen sinken und somit auf den sie tragenden Gesteinssäulen lasten.

Beim schwimmenden Gebirge ist es besonders die Last des in ihm enthaltenen Wassers, die den Druck ins ungeheure zu steigern vermag. Im Wasser wirkt der Druck gleichmäfsig nach allen Seiten hin; daher wird auch der Stofsdruck hier stets von der Höhe der Wassersäule abhängig sein.

Den Letten und treibenden Ton können wir ebenfalls wieder als Massen von beträchtlicher Zähflüssigkeit auffassen. Bei Grubenbauen, die in diesem Gebirge hergestellt sind, hängt der Stofsdruck zunächst von der Mächtigkeit der Lettenmasseu ab, dann aber auch wiederum von dem Drucke, den hangende Gesteinsmassen auf dieses lettige Gebirge ausüben.

Wenn der Druck in schräger Richtung wirkt, so dafs er die Grubenbaue um ihre Längsachse zu verdrehen sucht, spricht man von schraubendem Druck.

III. Der Sohlendruck.

Der Sohlendruck ist im Gegensatze zum Firsten- und Seitendruck nur eine mittelbare Folge der Schwerkraft. Er tritt immer dann ein, wenn die Sohle aus milderem Gestein besteht als das, in welchem die Stöfse und Firste einer Strecke ausgearbeitet sind. Wenn nun die hangenden Schichten nach unten zu sinken beginnen, pressen sie sich in das milde Sohlengestein hinein; dieses ist nun gezwungen, in die Strecke, also nach oben, auszuweichen. Die Streckensohle beginnt zu quellen; die einzelnen Gesteinsbänke bersten dabei und blättern sich auf.

C. Die Ursachen des Druckes.

Wir haben schon gesehen, dafs Druck sich einstellt, wenn ein Gestein seine Spannung verliert; dies ist fast immer dann der Fall, wenn die Schichten ihrer Unterstützung beraubt werden.

Viele, namentlich tonige Gebirgsarten, verlieren ihre Spannung auch infolge Verwitterung und Zersetzung. Dies beginnt immer dann, wenn das Gestein beim Streckenvortriebe freigelegt wird, so dafs es mit der Luft in Berührung kommt. Die unmittelbaren Ursachen der Verwitterung sind entweder die Oxydation oder häufiger die Aufnahme von Wasser. Dieses Wasser stammt zumeist aus der Grubenluft, die fast durchweg einen hohen Feuchtigkeitsgehalt besitzt.

D. Die Mittel gegen den Druck.

Das Bestreben des Bergmannes mufs in der Hauptsache immer dahin gehen, zu vermeiden, dafs sich überhaupt Druck einstellt. Ist er einmal vorhanden, dann ist es unmöglich, ihn wieder zu beseitigen; höchstens kann man ihn zum Stillstande bringen, d. h. vermeiden, dafs er gröfser wird.

Da der Druck eine Folge von Spannungsverlusten im Gestein ist, so ist das Haupterfordernis, dafs man die ursprüngliche Spannung im Gestein zu erhalten sucht. Dies kann dadurch erreicht werden, dafs man die Grubenbaue mit einem Ausbau versieht, auch wenn noch gar kein Druck vorhanden ist.

Wenn sich in der Nähe von Räumen, die lange offen bleiben sollen, alter Mann befindet, so müssen gegen diesen entsprechende Sicherheitspfeiler belassen werden. Oft wird es auch möglich sein, solche Räume dadurch zu schützen, dafs man die umliegenden verlassenen Baue versetzt.

Gesteinsschichten, von denen man weifs, dafs sie durch Verwitterung über kurz oder lang in Druck kommen werden, sind sofort bei ihrer Freilegung hereinzuwerfen. Dies ist natürlich nur dann durchführbar, wenn ihre Mächtigkeit nicht allzu bedeutend ist. Im anderen Falle hat man oft mit Erfolg versucht, die Luft von der Berührung mit solchem Gestein abzuhalten. In einfachster, aber auch unvollkommenster Weise wird dies durch einen dichten Bretter- oder Schwartenverzug erzielt. Besser und sicherer kann man die Grubenluft vom Gestein fernhalten, wenn letzteres mit einem dichten Mörtelverputz berappt wird. Oft genügt schon anstatt dessen ein einfacher Kalkanstrich. Hierbei mufs in erster Reihe dafür gesorgt werden, dafs alle Klüfte gut verschmiert werden, denn gerade auf ihnen dringt die Verwitterung schnell tief in das Gestein vor.

Das Sohlequellen als Folge von Feuchtigkeitsaufnahme aus der Luft wird häufig dadurch vermieden werden können, dafs die Streckensohle mit Stoffen bedeckt gehalten wird, die kein Wasser ansaugen. Dies wäre z. B. Kesselasche, Zinkschlacke (Räumasche) u. dgl., die in einer

8—10 cm starken Schicht eingebracht und festgestampft werden. In manchen, günstigeren Fällen genügt auch eine Schüttung von feinen Bergen (Waschbergen).

Ist in solchen Strecken mit quellender Sohle fliefsendes Wasser vorhanden, so mufs dieses selbstverständlich in einer wasserdicht ausgekleideten Wasserseige oder in einem Gefluter abgeleitet werden.

Von nicht zu unterschätzender Bedeutung für die Offenerhaltung von Grubenbauen sind deren Weite und Form. Die Weite steht immer im geraden Verhältnis zur Gesteinsspannung; sie kann also bei hoher Spannung gröfser sein als bei geringer.

Die Form der Grubenbaue ist aufser von der Gesteinsspannung noch von der Art des einzubringenden Ausbaues abhängig. Bei hoher Spannung im Gestein wird sich oft ein Ausbau vollkommen erübrigen; in diesem Falle erhalten die Baue am besten gewölbte Querschnitte. Schächte werden also rund oder elliptisch abgeteuft; Strecken, Füllörter, Maschinenräume u. dgl. sind „auf Wölbung“ herzustellen, d. h. die Firste, die ja zu allererst in Druck geraten kann, erhält gerundete Formen (Fig. 1). Im Steinkohlengebirge finden sich derartige Quer-

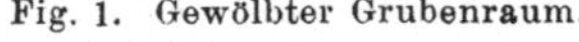

Fig. 1. Gewölbter Grubenraum.

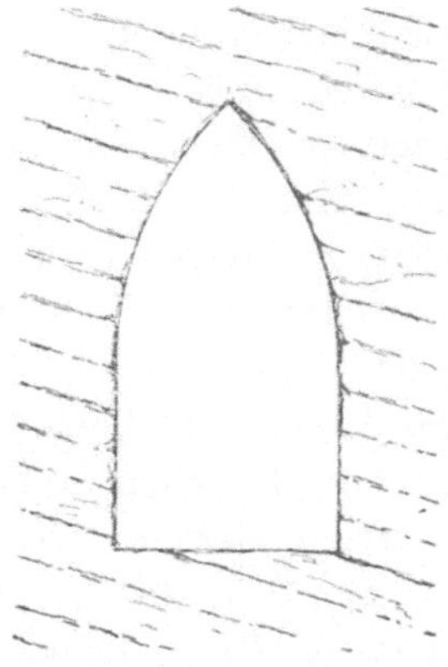

Fig. 2. In Spitzbögen hergestellter Grubenraum.

schnitte besonders bei Strecken, die im Sandstein oder im Kohl getrieben sind. Ab und zu wird die Streckenfirste auch spitzbogenartig (Fig. 2) eingewölbt; dies ist aber zumeist nur bei geringerer Spannung und in schmalen Strecken vorteilhaft.

Ist die Gesteinsspannung eine derartig geringe, dafs die Baue nicht ohne Ausbau belassen werden können, so hat sich ihre Gestalt dem Charakter des Verbaues anzupassen. Da nun am häufigsten die Holzzimmerung zur Anwendung gelangt, so werden die Querschnitte meistens rechteckig, seltener vieleckig sein. Auch wenn der Ausbau in Mauerung erfolgen soll, werden häufig eckige Querschnitte gewählt werden, obgleich Mauerung stets in gerundeten Formen ausgeführt wird. Dies rührt daher, dafs auf den vorhergehenden verlorenen Ausbau Rücksicht genommen werden mufs.

Zweiter Abschnitt.

Die beim Grubenausbau verwendeten Materialien.

A. Das Holz.

I. Die Kennzeichen und Eigenschaften eines guten Grubenholzes.

a) Kennzeichen.

Ein gutes Grubenholz soll schlank gewachsen sein. Auch die Fasern dürfen nicht spiralig um den Stamm verlaufen, sondern müssen geradeaus nach oben gehen. Der Verlauf der Faserrichtung läfst sich am entrindeten und getrockneten Holze leicht durch die Trocknungsrisse feststellen.

Die Jahresringe sollen fein sein und dicht beieinanderliegen. Ein solches Holz ist bedeutend kerniger und gesunder; starke Jahresringe sind ein Zeichen dafür, dafs das Holz schwammig und wenig haltbar ist. Kerniges Holz wächst auf magerem, sandigem Boden; es kann hier nicht viel Fleisch ansetzen.

Die Rinde des noch lebenden Holzes soll glatt und ohne Risse sein. Rissige Rinde gibt meist den ersten Angriffspunkt für die Fäulnis. Ferner können an solchen Stellen leicht Insekten ins Innere eindringen, denen die Fäulnis schnell folgt.

Das Holz darf schliefslich nicht kernfaul sein. Hierfür gibt es verschiedene Erkennungszeichen. Gesundes Holz klingt hell, faules dumpf, wenn man mit der Axt oder Keilhaue an die Hirnholzfläche schlägt. Die Schnittfläche fühlt sich bei faulem Holze rauh und feucht an und ist im Kerne dunkler als im Splinte.

b) Eigenschaften.

Zu den Haupteigenschaften eines zum Grubenausbau geeigneten Holzes gehören eine dem Zweck entsprechende Tragfähigkeit, eine möglichst lange Lebensdauer, auch unter ungünstigen Bedingungen, und ein möglichst gutes Warnungsvermögen.

Unter dem Warnungsvermögen versteht man die Eigenschaft des Holzes, beim Beginn von Gebirgsbewegungen möglichst zeitig laut und anhaltend zu knattern. Dadurch werden die Bergleute beizeiten auf die drohende Gefahr aufmerksam gemacht und können sich in Sicherheit bringen.

Die Lebensdauer hängt zum Teil von der Tragfähigkeit ab. Denn je stärker ein Holz ist, um so länger wird es dem Gebirgsdrucke, der es zu zerstören sucht, widerstehen können. In hohem Maſse wird die Lebensdauer aber durch die Neigung zum Verfaulen beeinträchtigt.

II. Die Lebensdauer des Grubenholzes.

Das Holz wird durch den Gebirgsdruck oder durch Fäulnis zerstört. Wenn man also an den Holzkosten Ersparnisse machen will, wird man gegen diese Holzfeinde vorgehen müssen.

a) Der Gebirgsdruck.

Es ist selbstverständlich, daſs immer dem Druck entsprechend starkes Holz eingebaut wird; auf keinen Fall darf es zu schwach sein. Die Mittel, die sich allgemein anwenden lassen, um das Grubenholz vor den Einwirkungen des Druckes zu schützen, sind bereits genannt worden; es sind dieselben, durch die auch die Grubenbaue vor Druck bewahrt werden sollen, also entsprechende Weite und Form, rechtzeitiges Einbringen von Ausbau und Entfernung druckhafter Gebirgsschichten.

Man kann auch die Zimmerung selbst so ausführen, daſs sie dem Drucke teilweise nachgibt. So ist es z. B. beim Abbau flach fallender Lagerstätten mit Bergeversatz gut, den Stempeln starke Fuſspfähle zu geben. Der Versatz setzt sich im Durchschnitt um ein Drittel seiner Mächtigkeit; unter dem Drucke des mitsinkenden Hangenden brechen in den im Versatz offen gehaltenen Strecken alle Stempel binnen kurzem. Sind sie dagegen auf Fuſspfähle gestellt, so drücken sie sich erst in diese ein, ehe sie zu brechen beginnen.

Auf einem englischen Bergwerke hat man bei starkem Gebirgsdrucke die Stempel am Fuſse konisch behauen. Solche Hölzer hielten bis zu 63 Tagen, während unbehauene nach 16 Tagen unbrauchbar waren.

Ähnliche Erfolge hatte man mit Stempeln, die am Fuſsende keilförmige Schneiden erhielten.

b) Die Fäulnis.

Es ist zwischen trockener und nasser Fäulnis zu unterscheiden.

Die trockene Fäulnis oder der Trockenmoder tritt ein, wenn das Holz in gleichmäſsig warmen und feuchten Wettern steht. Hierdurch wird eine Zersetzung der Säfte eingeleitet; in deren Gefolge bilden sich Bazillen, welche auf die Holzsubstanz zerstörend einwirken. Als erstes sichtbares Anzeichen der beginnenden Vermoderung sind auf der Oberfläche des Holzes weiſse Fäden zu bemerken, die sich bald zu Pilzen oder zu Schimmel vereinigen. Diese Wucherungen breiten sich auch in die Nachbarschaft aus und übertragen so die Krankheitskeime auf noch gesundes Holz.

Die nasse Fäulnis entsteht, wenn Holz abwechselnd naſs ist und dann wieder trocknet, wenn es nur teilweise naſs ist, überhaupt wenn Wasser ins Innere des Holzes eindringen kann. Diese Fäulnis beginnt am liebsten in Rissen, Astlöchern und an den Verbindungsstellen der einzelnen Holzstücke. Bei Holz, das nur teilweise naſs gehalten wird, beispielsweise bei in der Wasserseige stehenden Stempeln, tritt sie immer in einer Höhe von ca. 10 cm über dem Wasserspiegel auf. Das Wasser zieht sich am Holze noch etwas in die Höhe; an der Stelle, die den Übergang zum ständig trockenen Teile bildet, fängt die nasse Fäulnis regelmäſsig an. Sie äuſsert sich in einem Dunklerwerden der befallenen Stellen; dieselben werden so weich, daſs man leicht hineinstechen kann, und fühlen sich naſs, beinahe flüssig an. Die Entwicklung schlecht riechender Gase geht bei der nassen Fäulnis schneller vor sich als beim Trockenmoder; dagegen ist der Fortschritt des Faulungsprozesses ein langsamerer.

c) Die Mittel gegen das Faulen des Holzes.

1. Mittel gegen nasse Fäulnis.

In erster Reihe wird das Bestreben dahin gerichtet sein müssen, die Ursachen der Fäulnis zu beseitigen. Da diese nun darin begründet sind, daſs das Holz nur zeitweise oder aber nur stellenweise naſs ist, so wird man anstreben müssen, das Holz entweder ständig und allenthalben trocken oder aber ständig und allenthalben naſs zu halten. Das erstere wird sich im Bergwerksbetriebe nur selten erreichen lassen.

Leichter ist es, das Holz beständig naſs zu erhalten. Am einfachsten sind die hierzu nötigen Vorrichtungen in nassen Schächten. Das Wasser wird durch passend gelegte Bretter gleichmäſsig über alle Stöſse verteilt. Stärkere Wasserstrahlen läſst man gegen die Zimmerung spritzen, so daſs sie in feinem Staub nach allen Richtungen hin auseinanderspritzen.

In Querschlägen und Strecken ist dies nicht so leicht durchzuführen; denn hier fehlt meistens das von oben herabrieselnde Wasser. Besondere Wasserleitungen mit Spritzvorrichtungen stellen sich einzig und allein für diesen Zweck zu teuer, da man mit anderen Mitteln billiger fortkommt. Auſserdem ist zu berücksichtigen, daſs die durchfahrende Belegschaft durch derartige beständig wirkende Spritzvorrichtungen sehr belästigt wird, daſs die Baue schneller verschmutzen, und daſs in manchen Fällen die Spannung des Gebirges durch die Berieselung herabgemindert wird.

In allen Fällen, wo es ausgeschlossen ist, das Grubenholz durch Berieselung vor der nassen Fäulnis zu schützen, wird man dasselbe mit fäulniswidrigen (antiseptischen) Mitteln behandeln müssen. Diese sollen im folgenden Teile zusammen mit den Mitteln gegen die trockene Fäulnis aufgeführt werden.

2. Mittel gegen trockene Fäulnis.

Es gibt vielerlei Mittel, die man gegen die trockene Fäulnis anwenden kann.

1. Da gleichmäfsig warme und feuchte Wetter die Zersetzung der Säfte begünstigen, so wird man für kühle und trockene Wetter Sorge tragen müssen. Dies läfst sich aber nicht überall in der Grube durchführen. Man mufs viele Abbaufelder, die bereits vorgerichtet sind, aber noch nicht abgebaut werden können, wetterdicht verdämmen, um einer Verzettelung der Wetter vorzubeugen. Innerhalb dieser abgedämmten Felder wären die Vorbedingungen für die Entstehung der trockenen Fäulnis im günstigsten Mafse vorhanden. Aber auch im lebhaftesten Wetterzuge kann sie eintreten, nämlich in ausziehenden Wetterstrecken und in trockenen Ausziehschächten; denn auf ihrem Wege durch die Grubenbaue erwärmen sich die Wetter immer mehr und nehmen Feuchtigkeit auf.

2. Wenn ein lebhafter Wetterwechsel nicht genügt, um das Holz zu schützen, so bleibt noch übrig, dafs die Säfte irgendwelcher Behandlung unterworfen werden. Da ist nun das Nächstliegende, dafs man versucht, dieselben überhaupt aus dem Holze zu entfernen.

Man kann die Säfte aus dem Holze auswaschen. Dies geschieht in fliefsendem Wasser, indem man den Stamm mit dem Wurzelende dem Strom entgegenlegt. Das Wasser fliefst dann in derselben Richtung durch wie die Säfte im lebenden Holze.

Besser ist es, das Holz in besonderen Gestellen mit dem Wurzelende nach oben senkrecht aufzustellen. Aus darüber angebrachten Geflutern tröpfelt beständig Wasser auf die Stirnflächen, zieht in das Holz ein und tritt mit den aufgelösten Säften am unteren Ende aus.

Die Säfte lassen sich auch durch überhitzten Dampf entfernen. Hierbei wird auf das Wurzelende eine dicht schliefsende Haube aufgesetzt. Wenn in diese der Dampf eingeleitet wird, kann er nur durch den Stamm hindurch entweichen.

3. Die Säfte bleiben im Holze, werden aber durch Eindicken oder Eintrocknen unschädlich gemacht.

Es ist eine alte Erfahrung, dafs im Winter gefälltes Holz länger der Fäulnis widersteht als das im Sommer eingeschlagene, grüne. Dies kommt nicht, wie oft geglaubt wird, daher, dafs die Säfte sich im

Winter aus dem Holze zurückziehen, sondern weil sie etwas verdickt und nicht in Zirkulation sind.

Die Eindickung der Säfte kann durch Austrocknen begünstigt werden. In erster Reihe ist zu diesem Zwecke die Rinde zu entfernen. Die Frage, ob das Holz längere oder kürzere Zeit vor dem Einschlage oder erst nach demselben zu entrinden ist, soll hier nicht näher erörtert werden, da hierüber eingehende Versuche nicht angestellt worden sind. Es wird dies in verschiedenen Gegenden verschieden gehandhabt. Auch werden sich die einzelnen Holzarten verschieden verhalten. Durch die Entrindung kann Luft und Wärme besser an die Holzfaser heran; aufserdem werden dadurch schädliche Insekten entfernt, die sich in der Rinde angesiedelt haben.

Bis zu dem Zeitpunkte, wo das Holz in die Grube eingehängt wird, lagert es auf dem Holzplatze (der Halde). Es ist dort zu Schränken aufgeschichtet, die der Luft genügend Raum zum Durchstreichen freilassen. Dies wird noch erleichtert, wenn die Längsrichtung der Holzstöfse quer gegen die vorherrschende Windrichtung liegt. Zum Schutze vor Regen kann über jedem Stofse ein Bretterdach errichtet werden, wenn man es nicht vorzieht, das Holz in offenen Schuppen unterzubringen.

Haltbarer wird das Holz durch Trocknung in künstlicher Wärme. Man hat Temperaturen bis zu 80 ⁰ C. angewendet und sehr gute Ergebnisse erzielt. Die Holzfaser schrumpft bei dieser Wärme so stark zusammen, dafs sie nachträglich nicht mehr unter dem Einflusse der Feuchtigkeit aufquillt.

4. Um die äufseren Einflüsse vom Holze fernzuhalten, hat man versucht, ihm eine isolierende Schutzhülle zu geben. Zu diesem Zwecke werden Anstriche von Steinkohlenteer, Mastixteer, Firnis, Kalkmilch, Ölfarbe u. a. angewendet. Diese Anstriche, wie auch alle noch weiter unten genannten, sind erst aufzubringen, wenn das Holz fertig zugeschnitten ist. Vorbedingung bei Anwendung dieser Mittel ist, dafs sie nur auf gut getrocknetes Holz aufgetragen werden.

5. Die im folgenden genannten Konservierungsmethoden beruhen entweder auf einer vollständigen Durchtränkung (Imprägnation) des Holzes, oder es wird nur eine teilweise Imprägnation vorgenommen, sei es, dafs nur ein oberflächlicher Anstrich erfolgt, sei es, dafs die Imprägnierflüssigkeit nicht vollständig bis in den Kern des Holzes eindringt. Während allgemein anerkannt wird, dafs der oberflächliche Anstrich nur in Ausnahmefällen ausreichenden Schutz gewährt, gehen die Ansichten darüber noch auseinander, welches von den beiden anderen Imprägnierverfahren den Vorzug verdient. Es ist indessen zu erwarten, dafs diese Frage in den nächsten Jahren geklärt werden wird.

Die Wirkung der Imprägniermittel ist eine verschiedene. Werden Salzlösungen verwendet, so sollen sich ihre festen Bestandteile im Holze wieder in Kristallform ausscheiden. Von diesen Kristallen werden die Säfte vollkommen eingeschlossen, so dafs sie mit der Holzfaser nicht mehr in Berührung kommen. Daher können sie auf diese auch keinen schädlichen Einflufs mehr ausüben. Die meisten Salze wirken aufserdem noch fäulniswidrig.

Andere Imprägnierflüssigkeiten werden nur in ihrer Eigenschaft als Desinfektionsmittel benutzt, weil bei ihrer Gegenwart keine Fäulniskeime entstehen können.

Eine dritte Art des Holzschutzes beruht darauf, dafs die Säfte mit dem Durchtränkungsmittel chemische Verbindungen eingehen, durch die sie ihre zerstörenden Eigenschaften einbüfsen.

Schliefslich wird auch die Holzfaser insofern umgeändert, als sie mit dem Imprägnationsstoffe eine der Fäulnis unzugängliche chemische Verbindung eingeht.

Die wichtigsten Imprägnierungsverfahren sind:

a) Das Kyanisieren (Kyan 1832). Das Holz wird 8—14 Tage lang in $^2/_3$ %ige Quecksilbersublimatlösung gelegt. Wegen der Giftigkeit des Sublimates ist grofse Vorsicht nötig.

b) Das Imprägnieren mit Zinkchlorid (Burnett 1838). In einem verschlossenen Kessel wird die Luft aus den Hölzern ausgepumpt. Nachher wird die 1—3 %ige Chlorzinklösung unter einem Druck bis zu acht Atmosphären in das Holz geprefst.

c) Das Imprägnieren mit Kupfervitriol (Boucherie 1841). Die 1%ige Lösung wird mittels einer dicht anschliefsenden Haube in den noch frischen, ungeschälten Stamm geleitet. Sie kommt in einer Rohrleitung aus einem 10—15 m höher angebrachten Behälter und verdrängt die Säfte durch den Druck, unter dem sie steht.

d) Das Imprägnieren mit Holzteer- oder Steinkohlenteerölen (Bethel 1838). Insbesondere kommt Creosotöl zur Anwendung; es wirkt auf Grund seines Gehaltes an Karbolsäure (bis 20 %). Das Imprägnierverfahren ist ähnlich dem unter b) beschriebenen. Dem Teeröl wird auch wohl eine Chlorzinklösung beigemengt (Verfahren der Rütgerswerke). Auch das Karbolineum wird entweder nur zum Anstrich oder zur Oberflächenimprägnation verwendet (Kruskopf).

e) Das Verfahren von Hasselmann. Die Hölzer werden unter Druck und erhöhter Temperatur in einer Mischung von kupferhaltigem Eisenvitriol, schwefelsaurer Tonerde und Kainit gekocht. Diese Stoffe lagern sich nicht in den Poren der Holzsubstanz ab, sondern gehen mit ihr eine chemische, in Wasser unlösliche Verbindung ein. Das Holz wird hierbei zugleich feuersicher.

f) Wolman in Idaweiche hat das Hasselmannsche Verfahren verbessert, indem er der Entstehung freier Schwefelsäure während der Imprägnierung vorbeugte. Als Konservierungsmittel bildet sich holzessigsaures Eisenoxydul. Das Holz wird ebenfalls schwer verbrennlich.

g) Auch beim Verfahren von Buchner wird die Holzsubstanz selbst gehärtet, indem sie mit geeigneten Chromoxydsalzlösungen chemisch verbunden wird.

Von anderen Stoffen, die noch zur Durchtränkung von Grubenholz benutzt werden, seien hier genannt: Kochsalz, verschiedene Abraumsalze, vitriolhaltige Grubenwasser, Chlorbaryum, Schwefelbaryum, Borax, Wasserglas usw.

Nicht jedes Imprägniermittel paſst für alle Fälle; manche haben ihre schwerwiegenden Nachteile. Die Salze bringen das Holz zum Platzen, sobald sie sich in den Poren in Kristallform ausscheiden. An nassen Stellen werden sie wieder aus dem Holze ausgelaugt. Das Teer und die aus ihm gewonnenen Schutzmittel verschlechtern die Wetter; infolge ihres scharfen Geruches lassen sie das Entstehen von Grubenbrand nicht zeitig genug erkennen. Auſserdem erhöhen sie die Feuergefährlichkeit.

III. Die für den Bergbau wichtigsten Holzarten und ihre Gebrauchsfähigkeit.

a) Die Holzarten.

Abgesehen von einigen ausländischen Hölzern (pitch pine u. a.) kommen für unseren heimischen Bergbau nur die im Lande gewachsenen Holzarten in Betracht. Es sind entweder Laubhölzer oder Nadelhölzer.

Das Nadelholz hat vor dem Laubholze den Vorzug des schlankeren Wuchses, besonders wenn es aus dichten Beständen stammt. Auſserdem zeichnet es sich durch seinen gröſseren Harzreichtum aus. Der Splint, das äuſsere Holz, ist dichter und härter als der Kern. Denkt man sich diesen letzteren fort, weil ja seine Tragfähigkeit eine nur geringe ist, so läſst sich ein Nadelholzstempel mit einer hohlen Säule vergleichen.

Das Laubholz hat einen harten Kern, dagegen einen weichen Splint. Dieser wird oft vor dem Einbau durch Beschlagen entfernt, weil er nicht viel trägt, wohl aber in engen Bauen unnötig Platz beansprucht und der erste Träger der Fäulnis wird. Laubholz läſst sich bezüglich der Tragfähigkeit mit einer massiven Säule vergleichen; es wird also bei gleichem Querschnitte nicht so gut tragen wie das Nadelholz.

Die am häufigsten angewendeten Nadelhölzer sind Fichte, Kiefer, Lärche und Tanne. Die verbreitetsten Laubhölzer sind Eiche und Buche; seltener findet sich die Birke. Als bestes Grubenholz sei hier noch die Akazie genannt.

b) Die Gebrauchsfähigkeit.

1. Nach dem Alter.

Nadelhölzer liefern im Alter von 80—100 Jahren das beste Material für die Zimmerung; insbesondere ist Kiefer in einem Alter von 70 bis 80 Jahren, Fichte (Rottanne) in einem solchen von 80—150 Jahren am meisten geschätzt.

Die Laubhölzer müssen älter werden, um gröfsere Holzstärken, wie sie bei wichtigeren Zimmerungen verlangt werden, zu liefern. Dies ist zumeist in einem Alter von 200—300 Jahren der Fall.

Für die gewöhnliche Streckenauszimmerung reichen auch jüngere Exemplare aus, die dann auch geringere Stärken besitzen.

2. Nach der Tragfähigkeit.

Im Saarreviere wurden auf Grube König bei Neunkirchen Versuche mit ganzen Stempeln von 1—2½ m Länge aus Buchen-, Eichen-, Fichten- und Kiefernholz angestellt. Man erhielt dabei folgende Ergebnisse:

Druckversuche sofort nach der Fällung.

Holzart	Druckfestigkeit je qcm kg	%	Raumgewicht kg
Buche	228	100	1084
Fichte	197	86	885
Kiefer	185	81	984
Eiche	174	76	1235

Druckversuche 5 Monate nach der Fällung.

Holzart	Druckfestigkeit je qcm kg	%	Raumgewicht kg
Buche mit Rinde . .	251	100	1094
Fichte „ „ . .	214	85	845
Kiefer „ „ . .	191	76	917
Eiche „ „ . .	150	60	1050

Holz 8 Tage lang bei 65 ° C. getrocknet.

Holzart	Druckfestigkeit je qcm kg	%	Raumgewicht kg
Buche ohne Rinde . .	255	100	915
Fichte „ „ . .	238	93	656
Kiefer „ „ . .	208	81	647
Eiche „ „ . .	208	81	825

(Aus Glückauf 1898, Nr. 41.)

Demnach hat also die Buche die gröfste, die Eiche aber von den vier Holzarten die niedrigste Tragfähigkeit. Die Tragfähigkeit nimmt bei der Trocknung zu, besonders bei künstlicher. Nur die Eiche verliert bei der Lagerung (mit Rinde!) an Druckfestigkeit, gewinnt aber bei künstlicher Trocknung bedeutend.

Hölzer, die unter Tage im einziehenden Wetterstrome drei Monate lang gelagert hatten, verloren einen Teil ihrer Tragfähigkeit, noch mehr solche, die ebensolange dem ausziehenden Wetterstrome ausgesetzt worden waren. Die Einbufse betrug bei

Buche	11,4 %,
Kiefer	2,2 %,
Fichte	4,3 %,
Eiche	23,0 %.

(Aus Glückauf 1898, Nr. 41.)

Die Festigkeit ist an den harzigsten Stellen am geringsten; dies wären bei Nadelhölzern die Aststellen. Bei Laubhölzern leidet die Festigkeit weniger durch Äste und Risse als wie durch Krümmungen.

Die meisten Stempel, auch solche von 1 m Länge und 0,1 m Durchmesser, brechen bei 25 000—28 000 kg Belastung.

3. Nach der Warnfähigkeit.

Die Reihenfolge der oben angeführten Hölzer ist mit Bezug auf das Warnungsvermögen eine andere als in der Tragfähigkeit. Am besten warnt die Fichte, dann folgen Kiefer, Buche und Eiche.

Das Warnungsvermögen nimmt mit der Austrocknung zu.

IV. Die Holzquerschnitte und Verbindungsweisen.

a) Holzquerschnitte.

Die häufigsten Querschnitte des zum Ausbau verwendeten Holzes sind die des Rundholzes, Kantholzes und Halbholzes. Aufserdem stehen noch Schwarten, Bretter, Bohlen und Pfosten in Gebrauch. Die Unterschiede liegen bei diesen nur in der Stärke; die Schwarten sind am dünnsten, die Pfosten am stärksten. Sie sind zu scheiden in Randbretter (-bohlen usw.) und Kantbretter (-bohlen usw.). Die ersteren haben an den schmalen Flächen noch den Rindenansatz, während die letzteren auch hier beschnitten sind und somit rechteckigen Querschnitt besitzen.

Die Schwarten usw. finden ihre hauptsächlichste Verwendung beim Verzuge der Felder zwischen den einzelnen Zimmerungshölzern. An ihrer Stelle werden auch gern gerissene Pfähle eingebaut. Diese sind mit der Axt aus einem entsprechend langen Stück Holz gespalten. Sie haben gegenüber den Brettern den Vorzug gröſserer Billigkeit, weil sie aus noch gesundem Raubholze hergestellt werden können; auſserdem sind sie tragsicherer, weil die Holzfaser nicht durchschnitten ist. Dagegen haben die Bretter den Vorteil, daſs mit ihnen gröſsere schwache Stellen besser gedeckt werden können.

b) Verbindungen.

Solange nur ein Stück Holz (Kappe oder Stempel) zur Aufnahme des Druckes genügt, spricht man von einfacher Zimmerung.

Bei der zusammengesetzten Zimmerung werden mehrere Stücke Holz zu einem Ganzen verbunden. In früheren Zeiten wurden namentlich bei der Schachtzimmerung ab und zu recht umständliche Verbände benutzt, um ein Auseinandergehen des Ausbaues zu vermeiden. Hiervon ist man jetzt ganz abgekommen, ohne daſs die Sicherheit der Baue darunter gelitten hätte. Man stellt jetzt die Anforderung,

daſs der Verband möglichst fest ist,

daſs das Holz schnell und leicht zurechtgeschnitten werden kann, und

daſs das Holz möglichst wenig geschwächt wird.

Die am häufigsten vorkommenden Verbände sind die Kehlung, die Verblattung oder Verzahnung, der schräge Schnitt oder das stumpfe Aneinanderstoſsen und die Verzapfung.

1. Die Kehlung.

Bei der Kehlung oder Ausscharung wird das Holz in seiner Stärke nicht geschwächt. Sie wird gehackt (Fig. 3) oder mit der Säge geschnitten (Fig. 4). Die geschnittene Schar wird Froschmaul genannt; sie ist nicht so gut, weil beim Eintritt von Druck das Holz in ihr leicht zu spalten anfängt.

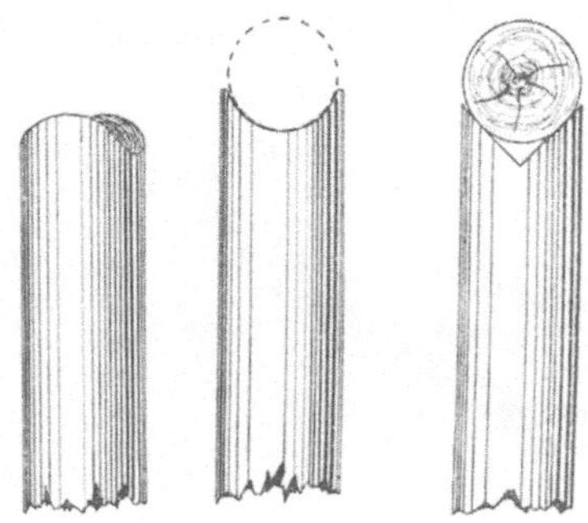

Fig. 3. Gehackte Kehlung. Fig. 4. Geschnittene Kehlung.

Die Schar soll von vorn nach hinten etwas ansteigen, damit sich das Holz besser eintreiben läſst. Die Ohren, d. h. die beiden seitlichen Begrenzungen sollen mindestens so weit voneinander abstehen, daſs das dazwischen eingefügte Holz voll in der Kehlung aufliegt; anderenfalls würden sie bei gröſser werdendem Drucke abbrechen, oder das Holz würde auch hier, wie beim Froschmaul, aufspalten.

An Stelle der gewöhnlichen Zimmerungsaxt oder der Säge gibt es für die Ausarbeitung der Schar auch besondere Werkzeuge. So hat man dazu Rundfeilen, Äxte mit entsprechend gekrümmter Schneide und gekrümmtem Blatt und auch Sägen versucht, deren Blatt nicht eine gerade Ebene bildet, sondern von oben nach unten gekrümmt war. Da man aber mit allen diesen Apparaten nur eine Kehlung von bestimmter Weite herstellen konnte, sind sie nicht verwendbar gewesen.

2. Die Verblattung.

Die Verblattung zweier Hölzer kann unter jedem beliebigen Winkel erfolgen, also auch wenn ein Holz in der Verlängerung eines anderen liegt.

Wenn zwei Hölzer miteinander verblattet werden sollen, erhält jedes von ihnen an der Zusammenstoſsstelle die sogenannte Blattung.

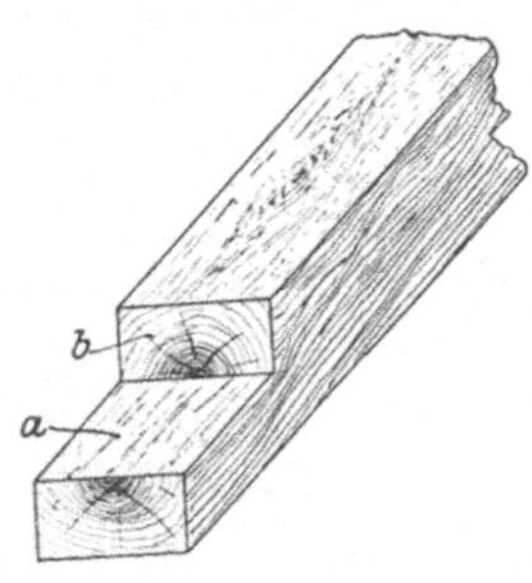

Fig. 5. Blattung.

Bei Kantholz wird zunächst mit der Säge ein Einschnitt bis zur halben Holzstärke gemacht. Der Abstand dieses Einschnittes von dem Holzende ist gleich der Breite des neu anzufügenden Holzes. Darauf wird das durch den Sägeschnitt losgetrennte Stück mit der Axt abgespalten (Fig. 5). Die durch den Axthieb hergestellte Fläche *a* heiſst Blatt oder Gesicht; die senkrecht darauf stehende Sägeschnittsfläche *b* ist das Eingeschneide oder der Einschnitt. Beide zusammen ergeben die Blattung. Zwei aufeinandergelegte Blattungen bilden die Verblattung oder Überblattung.

Wenn zwei Rundhölzer (Fig. 6) miteinander verblattet werden sollen, ist der Arbeitsvorgang zunächst derselbe wie beim Zurechtmachen von Kantholz. Die Verbindung würde aber nicht fest genug sein; denn das Eingeschneide des einen Holzes würde dann an der scharfen Kante zwischen dem Gesicht *a* und der runden Seitenfläche des anderen Stückes anliegen. Es ist besser, wenn Fläche an Fläche liegt. Darum wird diese Kante immer mit der Axt so beschlagen, daſs hier eine schmale, auf dem Gesicht senkrecht stehende Seitenfläche *c* entsteht.

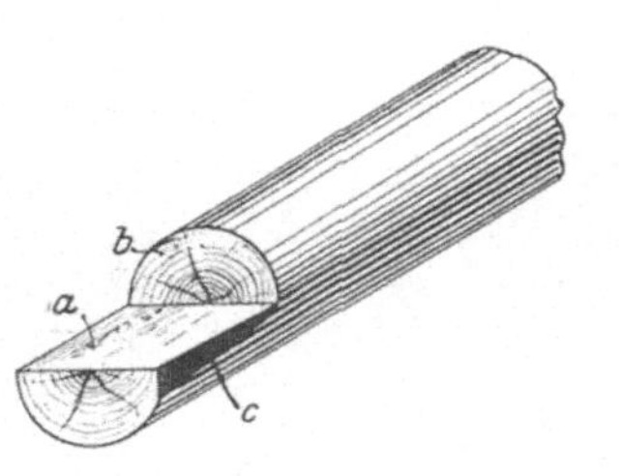

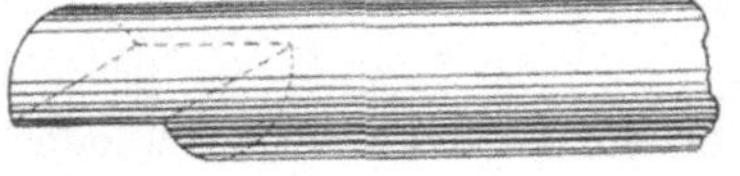

Fig. 6. Verblattung.
(Aus Sickel, Die Grubenzimmerung.)

Diese eben beschriebene Verblattungsweise ist fast ausschlieſslich in Schächten anzutreffen. Die im folgenden angeführten Verbindungen eignen sich in erster Reihe für die Streckenzimmerung (Türstöcke), finden sich aber auch ab und zu beim Schachtausbau, namentlich beim wasserdichten Holzausbau. Die Hölzer werden nicht aufeinander-, sondern aneinandergefügt. Man nennt diese Art von Verblattung wohl auch Verzahnung. Hierbei bekommt wieder jedes Holz ein Eingeschneide *a* (Fig. 7). Die Fläche *b* heiſst Gesicht, *c* Kopf, *d* Blatt; *e* wird nur bei Rundholz hergestellt und soll die beiden Stücke besser aneinander anliegen lassen.

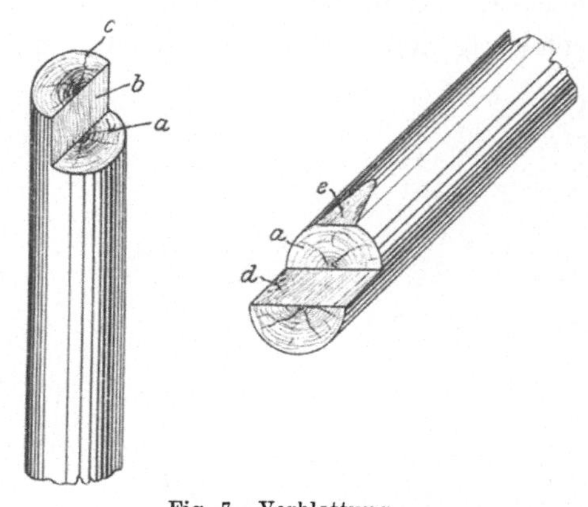

Fig. 7. Verblattung.
(Aus Sickel, Die Grubenzimmerung.)

Die Hölzer werden verschieden ineinandergefügt, je nach der Richtung, aus welcher der Hauptdruck kommt (Fig. 8 a, b, Fig. 9 a, b, Fig. 10 a, b).

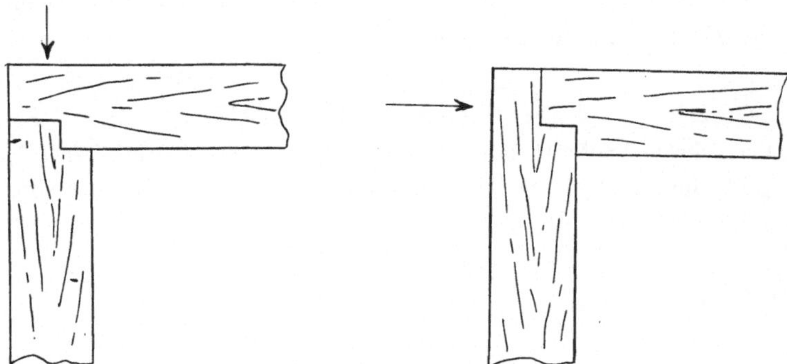
Fig. 8 a und b. Verblattung.

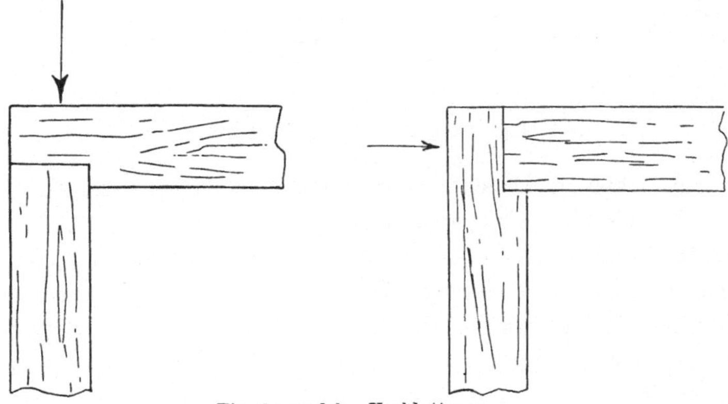
Fig. 9 a und b. Verblattung.

Es sind zu unterscheiden einfache Verzahnung (Fig. 8 a, b), doppelte Verzahnung (Fig. 10 a, b) und das einfache Einlassen des einen Holzes in das andere (Fig. 9 a, b). Die doppelte Verzahnung ist schwierig herzustellen und findet sich daher sehr selten.

Fig. 10 a und b. Doppelte Verblattung.

Damit die Verblattung oder Verzahnung haltbar ist, müssen alle Flächen fest aufeinanderliegen; das Holz darf nirgends „aufmachen“. Man prüft dies, indem man mit der Hand zwischen die zusammengefügten Flächen zu fahren sucht.

3. Der schräge Schnitt.

Der schräge Schnitt oder das stumpfe Aneinanderstoſsen (Fig. 11 a, b) gibt der Zimmerung keinen sicheren Verband, da die einzelnen

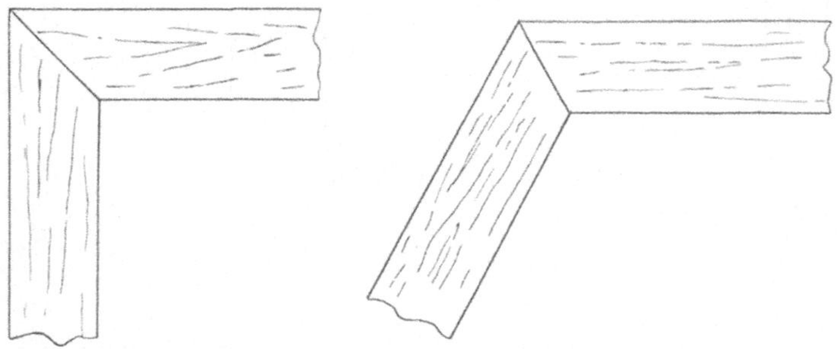

Fig. 11 a und b. Schräger Schnitt.

Hölzer bei schiefem Druck leicht gegeneinander verschoben werden können. Er wird am häufigsten beim Ausbau von Schächten gebraucht, seltener in Strecken; seine Anwendung ist immer dann empfehlenswert, wenn ein von allen Seiten gleichmäſsig wirkender Druck vorhanden ist. Die einzelnen Hölzer werden dann gleichmäſsig nach dem Mittelpunkte des Schachtes bezw. der Strecke hingeschoben und pressen sich dadurch nur um so fester aneinander.

4. Die Verzapfung.

Die Verzapfung (Fig. 12) ist eine beim Grubenausbau sich nicht allzu häufig findende Verbindungsweise. Sie hat den Nachteil, dafs die Holzstärke im Zapfen sehr geschwächt ist; die Breite des Zapfens soll nämlich gleich ein Drittel der Holzstärke sein.

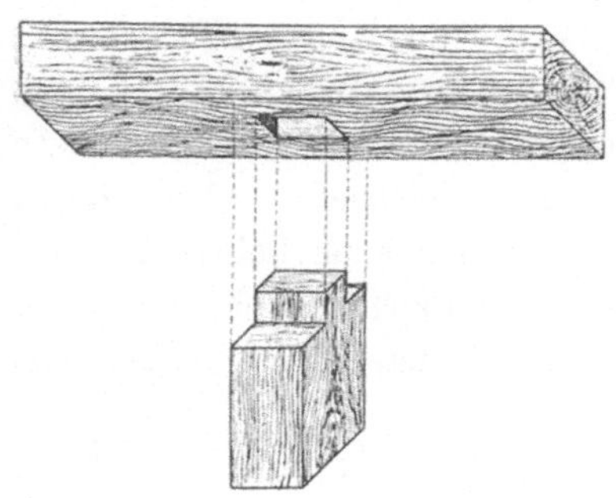

Fig. 12. Gerader Zapfen.

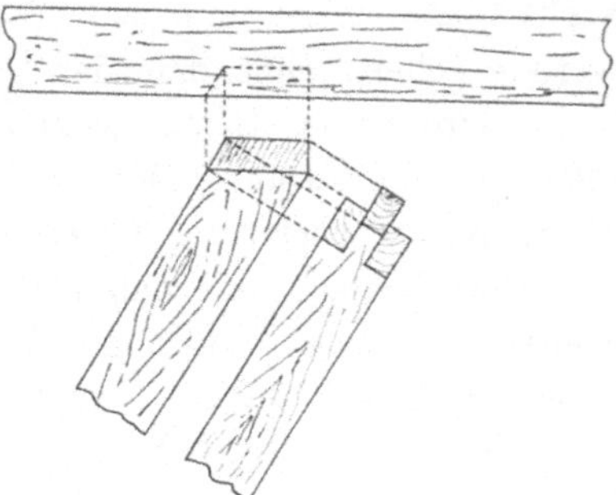

Fig. 13. Schräger Zapfen.

(Aus Lange, Katechismus der Baukonstruktionslehre.)

Der schräge Zapfen (Fig. 13) findet öftere Verwendung, wenn es sich darum handelt, eine schräge Strebe mit dem zu stützenden Holze zu verbinden.

B. Das Eisen.

Die am häufigsten verwendeten Eisensorten sind Schmiedeeisen, seltener Stahl und Gufseisen.

I. Das Schmiedeeisen.

a) Querschnittsformen und Verbindungsweisen.

Das Schmiedeeisen kommt mit folgenden Profilen zum Einbau: I, T, I, [. Aufserdem finden noch gebrauchte oder neue Eisenbahn- und Grubenschienen recht zahlreiche Verwendung.

Die einzelnen Eisenstücke werden entweder in gerader oder in gebogener Form eingebaut. Bei zusammengesetzter Zimmerung läfst man sie gern stumpf aneinanderstofsen und verbindet sie durch Laschen. Die üblichen Verlaschungsmethoden werden bei den entsprechenden Ausbauarten besprochen werden. Seltener findet sich die Überblattung (Fig. 14), weil sie nicht so leicht herzustellen ist.

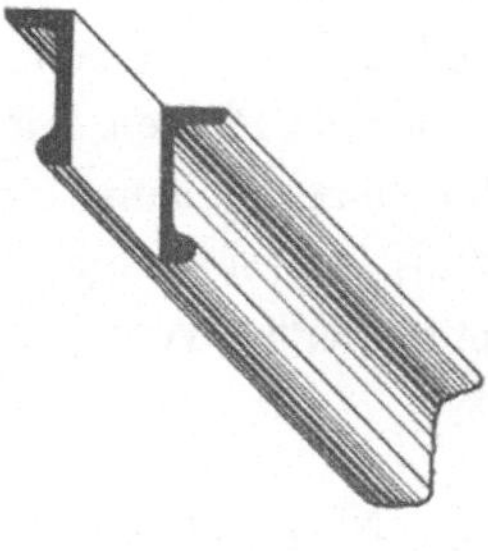

Fig. 14. Schiene mit Blattung. (Aus Jicinsky, Katechismus der Grubenerhaltung.)

b) Verwendbarkeit.

Es läfst sich jede Sorte von Schmiedeeisen anwenden; für Stücke, die gebogen werden müssen, empfiehlt sich ein starksehniges und dehnbares Material.

Der Ausbau in Schmiedeeisen ist zwar teurer als der hölzerne, dies fällt aber nicht so sehr ins Gewicht, da Eisenzimmerung länger aushält als solche in Holz. Wenn also Strecken lange offen erhalten werden sollen, ohne dafs der Eintritt von grofsem Druck zu erwarten wäre, wird immer Eisenausbau am Platze sein. Denn das Holz müfste öfters, manchmal unter Betriebsstörungen, ausgewechselt werden; dieses öftere Auswechseln des Holzes bedingt natürlich auch höhere Kosten.

Dazu kommt, dafs sich derselbe Eisenausbau später noch an anderen Stellen von neuem einbringen läfst, während einmal geraubtes Holz nur noch für untergeordnete Zwecke taugt.

Nur bei grofsem Drucke ist Eisen zum Ausbau nicht brauchbar. Es verbiegt sich dergestalt, dafs es kaum wieder gerade gerichtet werden kann.

Als Kappen sind Stahlschienen widerstandsfähiger als Eisenschienen. Sie brechen aber leichter, während diese sich verbiegen und dann wieder gerade gerichtet werden können.

Am meisten leidet das Eisen durch Rost, salzhaltige und saure Wasser. Den einzig möglichen Schutz dagegen bieten Anstriche, die das Eisen vor der unmittelbaren Berührung mit diesen Flüssigkeiten und mit der Luft bewahren. Insbesondere sind Anstriche mit Mennige oder anderen Ölfarben beliebt.

II. Das Gufseisen.

a) Querschnittsformen und Verbindungsweisen.

Abgesehen davon, dafs Gufseisen ab und zu in Röhrenform als Stempel eingebaut wird, ist es in gröfserem Umfange nur noch beim wasserdichten Ausbaue eingeführt, und zwar vorzüglich in Schächten, seltener in Strecken. Man benutzt dort der Schachtform entsprechend gebogene Platten mit Flanschen und Verstärkungsrippen. Diese Platten, Tübbings genannt, werden entweder nur einfach im Verbande neben- und aufeinandergesetzt (englische Tübbings), oder sie werden noch miteinander verschraubt (deutsche Tübbings).

b) Verwendbarkeit.

Nach Jicinsky ist graues Gufseisen dem weifsen vorzuziehen, namentlich für Tübbingsschächte. Das Material soll dicht, aber nicht porös sein. Gufseisen bewährt sich bei ruhigem und starkem Drucke, während Schmiedeeisen gegen Stöfse und Stahl gegen starke Abnutzung gröfsere Sicherheit bietet.

Gegen das Rosten wird das Gufseisen durch Teer- oder Lackanstriche geschützt. An trockenen Orten bildet sich auf dem blanken Eisen ein leichter Rostanflug, der nicht tief eindringt und den Vorteil hat, das Eisen vor weiterer Oxydation zu bewahren.

C. Die Mauerung.

I. Die Arten der Mauerung.

Jede Mauer besteht aus Steinen und Mörtel. Wird der Mörtel mit Wasser angemacht, und enthält er solche Bestandteile, dafs er erhärtet (abbindet), so spricht man von nasser Mauerung. Wenn dagegen die Fugen nur mit Schutt, Sand u. dergl. ausgefüllt wurden, ohne dafs ein Abbinden erfolgt, so ist es trockene Mauerung.

Bei der nassen Mauerung wird ferner noch — namentlich mit Rücksicht auf den Mörtel — zwischen gewöhnlicher uud wasserdichter unterschieden. Die erstere soll nur den Gebirgsdruck aufnehmen, schliefslich wohl auch die Luft von einem leicht verwitternden Gesteine abhalten. Von der letzteren wird in erster Reihe verlangt, dafs sie wasserundurchlässig ist; sie mufs also den mit der Tiefe immer gröfser werdenden Wasserdruck aushalten können und aufserdem noch dem Gebirgsdrucke widerstehen.

II. Die Mauerungsmaterialien.

a) Die Steine.

Die Steine werden in natürliche und künstliche geschieden.

1. Natürliche Steine.

Zu den natürlichen Steinen wird fast immer das Material verwendet, welches sich in der Nähe der Grube findet, soweit es für die Zwecke der Grubenmauerung brauchbar ist. Es sind dies in der Mehrzahl der Fälle Sandstein, Kalkstein, Grauwacke usw. Es darf nur Gesteinsmaterial genommen werden, welches wetterbeständig ist, also nicht an der Luft zerfällt. Leicht verwitternde Steine dürfen nur an Stellen eingemauert werden, wo sie mit der Luft nicht in Berührung kommen; dies wäre also in Fundamenten von untergeordneter Bedeutung und bei Hintermauerungen der Fall.

Die natürlichen Steine stellen sich fast stets teurer als die künstlichen, namentlich wenn sie an allen Flächen bearbeitet werden müssen. Es ist darum gut, sie aus solchen Gesteinsbänken zu brechen, wo zwei Schichtungsflächen nicht weiter als 40 cm voneinander abstehen (lagerhafte Steine). Diese ergeben dann schon zwei glatte Flächen, die nicht erst behauen zu werden brauchen. Damit die Steine nicht zu schwer und unhandlich ausfallen, sollen sie nach keiner Richtung hin das eben genannte Maſs von 0,4 m überschreiten. Nur bei den Mauerfüſsen in Schächten wählt man oft gröſsere Abmessungen; es ist dies hier leichter durchführbar, weil die einzelnen Steine am Seile hängend in die Mauer eingefügt werden.

2. Künstliche Steine.

Unter den künstlichen Steinen nehmen die erste Stelle die Ziegel ein. Haben diese die Abmessungen von $25 \times 12 \times 6{,}5$ cm, so heiſsen sie Normalsteine. Andernfalls werden sie Formsteine genannt. Bei der Ausmauerung runder Schächte und zur Herstellung von Gewölben werden gern Keilziegel genommen. In Oberschlesien haben solche beim Schachtausbau übliche Steine 26 cm Länge, 9 cm Höhe, 14,5 cm vordere Breite und 16 cm hintere Breite. In Westfalen sind die Steine 30 cm lang, 6,5 cm dick und 12,5 bezw. 14 cm breit.

Die besten Ziegel sind die Klinker; sie haben ihren Namen daher, daſs sie beim Anschlagen hell erklingen. Ein gewöhnlicher Normalziegelstein wiegt 2,75—3,0 kg, ein Klinker 3,5 kg. Der Verlust durch Bruch darf höchstens 2 % betragen. Ein guter Ziegel soll so porös sein, daſs er beim Liegen im Wasser um $^1/_{15}$ an Gewicht zunimmt. Die Porosität kann auch mit einem Durchblaseversuche festgestellt werden. Man wickelt den Stein so in Papier ein, daſs die beiden schmalsten Flächen unbedeckt sind und das Papier noch über sie hinausragt. Bläst man nun kräftig gegen die eine dieser beiden Flächen, so wird ein hinter der anderen stehendes Licht zu flackern anfangen. Schlieſslich müssen gute Steine so fest sein, daſs sie, ohne zu zerbrechen, einen Meter tief auf eine harte Unterlage fallen können.

Schlackensteine werden aus Hochofenschlacke hergestellt, die man granuliert und mit Kalkmilch anmacht. So ist beispielsweise ein Wetterscheider im Concordia-Schachte der Concordia-Grube bei Zabrze nur aus solchen Steinen hergestellt und hält trotz starker Förderung vollkommen dicht.

Zementsteine nach Patent Möhle sind ab und zu in den westdeutschen Bergrevieren als Schachtausbau zu finden. Sie sind 1 m hoch, ebenso breit und 0,3 m dick.

b) Der Mörtel.

1. Luftmörtel.

Luftmörtel erhärtet nur im Trockenen; er darf also nur bei Mauern Verwendung finden, die allseitig von Luft umgeben sind. Hierher gehört der Kalksandmörtel. Er wird aus Kalk, Sand und Wasser angemacht. Der Kalk wird vorher gebrannt und dadurch von der Kohlensäure befreit. Nachdem dieser gebrannte Kalk mit Wasser abgelöscht und einige Zeit in einer Erdgrube eingesumpft worden ist, wird er in verschiedenem Verhältnis mit Sand versetzt. Bei fettem, d. h. tonfreiem Kalk kann man auf einen Raumteil drei Raumteile Sand nehmen; in magerem, tonhaltigem Kalke mufs der Sandzusatz entsprechend verringert werden. Die Erhärtung erfolgt durch Aufnahme von Kohlensäure aus der umgebenden Luft. Später wird auch etwas Kalksilikat gebildet, wozu der Sand die Kieselsäure hergeben mufs.

Der Kalkmörtel darf nicht ohne Sandzusatz verwendet werden. Der Sand vermittelt eine bessere Berührung zwischen dem Mörtel und den Steinen. Ohne ihn würde aufserdem der Mörtel beim Erhärten rissig werden.

Der Gipsmörtel wird aus gebranntem und gepulvertem Gips hergestellt. Er hat im Bergbau eine nur geringe Verbreitung.

2. Hydraulischer Mörtel.

Die hydraulischen Kalke oder Wasserkalke sind Kalksteine mit einem natürlichen Gehalt an Tonerdesilikaten; dieser beträgt am besten 20—25 %, darf aber zwischen 10—30 % schwanken. Der Stein wird gebrannt und gemahlen; er ist im frischen Zustande zu gebrauchen. Der Mörtel kann aus reinem Wasserkalke, also ohne Sandzusatz, bereitet werden; dies ist namentlich im bewegten Wasser der Fall. In allen anderen Fällen werden auf drei Teile Kalk zwei Teile Sand genommen.

Der Trafs ist ein vulkanischer Tuffstein, der nur gemahlen zu werden braucht, um zur Mörtelbereitung fertig zu sein. Für untergeordnete Mauerungen ist das gewöhnliche Mischungsverhältnis desselben: 1 Kalk, 1 Trafs, 1—3 Sand. Wenn es auf gröfsere Festigkeit und Wasserundurchlässigkeit ankommt, wird mehr Trafs genommen und wohl auch Zement zugesetzt.

Romanzement ist ein Kalkstein mit mehr als 30 % Tonerdegehalt. Er wird gebrannt und gepulvert. Man mischt ihn, je nach der Güte des herzustellenden Mauerwerks, mit Sand im Verhältnisse 2 : 1, 1 : 1—3 und 2 : 3. Der Romanzement hat die Eigenschaft, rasch zu erhärten (in 15—20 Minuten).

Portlandzement hat dieselbe Zusammensetzung wie der Romanzement. Er wird fabrikmäfsig durch Mischung von Ton und Kalk erzeugt. Auch er wird unter Sandzusatz verwendet; die üblichen Mischungsverhältnisse sind aufser den beim Romanzement angegebenen 1 : 1 bis 1 : 4. Die Beimengung von Sand ist nicht unbedingtes Erfordernis, wie beim Kalkmörtel, sondern soll den Mörtel nur billiger machen.

Die Erhärtung des Portlandzements geht nicht so rasch vor sich wie beim Romanzement. Die Zeitdauer des Erhärtens hängt aufser vom Sandzusatze besonders von der Zusammensetzung der Zementmasse selbst ab. Um ihn schneller abbinden zu lassen, ist empfohlen worden, den Zement recht heifs anzumachen und desgleichen die Steine so heifs wie möglich einzufügen.

Der Schlackenzement oder Krafftsche Zement wird aus fein gemahlener Hochofenschlacke hergestellt. Er hat in den letzten Jahren in Oberschlesien weitere Verbreitung gefunden. Da er verhältnismäfsig langsam erhärtet, wird er nur zu weniger wichtigen Arbeiten genommen. In der nachstehenden Tabelle, die einem Vortrage des Betriebsdirektors Jantzen, Wetzlar, im Verein zur Förderung des Gewerbefleifses entnommen ist, sind Portlandzement, Hochofenschlacken und Schlackenzement miteinander verglichen.

	Portlandzement %	Hochofenschlacken %	Schlackenzement %
Kalkerde . . .	58,0—65,5	44,0—52,0	54,0—60,0
Magnesia . . .	1,0— 3,0	0,5— 5,0	0,6— 5,0
Kieselerde . . .	20,0—26,5	27,0—35,0	20,0—25,0
Tonerde und Eisenoxyd	6,0—14,0	8,0—20,0	9,0—15,0
Schwefelsäure . .	0,3— 2,4	1,1— 3,0	0,8— 2,6.

Der Magnesiumzement wird bei Arbeiten im salzhaltigen Wasser angewendet. Die beste Qualität ist eine Mischung von gebrannter Magnesia mit 30—31 %iger Chlormagnesiumlauge. Durch Sandzusatz wird dieser Mörtel verlängert. Der Magnesiumzement treibt und bläht sich auf; dabei erreicht er nach 6—8 Stunden Siedehitze. Die Magnesia mufs vollkommen frei von Kohlensäure sein; anderenfalls wird der Mörtel rissig.

Der Beton kann insofern noch zu den Mörteln gerechnet werden, als er häufig zum Hintergiefsen von Tübbingsausbau, wasserdichter Mauerung usw. dient. Jedoch gewinnt er als selbständiges Verbauungsmittel immer weitere Verbreitung. Er wird hinter Schablonen eingestampft und soll entweder nur das Gestein vor der Berührung mit der Luft schützen oder aber geradezu als Ersatz für Mauerung dienen.

Zum Hintergiefsen von gufseisernen Tübbings besteht der Beton nach Köhler aus vier Teilen Sand, vier Teilen gesiebten Wasserkalks, vier Teilen Trafs und einem Teil Zement. Bei der Ausbetonierung von Böerschacht II bei Kostuchna, O.-S., war das Mischungsverhältnis ein

Teil Portlandzement, zwei Teile Ziegelmehl und drei Teile granulierter Hochofenschlacke. Auf Karsten-Zentrumgrube bei Beuthen wurde ein Querschlag in schnell verwitterndem Gestein mit einem Verputz versehen, der aus einem Teil Kalk, drei Teilen Sand und sechs Teilen Waschberge (Dolomitabhub) bestand.

III. Das Mauerwerk.

Ziegelmauerwerk enthält auf 1 cbm 400 Normalziegel und 0,28 cbm Mörtel. Es wird stets im Verbande und mit Mörtel aufgeführt. Der Verband ist um so sicherer, mit je mehr Nachbarsteinen jeder Ziegel in Berührung ist. Die bei Grubenmauerungen am meisten angewendeten Verbände sind der Läuferverband (Fig. 15), der Binderverband (Fig. 16), der Blockverband (Fig. 17) und der Kreuzverband (Fig. 18). Beim Läuferverbande werden nur Läuferschichten gemauert; es liegt jeder Stein mit der Längsrichtung in der Mauerfront. Beim Binderverbande (Streckerverband, Schornsteinverband) liegen die schmalsten Flächen, die Köpfe, in der Front. Beim Blockverbande und dem Kreuzverbande wechseln Läufer- und Binderschichten miteinander ab. Äufserlich unterscheiden sich diese beiden Verbände dadurch, dafs ein von einem Läufer und zwei Bindern gebildetes Kreuz (in Fig. 17 und 18 schraffiert) beim Blockverbande oben und unten wieder von Läufern begrenzt ist, während beim Kreuzverbande hier zwei senkrechte Fugen stehen. Beim Blockverbande liegen

Fig. 15. Läuferverband.

Fig. 16. Binderverband.

Fig. 17. Blockverband.

alle Stoſsfugen der Binderschichten und alle Stoſsfugen der Läuferschichten immer senkrecht übereinander. Beim Kreuzverbande liegen wohl alle Stoſsfugen der Binderschichten übereinander, innerhalb der Läuferschichten ist dies aber nur immer in der **1.**, **3.**, **5.** usw. und dann wieder in der **2.**, **4.**, **6.** usw. Binderschicht der Fall. Es gehören hier also immer fünf Schichten zu einem vollständigen Verbande.

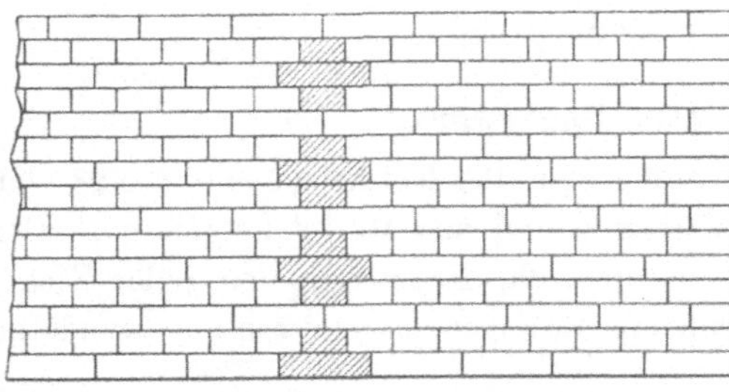

Fig. 18. Kreuzverband.

Die Mauern werden in gerade und gewölbte eingeteilt.

Die geraden Mauern sind senkrechte (Fig. **19**), geböschte (Fig. **20**) oder teils senkrecht, teils geböscht (Fig. **21**).

Bei den gewölbten Mauern oder Wölbungen sind verschiedene Formen zu unterscheiden. Die im Grubenbetriebe am häufigsten vorkommenden Gewölbearten sind das kreisförmige, das ovale, das eiförmige Gewölbe als Schacht- und Streckenausbau; diese Formen können geschlossen oder offen sein. Beim Streckenausbau werden, wenn es sich nicht um Sicherung des ganzen Streckenumfanges handelt, auch das Tonnengewölbe (Fig. **22**) und das flache Gewölbe (Fig. **23**) recht oft hergestellt. Diese unterscheiden sich dadurch voneinander, daſs das erstere einen Halbkreis, das letztere aber einen kleineren Teil des Kreisumfanges bildet.

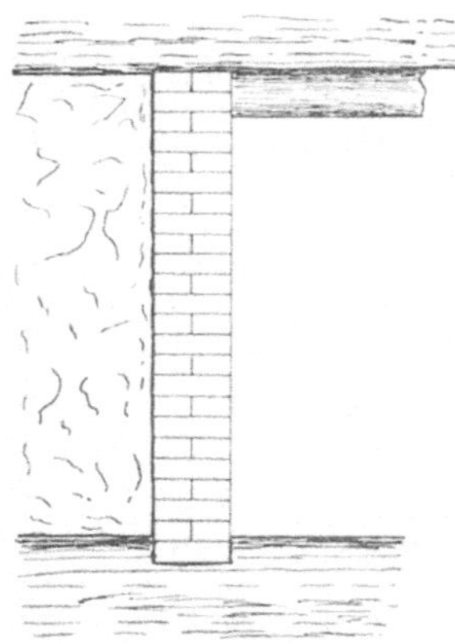

Fig. 19. Senkrechte Mauer.

Fig. 20. Geböschte Mauer.

In jedem Gewölbe (Fig. **24**) bezeichnet *a* die Widerlager, *b* den Scheitel, *a*—*b* die Gewölbeschenkel, *b*—*c* die Gewölbestärke, *d*—*d'* die

Gewölbeachse, *e—f* die Spannweite, *d—b* die Pfeilhöhe oder den Stich, *e—e'* die Kämpferlinie. Unter der Gewölbespannung ist das Verhältnis zwischen Stich und Spannweite zu verstehen; die Spannung beträgt also bei Tonnengewölbe 1 : 2; bei flachem Gewölbe ist der Nenner gröſser als 2.

Fig. 21. Unten senkrechte, oben geböschte Mauer.

Der Zentriwinkel darf nicht unter 60 Grad betragen. Die Fugen müssen stets radiale Richtung haben. Um dies letztere zu prüfen, wird am besten im Mittelpunkte der zum Gewölbebogen gehörenden Schablone eine Schnur an einem Nagel befestigt; beschreibt man mit ihr einen Kreis, so muſs sie sich mit jeder Fuge decken.

Zur Herstellung der einzelnen Gewölbeformen dienen besondere Schablonen (Lehren). Diese sind bei kleinen Spannweiten fast immer voll aus mehreren nebeneinanderliegenden Bohlen geschnitten (Fig. 25). Wenn es aber auf Holzersparnis ankommt, wie bei groſsen Spannweiten, oder wenn der Betrieb in einer Strecke nicht gestört werden darf, wird der Lehrbogen nach dem Muster von Fig. 335 gezimmert.

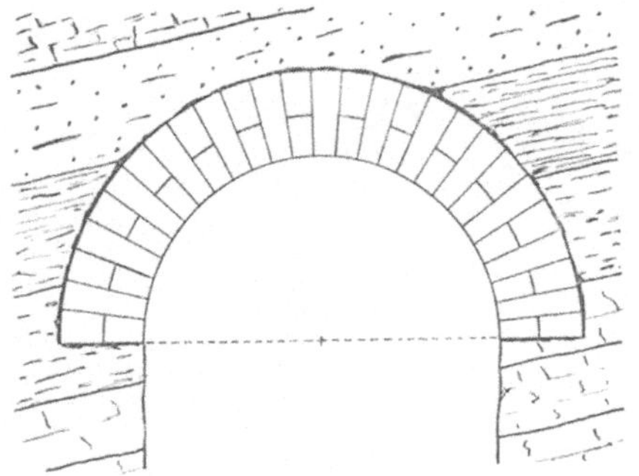
Fig. 22. Tonnengewölbe.

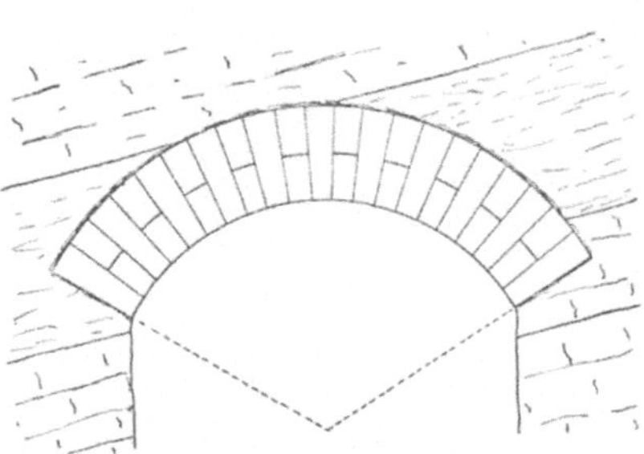
Fig. 23. Flaches Gewölbe.

Bei gewöhnlichen Streckenausmauerungen genügen aus $^1/_2$ Stein hergestellte Gewölbe. Bei gröſserem Druck nimmt man sie 1 Stein stark. Gewölbe von mehr als $1^1/_2$ Steinstärke im Verbande (Fig. 26 links) zu mauern ist nicht ohne weiteres möglich. Es ist immer besser, dieselben in getrennten, konzentrischen Schalen aufzuführen (Fig. 26 rechts). Würde man im Verbande mauern, so braucht man Keilziegeln, die nach auſsen immer dicker werden müssen, um durchlaufende Radialfugen zu erhalten. Beim Mauern mit Normalziegeln würden dagegen die radialen Fugen nach aufsen immer breiter ausfallen; in demselben Mafse würde auch der Mörtelverbrauch steigen. Alle diese Mifsstände fallen beim Mauern in Ringen fort.

Die Gewölbe widerstehen am besten einem gleichmäfsigen, ruhigen Drucke, der von allen Seiten mit derselben Kraft wirkt; bei stofsweisem und einseitigem Drucke dagegen werden sie schnell beschädigt.

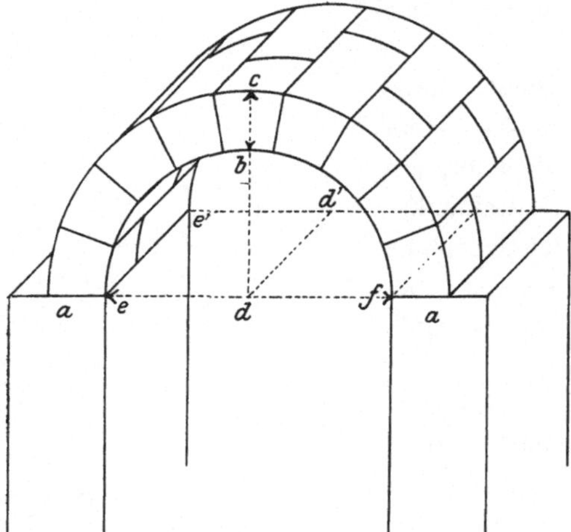

Fig. 24. Gewölbe. (Aus Lange, Katechismus der Baukonstruktionslehre.)

Die trockene Mauerung dient zur Begrenzung von Bergeversatz und zur

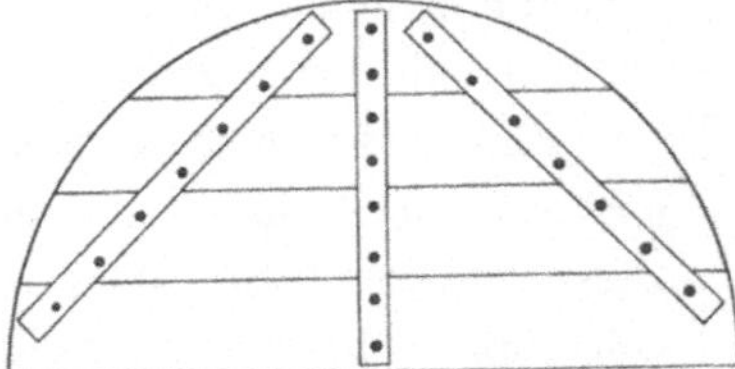
Fig. 25. Lehrbogen.

Anfertigung von Wetterdämmen. Die Stärke solcher Mauern beträgt 1 m. Zu diesem Zwecke werden lagerhafte (plattenförmige) Berge

Fig. 26. Gewölbe im Verbande (links) und in Ringen (rechts).

ausgewählt. Man legt sie im Verbande und füllt die Fugen mit feinen Bergen und Staub aus. Am besten ist es, zwei solcher Mauern im Abstande von 0,5—1 m parallel aufzuführen und den Zwischenraum mit Schutt gut auszustampfen.

D. Vergleich von Holzzimmerung, Eisenausbau und Mauerung.

Bezüglich der Kosten kann man ungefähr rechnen, daſs sich verhalten Holz : Eisen : Mauerung = 3 : 4 : 6. Dies gilt aber nur für den ersten Einbau. Eisen läſst sich, wenn es nicht allzusehr verbogen ist, wiedergewinnen und an anderen Stellen von neuem einbauen. Mauerung ist, wenn sie gut ausgeführt wurde, und wenn sie nicht gerade einseitigem Drucke ausgesetzt ist, so gut wie unzerstörbar. Holzausbau ist nur in frischen Wettern am Platze oder an solchen Stellen, die nicht lange offen bleiben sollen (Abbaustrecken usw.).

Eisenausbau braucht den geringsten Platz; dann kommt Holz; den meisten Raum beansprucht die Mauerung. Man kann im allgemeinen rechnen, daſs bei gleicher Tragfähigkeit Bruchsteinmauer das $1^1/_2$- bis $1^3/_4$fache, Ziegelmauerung das $1^3/_4$- bis 2fache an Raum beansprucht als wie gleich starker Holzausbau.

Für den Vergleich der Tragfähigkeit von Holz und Eisen sei auf die nachstehende Tabelle verwiesen.

Ein Rundholz von einem Durchmesser	Gewicht pro 1 m	hat dieselbe Tragfähigkeit wie													
		Guſseisen von				Schmiedeeisen von									
		Röhrenform 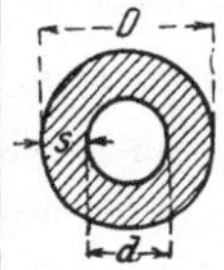			Gewicht pro 1 m	Doppel-T-Form 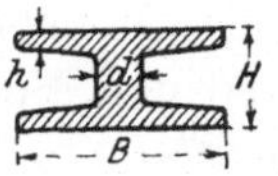				Gewicht pro 1 m	quadratischer Form 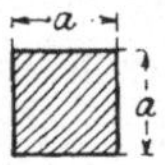	Gewicht pro 1 m	flacher Form 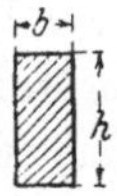		Gewicht pro 1 m
		D	d	s		H	B	h	d		a		h	b	
cm	kg	cm			kg	cm				kg	cm	kg	cm		kg
10	6,7	7,5	5,5	1,0	15,3	Fällt zu schwach aus					3,3	8,6	4,2	2,1	6,9
20	26,7	13,0	10,0	1,5	40,6	9,7	5,3	1,0	0,7	12,5	6,6	34,4	8,4	4,2	27,6
30	60,0	20,0	16,0	2,0	84,7	14,4	9,0	1,5	1,1	30,7	10,0	77,4	12,6	6,2	62,1
40	106,7	25,0	19,6	2,7	143,3	23,5	9,15	1,4	1,3	40,5	13,3	137,6	16,8	8,4	110,0

(Aus W. Jicinsky, Katechismus der Grubenerhaltung.)

In der Schnelligkeit der Herstellung kommen sich Holz- und Eisenzimmerung ungefähr gleich, besonders wenn für die letztere das Material so weit vorbereitet worden ist, daſs es nicht weiter bearbeitet zu werden braucht. Die Mauerung braucht bis zu ihrer Fertigstellung bedeutend mehr Zeit.

Dritter Abschnitt.

Das Gezähe.

A. Gezähe bei der Holzzimmerung.

Die bei der Zimmerung am meisten zur Anwendung gelangenden Gezähe sind die Axt und das Beil, die Säge, die Keilhaue, das Grofsfäustel oder Treibefäustel, das Sperrmafs, das Lot und die Setzwage mit der Setzlatte.

Axt und Beil können verschiedene Formen haben. Sie unterscheiden sich voneinander in der Hauptsache dadurch, dafs die Axt zweiseitig, das Beil nur einseitig zugeschärft ist.

Die Säge hat ebenfalls in den einzelnen Bergbaubezirken verschiedenes Aussehen. Wenn ihre beiden Enden durch einen gekrümmten Bügel verbunden sind, ist es eine Bügelsäge. Ist das Sägeblatt von einem Ende bis zum anderen gleich breit und hat an beiden Enden Handgriffe, so ist es eine Schrotsäge. Die Bügelsägen können von einem Arbeiter bedient werden, die Schrotsägen besser von zwei Mann. Es ist vorteilhaft, wenn die Zähne geschränkt sind, d. h. wenn sie abwechselnd einmal nach links und dann nach rechts ausgebogen sind. Der Sägeschnitt wird dann breiter, und die Säge klemmt sich nicht so leicht fest.

Die Keilhaue ist am besten eine solche mit Einsatzspitzen. Sie dient zur Herstellung von Bühnlöchern in milderem Gestein; im härteren werden solche mit dem Fäustel und dem Spitzbohrer ausgearbeitet.

Das Grofsfäustel oder Treibefäustel wird gebraucht, um Hölzer, die stramm sitzen sollen, einzutreiben. Bei schwächerer Zimmerung kann es durch die Keilhaue vertreten werden.

Das Sperrmafs besteht aus zwei Latten, von denen jede kürzer als das zu nehmende Mafs ist, während beide, aneinandergesetzt, länger sind. Man verschiebt sie so lange aneinander, bis man die zu schneidende Länge erhalten hat.

Mit dem Lote wird die richtige Stellung senkrechter Hölzer geprüft. Am einfachsten wird es aus einem Bindfaden mit einem Bergestück verfertigt. Oft genügt es auch, ein kleines Kohlen- oder Bergestück an dem betreffenden Holze herunterfallen zu lassen.

Mit Hilfe der Setzwage werden Hölzer horizontal oder unter einem bestimmten Neigungswinkel eingebaut. Sie hat Dreiecksform und ist aus einem Stück Bohle geschnitten (Fig. 27). Von ihrer Spitze hängt ein kleines Lot herab. Dieses mufs bei horizontaler Lage des zu prüfenden Holzes genau auf die Mitte der Basis einspielen, die durch einen kurzen Strich mit der Zahl 0 gekennzeichnet ist. Aufserdem sind auf einem Kreisbogen noch einige Winkel aufgetragen, um auch diese messen zu können. Die Setzwage wird nie unmittelbar auf das

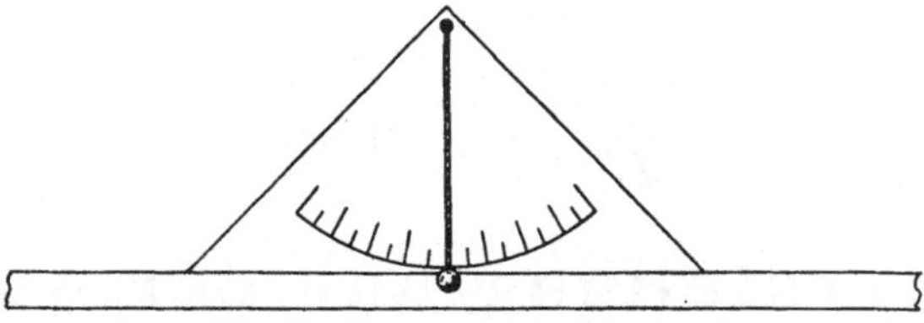

Fig. 27. Setzwage mit Setzlatte.

Zimmerungsholz aufgesetzt; man legt vielmehr auf dieses erst eine 2—3 m lange, gut behobelte Latte, die Setzlatte, und auf diese erst die Setzwage. Dies geschieht, um Fehler zu vermeiden, da die Oberfläche des Zimmerungsholzes nie vollkommen eben ist.

B. Gezähe bei der Eisenzimmerung.

Abgesehen von Axt und Säge finden wir hier wieder dieselben Gezähe wie bei der Holzzimmerung. Ferner kommen noch dazu Schrotmeifsel und Zuschlaghammer zum Durchkreuzen zu langer Eisenstücke.

Um den Zimmerlingen die zeitraubende Arbeit des Durchkreuzens zu sparen, wird es sich empfehlen, an geeigneter Stelle über oder unter Tage eine Eisensäge aufzustellen. Eine solche Vorrichtung, von Hand angetrieben, durchschneidet die stärksten Eisenbahnschienen in wenigen Minuten.

C. Gezähe bei der Mauerung.

Der Grubenmaurer braucht beständig die Kelle, den Maurerhammer, die Wasserwage (Libelle), ein Lot, die Kalkkrücke zum Mischen des Mörtels usw.

Zweiter Teil.

Die Herstellung und der Ausbau von Schächten.

Erster Abschnitt.

Der Ausbau von Schächten im festen Gebirge mit unbedeutenden Wasserzuflüssen.

Erstes Kapitel. Ausbau in Holz.

A. Endgültiger Ausbau.

I. Seigerschächte.

In früheren Zeiten wurden die Schächte fast nur in hölzernen Ausbau gesetzt; Mauerung fand sich selten. Heute beschränkt sich der Gebrauch des Holzes zur Sicherung der Schachtstöfse auf Untersuchungsduckeln, Überbrechen und Gesenke sowie auf Förderschächte von geringen Abmessungen, welche voraussichtlich nur kurze Zeit in Betrieb bleiben werden. Da der Verband des Holzes am sichersten ist, wenn die Stücke aufeinander senkrecht stehen, so erhalten die Schächte rechteckigen oder quadratischen Querschnitt. Bei quadratischer Schachtscheibe liegen die einzelnen Trümer neben- und hintereinander (Fig. 54 u. 55). Ist der Querschnitt rechteckig, so liegen sie nur nebeneinander (Fig. 53). In diesem Falle wird der Schacht am besten so abgeteuft, dafs die kurzen Stöfse im Streichen der Gebirgsschichten liegen; dies ist vorteilhaft, weil der Druck quer gegen das Streichen stets am gröfsten ist.

Beim Ausbau werden vier Hölzer, die Jöcher, zu einem rechteckigen Rahmen, dem Geviert, vereinigt. Die den beiden langen Stöfsen anliegenden Hölzer heifsen lange Jöcher, Jöcher oder Schenkel, die beiden anderen kurze Jöcher, Kappen, Pfändungen oder Haupthölzer.

Die Verbindung der Jöcher zum Gevierte erfolgt am häufigsten mit Überblattung (Fig. 6), seltener mit schrägem Schnitt (Fig. 11 a), Verzahnung (Fig. 7) oder Auskehlung.

Wenn im folgenden nichts Besonderes bemerkt ist, wird immer angenommen, dafs die Jöcher miteinander verblattet sind. Hierbei hat als Regel zu gelten, dafs man in jedem Gevierte die kurzen Jöcher zuerst einbaut. Das Gesicht ihrer Blattungen kommt somit nach oben zu liegen; auf dieses werden die langen Jöcher mit dem Gesichte nach unten aufgelegt. In Oberschlesien ist jedoch das umgekehrte Verfahren üblich; es werden dort also die langen Jöcher zuerst eingebaut. Dies ist eine alte Gewohnheit aus der Zeit, als noch der Erzbergbau gröfsere Bedeutung als der Steinkohlenbergbau hatte. Im oberschlesischen Erzreviere müssen die Schächte vielfach durch schwimmendes Gebirge

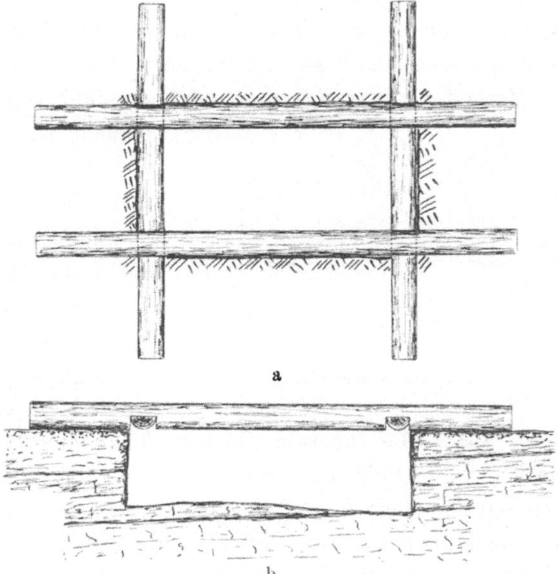

Fig. 28. Rasengeviert. (a Grundrifs, b Aufrifs.)

durchgebracht werden; bei der Getriebearbeit, die hierbei zur Anwendung kommt, werden aber aus ganz bestimmten Gründen in jedem Gevierte die langen Jöcher zuerst verlegt.

Je nach dem Drucke und der Gebirgsbeschaffenheit wird entweder Geviert auf Geviert gelegt, oder es werden zwischen den einzelnen Schachtrahmen Zwischenräume von 0,25—2 m gelassen. Das erstere Verfahren ist der Ausbau im ganzen Schrot; das letztere nennt man die Bolzenschrotzimmerung, weil die Gevierte durch senkrechte Bolzen gegeneinander verstrebt werden.

a) Die Aufsattelung.

Das Abteufen eines Schachtes beginnt mit der Verlegung des Rasengeviertes (Fig. 28). Es besteht aus den vier Jöchern, die aber alle länger als die Schachtstöfse sind. Die über die Blattungen hinausgehenden Verlängerungen heifsen Schwänze. Mit diesen Schwänzen wird das Geviert auf den Rasen aufgelegt, damit es sicheren Halt hat und nicht in den Schacht hineinrutscht. Die lichte Weite des Rasengeviertes ist gleich der der Schachtgevierte; diese werden alle nach ihm eingelotet. Es dient also auch zugleich als Lehrgeviert.

Bei dem nun beginnenden Ausschachten des Gebirges werden die losen Massen zunächst rund um den Schacht verstürzt: der Schacht wird aufgesattelt. Durch diese Aufsattelung sollen die Schwänze des Rasengeviertes vollkommen verschüttet und in ihrer Lage gehalten werden. Die Aufsattelung hat ferner noch den Zweck, zu verhüten, dafs bei Überschwemmungen Wasser in den Schacht eindringt; die Verladung in Fuhrwerke und Eisenbahnwagen ist von ihr aus bequemer, als wenn die Massen mit der Schaufel dahineingefüllt werden müssen; ebenso wird das Stürzen auf die Halde bedeutend erleichtert.

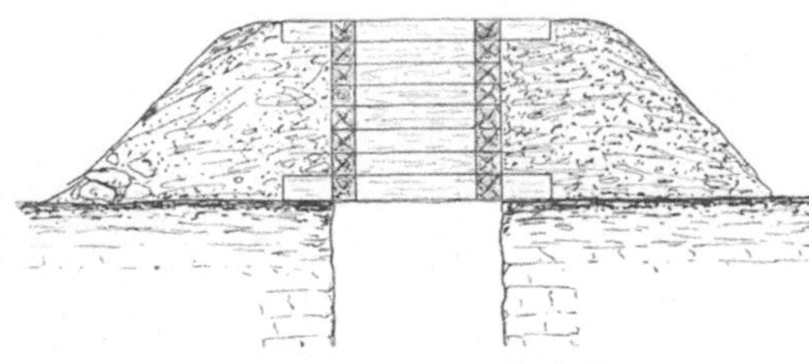

Fig. 29. Schacht mit Aufsattelung.

Um zu vermeiden, dafs die losen Massen wieder in den Schacht zurückfallen, werden auf das Rasengeviert noch andere Gevierte im ganzen Schrot aufgesetzt (Fig. 29). Das oberste Geviert besteht wieder aus vier Schwanzjöchern. Seine Schwänze werden nicht einfach auf die Aufsattelung aufgelegt, sondern in sie eingelassen, um auch dieses Geviert unverschiebbar festzuhalten. Es wird Haspelgeviert genannt, weil es den Haspel trägt. Damit die Haspelzieher sicher stehen können, wird es verbühnt, d. h. mit Bohlen überdeckt. Nur die Fördertrümer bleiben offen, sind aber durch ein Geländer umwehrt. Ist ein Fahrtrum vorhanden, so mufs es mit einer Klappe verschlossen werden.

b) Der Einbau und die Sicherung der Schachtgevierte.

Der Ausbau kann während des Abteufens auf zweierlei Art eingebracht werden. Wenn das Gebirge gut steht, wird erst ein Stück ohne Ausbau abgeteuft und dann dieser von unten nach oben eingebracht. Das Abteufen und Verzimmern erfolgt also absatzweise. Ist dies wegen zu geringer Festigkeit der Schachtstöfse nicht möglich, so werden die einzelnen Gevierte sofort eingebaut, wenn mit dem Tieferwerden des Schachtes für sie Platz geschaffen ist. Um ein Abrutschen derselben zu verhüten, hängt man sie aneinander auf.

1. Absatzweises Abteufen und Verzimmern.

Die Höhe der einzelnen Absätze hängt von der Festigkeit des Gebirges ab; sie schwankt fast durchweg zwischen 5—10 m. Wenn es nötig ist, wird während des Abteufens verlorener Ausbau eingebracht, indem man schwache Stellen vom gegenüberliegenden Stoſse aus abstrebt.

Ist der Absatz fertig abgeteuft, so baut man ungefähr 1 m über der Schachtsohle das Haupt- oder Tragegeviert ein. Es hat seinen Namen daher, daſs es bestimmt ist, den Ausbau des zugehörigen Schachtabsatzes zu tragen. Man verlegt es nicht unmittelbar auf die

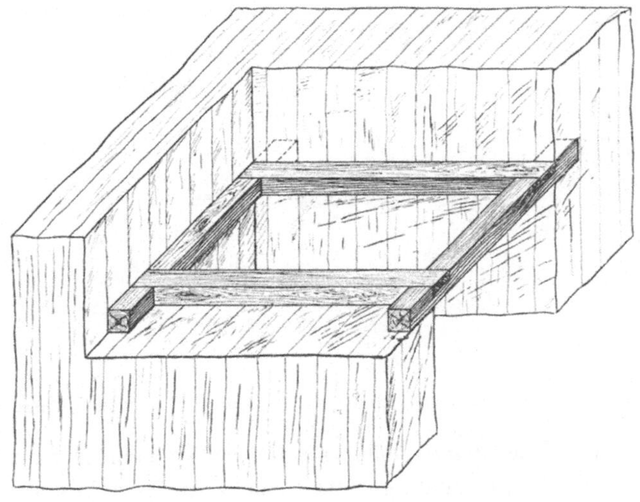

Fig. 30. Schwanzgeviert.

Schachtsohle, weil es sonst beim Weiterabteufen durch Schüsse beschädigt werden könnte. Es gibt zwei Arten von Tragegevierten, nämlich erstens Schwanzgevierte und zweitens gewöhnliche Gevierte, die auf Tragestempeln liegen.

Die Schwanzgevierte werden eingebaut, wenn die Schachtstöſse nicht besonders lang sind. Die kurzen Jöcher bekommen Schwänze von 0,3—1 m Länge. Für diese Schwänze werden in den langen Stöſsen nahe den Ecken Bühnlöcher ausgearbeitet. Sind die kurzen Jöcher eingebühnt, so werden die langen in ihre Blattungen eingesetzt (Fig. 30).

Wenn der Schacht gröſsere lichte Weite erhält, würden die Jöcher sich wegen ihrer gröſseren Länge leicht nach unten durchbiegen. Es genügt dann nicht, daſs die langen Jöcher nur an den beiden Enden getragen werden; sie müssen auch in der Mitte unterstützt sein. Alsdann wird das unterste Geviert auf Tragestempel (Fig. 31 a, b, c) gelegt, die in den langen Stöſsen ihre Bühnlöcher haben. Zwei davon kommen unter die kurzen Jöcher, liegen also dicht an den kurzen Stöſsen an. Die übrigen Tragestempel baut man quer durch den Schacht ein; sie kommen dann an die Grenze zwischen zwei Trümer zu liegen, damit sie der Schachteinteilung nicht im Wege sind. Auch sie gehen parallel den kurzen Stöſsen und liegen mit den ersterwähnten Tragestempeln in gleicher Höhe.

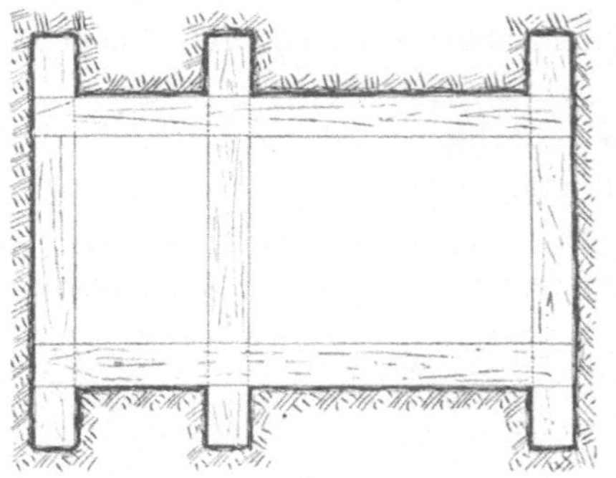

Die Stelle, an welche die Bühn-

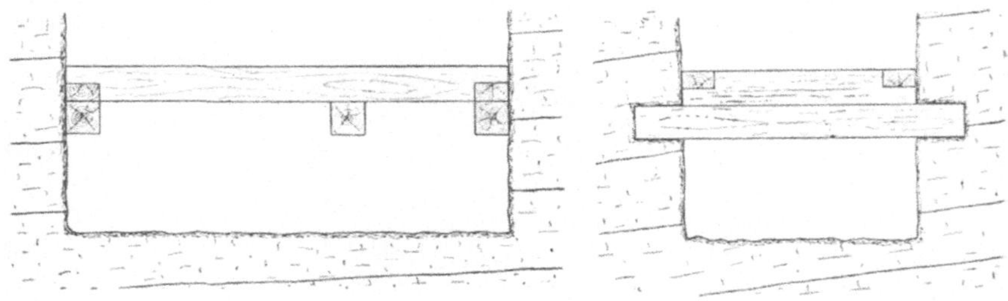

Fig. 31. Hauptgeviert auf Tragestempeln. (a Grundriſs, b Aufriſs, c Kreuzriſs.)

löcher für die Tragestempel oder für die Schwanzjöcher kommen, wird von dem nächstoberen Hauptgeviert (oder von einem besonderen Lehrgeviert) aus durch Ablotung genau bestimmt. Ob die Bühnlöcher alle in einer und derselben Horizontalebene liegen, wird vor ihrer Herstellung durch Anlegen der Setzlatte und der Setzwage ermittelt.

Da die Tragestempel bezw. Schwanzjöcher länger sind als die lichte Weite des Schachtes, muſs von den zwei zusammengehörigen Bühnlöchern das eine mit Eingabe versehen werden. Diese Eingabe wird am zweckmäſsigsten senkrecht von obenher ausgearbeitet (Fig. 32); will man indessen das Holz von der Seite her einbringen, so soll sie etwas höher als das Bühnloch liegen (Fig. 33). An Stelle des Bühnloches mit Eingabe kann auch ein Schiebebühnloch (Fig. 34 a, b, c) benutzt werden.

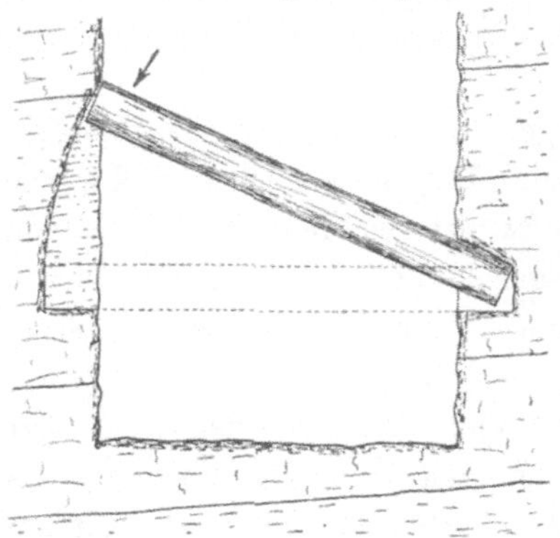

Fig. 32. Bühnloch mit Eingabe.

Die Jöcher werden in den Bühnlöchern durch Keile gesichert. Will man ein übriges tun, so läſst man die Schwänze und die Bühnlöcher sich nach unten verjüngen; ihr Querschnitt wäre also ein Trapez (Fig. 35). Desgleichen läſst man wohl auch die Hirnholzflächen der Jochschwänze nach unten konvergieren (Fig. 36).

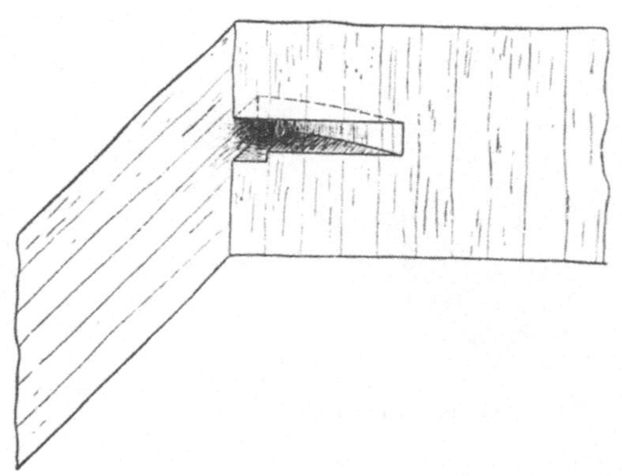

Fig. 33. Bühnloch mit seitlicher Eingabe.

Bei mildem Gebirge liegt die Gefahr nahe, daſs die Tragegevierte in den Bühnlöchern nicht hinreichenden Halt finden. Die Schwänze bekommen dann Unterlagen aus Brett- oder Bohlenstücken; auch werden ab und zu die senkrechten Bühnlochstöſse in derselben Weise mit Holz ausgefuttert werden müssen (Fig. 37).

In den übrigen Gevierten, die in dem zu sichernden Absatze zum Einbau gelangen, ist die Länge eines jeden Joches immer gleich der der Schachtstöſse. Die Gevierte werden in Abständen von höchstens 2 m verlegt. Untereinander werden sie durch Bolzen verstrebt, die in die vier Schachtecken kommen. Um zu verhüten, daſs sich die Jöcher in der Mitte ihrer Länge nach unten durch-

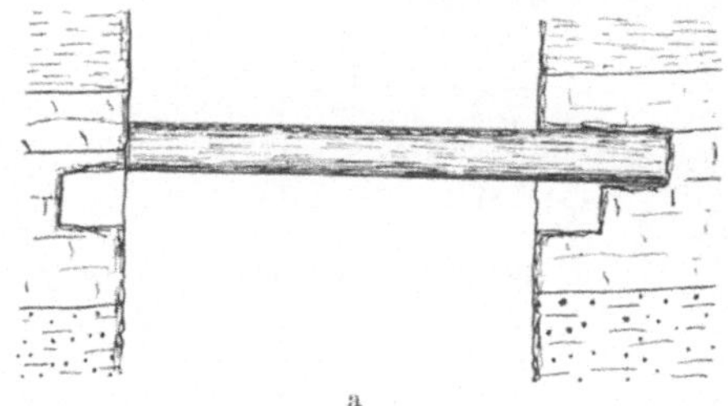

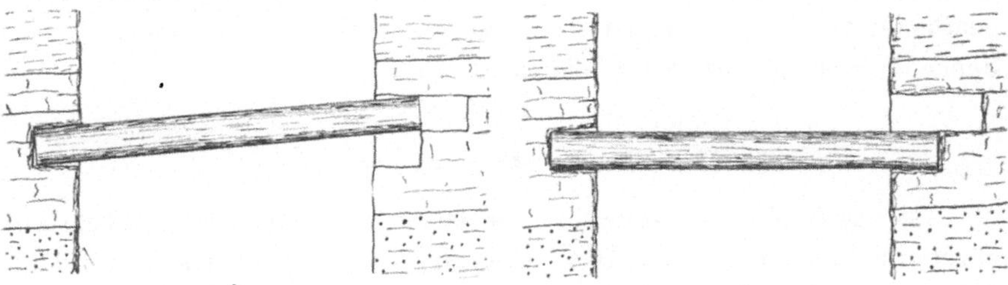

Fig. 34 a, b, c. Schiebebühnloch.

biegen, werden auch den Stöſsen entlang in Abständen von höchstens 2 m derartige Bolzen gestellt.

Besteht der Schachtausbau aus Kantholz, so werden diese Bolzen an beiden Enden gerade abgeschnitten und mit den Jöchern in der aus

Figur 38 zu ersehenden Weise verklammert. Auch bei Ausbau in Rundholz können die Bolzen in derselben Weise zugeschnitten werden. Wenn man sie aber auskehlt, so ist darauf zu achten, daſs die

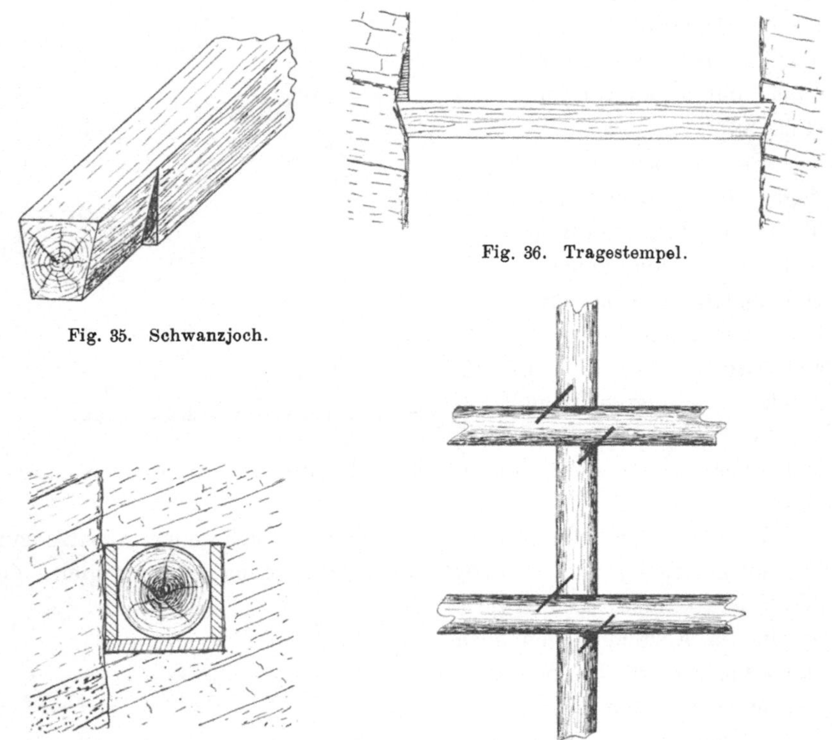

Fig. 35. Schwanzjoch.

Fig. 36. Tragestempel.

Fig. 37. Bühnloch mit Bohlenausfutterung.

Fig. 38. Verklammerung der Schachtbolzen mit den Jöchern.

Kehlungen der Eckbolzen in aufeinander senkrechter Richtung ausgearbeitet werden; denn der Fuſs des Bolzens steht auf einem langen Joche, sein Kopf aber unter einem kurzen.

2. Die Unterhängezimmerung.

Ist das Gebirge zu schwach, als daſs es möglich wäre, in Absätzen abzuteufen, so muſs die Unterhängezimmerung angewendet werden. Bei diesem Verfahren wird der endgültige Ausbau nicht wie beim absatzweisen Abteufen von unten nach oben eingebracht, sondern er rückt mit dem Tieferwerden des Schachtes nach unten vor. Jedesmal, sobald Platz für ein neues Geviert geschaffen ist, wird dieses auch sofort eingebaut. Zum Schutze vor dem Abrutschen nach unten wird jedes Joch an dem nächstoberen mittels starker Eisenklammern angehängt. Aufserdem wird das unterste, der Schachtsohle nächste Geviert gegen diese noch besonders verbolzt (Fig. 39).

Der Abstand der Hauptgevierte ist im grofsen und ganzen der-

Fig. 39. Verbolzte und verklammerte Schachtgevierte.

selbe wie bei der absatzweisen Auszimmerung. Nach Möglichkeit wird man immer dann ein Hauptgeviert einbauen, wenn man eine festere und somit tragfähigere Gesteinsschicht erreicht hat.

c) Die Sicherung der Schachtstöfse.

1. Sicherung durch Verzug.

Wenn es sich nur darum handelt, gröfsere, lose Schalen abzufangen, steckt man hinter die Jöcher dünnes Stangenholz. Die Stangen reichen über mehrere Felder weg; sie stehen in Abständen von 1 m, nach Bedarf noch weniger. Wo es erforderlich ist, wird hinter den Stangen ein Verzug von gerissenen oder geschnittenen Pfählen in horizontaler Lage angebracht. Die Stangen und Pfähle müssen durch Keile dicht an das Gebirge angetrieben werden.

In kurzklüftigem Gebirge, überhaupt in loseren Massen, ist ein dichterer Verzug nötig. Hierzu nimmt man geschnittene Pfähle, die je nach dem verwendeten Material Brettpfähle oder Schwartenpfähle heifsen. Bei grofsem Abstand der Gevierte reichen sie nur über ein Feld, bei geringerem über mehrere.

Die Pfähle werden nicht senkrecht, sondern mit Pfändung eingebaut. Unter der Pfändung ist das horizontale Mafs ab (Fig. 40) zu verstehen, um welches jeder Pfahl von der Senkrechten bc abweicht.

Das obere Ende eines jeden Pfahles, beispielsweise *ab* in Fig. 41, liegt an der Aufsenseite des zugehörigen Joches *c* fest an; dies wird durch die beiden Keile *d* und *e* erreicht. Das untere Ende wird von Keilen *f* und *g* an das Gebirge gedrückt. Es ist besser, je zwei Keile zum Anziehen der Pfähle zu nehmen, anstatt nur eines solchen. Aus Fig. 42 ist ohne weiteres ersichtlich, dafs sich der Pfahl *a* nur so weit an das Gebirge antreiben lassen wird, wie es die Stärke des Keiles *b* erlaubt; bei Verwendung von je zwei Keilen kann dagegen der Verzug zu jeder Zeit nachgespannt werden.

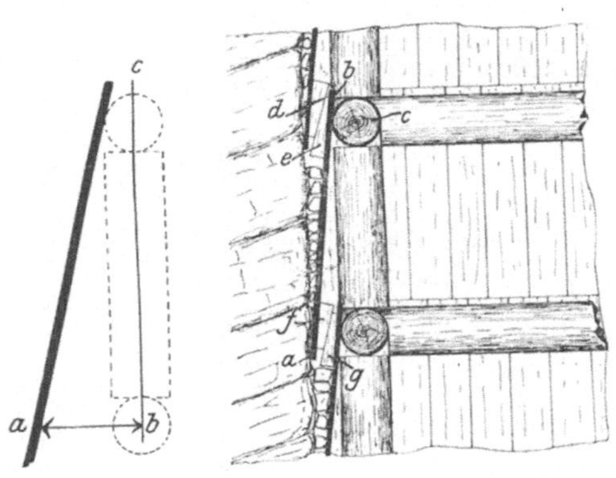

Fig. 40. Pfändung. Fig. 41. Verpfändung des Stofsverzuges.

Es bleibt nun noch die Frage übrig, ob man die Pfähle allein durch die Keile abfangen und verpfänden soll, oder ob es besser ist, quer vor die unteren Pfahlenden eine Pfändelatte (Fig. 43) zu legen. Läfst man die Pfändelatte fort, so wird jeder Pfahl durch die Keile gerade so stark an das Gebirge angetrieben, wie es für ihn nötig ist. Dagegen sind dann oft die vor einem Stofse eingesteckten Pfähle nicht gut ausgefluchtet. Wenn ferner einmal ein Keil locker wird und verloren geht, so verliert auch der betreffende Pfahl seinen Halt. Dies letztere kann bei Einbau einer Pfändelatte nicht vorkommen, besonders wenn noch vor jeden Pfahl ein besonderer Keil geschlagen wird. Fällt hier ein Keil heraus, so hält die Latte trotzdem den Pfahl in seiner Lage fest. Dagegen wird nicht jeder einzelne Pfahl stramm genug angezogen sein, besonders wenn die Stöfse uneben sind.

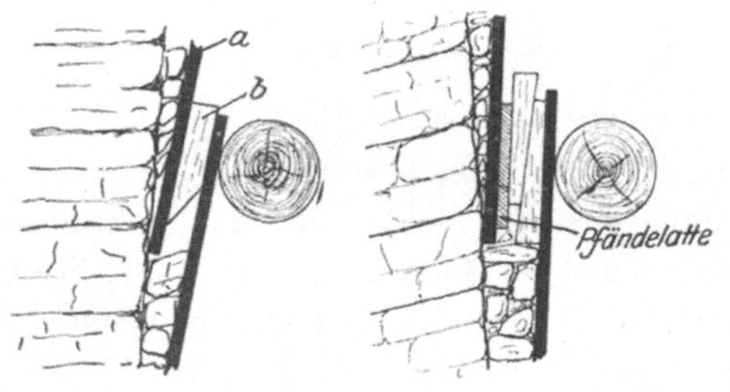

Fig. 42 und 43. Verpfändung des Stofsverzuges.

Sind hinter der Verpfählung Hohlräume vorhanden, so müssen sie gut ausgefüllt werden. Hierzu dienen am besten Berge; im Notfalle kann man auch Abfallholz nehmen; doch ist dies nicht so gut, weil das Holz mit der Zeit schwindet und der Verzug dann lose wird.

Altholz zur Hinterfüllung zu nehmen, ist unter allen Umständen zu vermeiden; es enthält stets Fäulniskeime und steckt die Schachtzimmerung an.

2. Sicherung durch ganze Schrotzimmerung.

Die ganze Schrotzimmerung ist in losem Gebirge und ferner bei sehr starkem Drucke anzuwenden. Sie unterscheidet sich von der Bolzenschrotzimmerung dadurch, dafs die einzelnen Gevierte unmittelbar aufeinanderliegen. Während des Einbaues ist darauf zu achten, dafs die auf demselben Stofse übereinanderliegenden Jöcher sich immer abwechselnd mit dem dickeren Wurzelende und mit dem dünneren Wipfelende decken (Fig. 44); andernfalls kämen die Gevierte nach oben zu immer mehr aus der horizontalen Lage (Fig. 45).

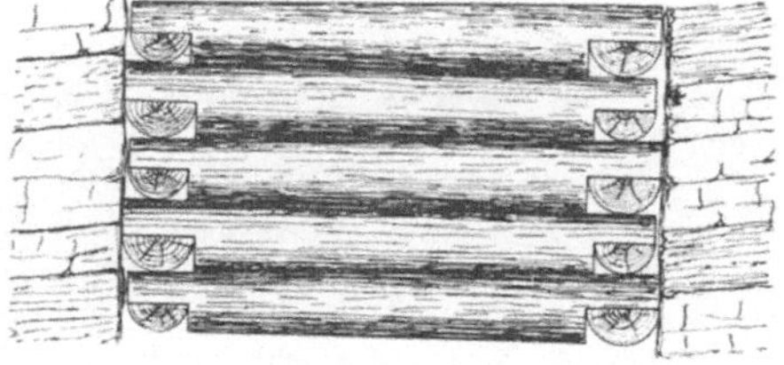

Fig. 44. Ganzer Schrotausbau (richtig).

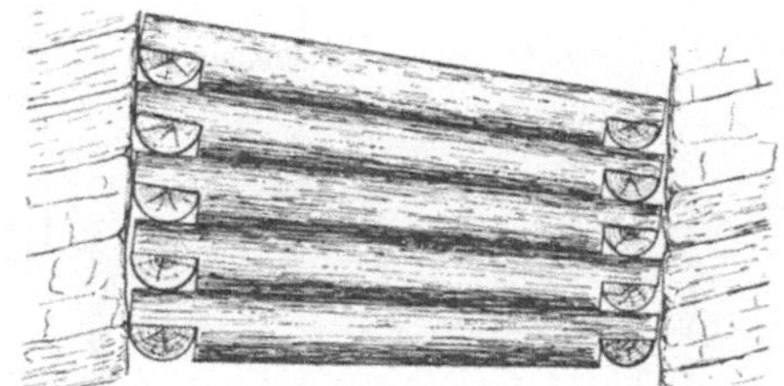

Fig. 45. Ganzer Schrotausbau (falsch).

Wenn der ganze Schrot absatzweise eingebracht wird, bereitet der Einbau des obersten Geviertes einige Schwierigkeiten. Zunächst mufs hierfür Holz von solcher Stärke ausgesucht werden, dafs es die Fuge bis an das darüberliegende Hauptgeviert vollkommen ausfüllt. Nun ist es aber nur möglich, drei von den Jöchern des Anschlufsgeviertes von der Seite her in die Schlufsfuge einzuschieben. Das letzte Joch geht nicht mehr ohne weiteres an seinen Platz, weil es mit den Blattungen ebensolang ist wie der Stofs, während zwischen seinen Nachbarjöchern nur noch ein Schlitz offen ist, dessen Länge um die doppelte Holzstärke kürzer als der betreffende Stofs ist.

Fig. 46. Gekehltes Schlufsjoch.

Besteht der Schachtausbau aus Rundholz, so kann man sich in der Weise helfen, dafs das Schlufsjoch an dem einen Ende Blattung, am anderen aber Kehlung erhält. Man setzt es mit der Blattung auf die des Nachbarjoches (Fig. 46) und treibt dann das gekehlte Ende im Bogen ein. Es wird dann noch durch Vorschlagnägel, Klammern oder dergleichen in seiner Lage gesichert.

Ein anderes Verfahren wäre, daſs alle vier Hölzer an beiden Enden Blattung erhalten. Die drei ersten Hölzer werden wieder von der Seite her in die Schluſsfuge eingebracht. Nun wird das letzte an dem einen Ende keilförmig zugeschärft (Fig. 47) und dann in derselben Weise wie beim vorhin beschriebenen Verfahren eingetrieben. Dabei wird die zugeschärfte Blattung in den Ritz zwischen Joch *a* und Joch *b* (Fig. 48) eingesetzt.

Fig. 47. Schluſsjoch mit zugeschärftem Blatt.

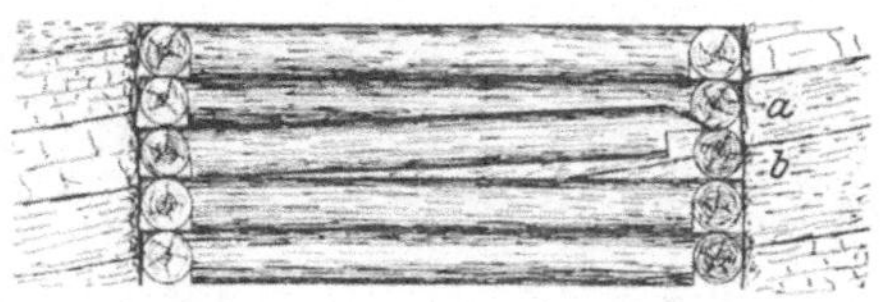

Fig. 48. Einbau des Schluſsjoches.

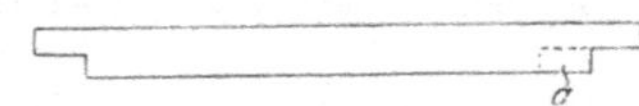

Fig. 49. Joch mit Doppelblatt.

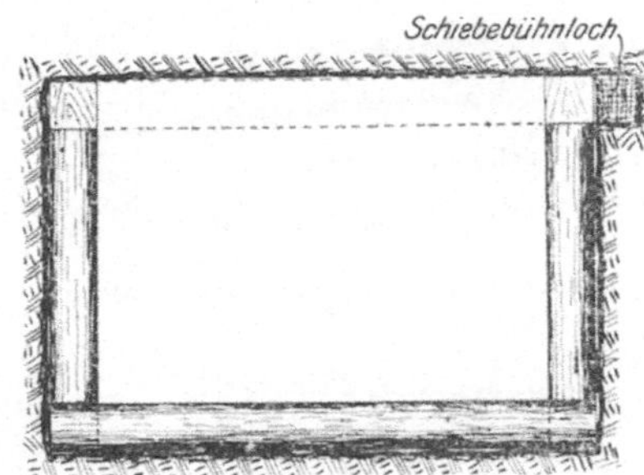

Fig. 50.

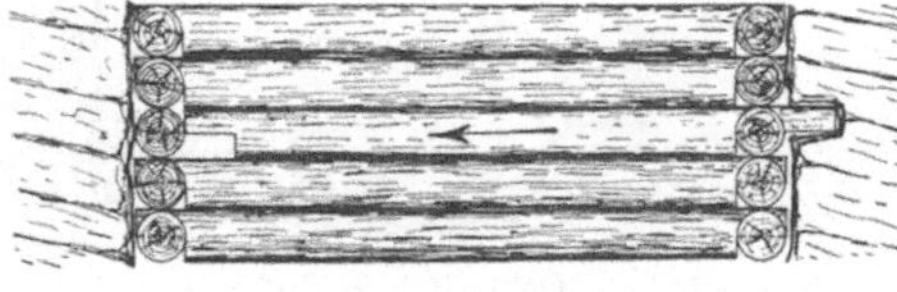

Fig. 51.

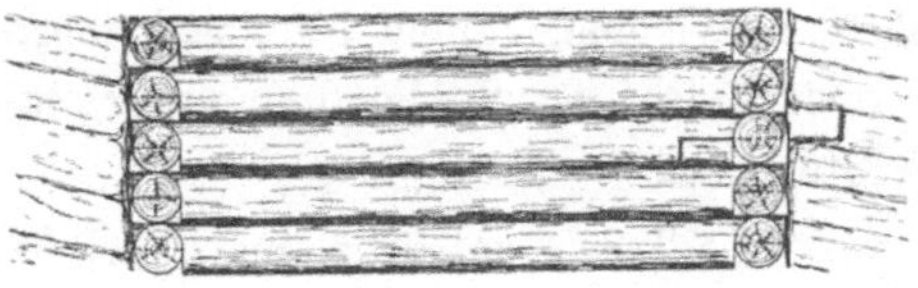

Fig. 52.

Fig. 50—52. Einbau des Schluſsjoches mit Doppelblatt.

Nach einer dritten Methode erhalten ebenfalls alle vier Jöcher die gewöhnliche Blattung. Die eine Blattung des Schluſsjoches wird aber, nachdem sie fertiggestellt ist, um eine Jochstärke verlängert (Fig. 49), das abgespaltene Holzstück *a* aber aufgehoben. Nachdem für diese längere Blattung in dem einen Stoſse ein Schiebebühnloch (Fig. 50) ausgearbeitet worden, werden wieder die drei ersten Jöcher eingebaut. Nun wird die längere Blattung ganz in das Schiebebühnloch gesteckt (Fig. 51), das Joch an den Stoſs geschoben und dann so weit in der durch den Pfeil angegebenen Richtung nach der Seite gezogen, bis auch die andere Blattung an Ort und Stelle sitzt (Fig. 52). Das bei Beginn der Arbeit ausgespaltene Blattungsstück wird jetzt wieder an seinem alten Platze eingesetzt und durch einen Nagel befestigt. Dies ist nötig, damit sich das Schlufsjoch nicht wieder nach dem Schiebebühnloch hin zurückzieht.

d) Der Schachteinbau.

1. Schachtscheider.

Wenn man einen Schacht in Trümer einteilen will, benutzt man hierzu die Schachtscheider. Es sind dies Hölzer, die parallel den langen oder kurzen Stöfsen quer durch den Schacht gehen und an der Grenze zwischen den einzelnen Trümern liegen. In der Hauptsache braucht man sie zur Befestigung der Leitungsbäume für die Förderschalen, zur Verlagerung der Ruhebühnen in Fahrtrümern, zum Anbringen der Vertonnung zwischen den Fahr- und Fördertrümern oder des Verschlages von Kohlen- und Bergerutschen u. dergl. Man braucht sie nicht an jedem Gevierte anzubringen; ihr Abstand hängt einzig und allein von der Last ab, die sie zu tragen bekommen, und von den

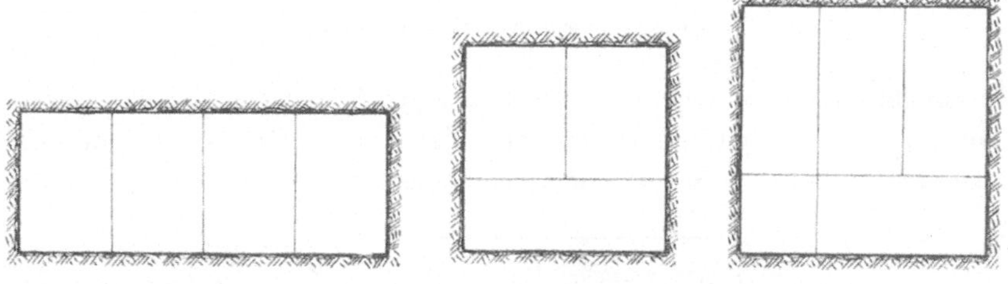

Fig. 53. Einteilung einer länglich rechteckigen Schachtscheibe.

Fig. 54. Fig. 55. Einteilung einer quadratischen Schachtscheibe.

Erschütterungen usw., denen sie im Betriebe ausgesetzt werden. Wenn sie nur die Fahrtbühnen tragen sollen, genügt ein Abstand von ca. 6 m. Werden an ihnen die Schachtleitungen befestigt, so beträgt der Abstand meistens 2 m; er wird indessen bei schweren Schalen und starken Stöfsen auch oft noch verringert werden müssen. Den gröfsten Stöfsen sind diejenigen Schachtscheider ausgesetzt, welche die Begrenzungen von Rolllöchern bilden; sie sind infolgedessen in Abständen von 0,5—1 m einzubauen.

Am einfachsten gestaltet sich die Einteilung eines länglich-rechteckigen Schachtes, weil hier die Trümer nur nebeneinanderliegen (Fig. 53). Etwas umständlicher ist die Befestigung der Schachtscheider, wenn die Trümer, wie aus Fig. 54 und 55 ersichtlich ist, sowohl neben- als auch hintereinander liegen. In diesem Falle liegen verschiedene Schachtscheider mit beiden Enden auf den Gevierten, andere aber nur mit dem einen Ende auf einem Joche, mit dem anderen aber auf einem Schachtscheider. Daraus folgt, dafs nicht alle Schachtscheider in gleicher Höhe liegen können, und daſs daher auch die Art der Verbindung mit ihrer Unterlage verschieden sein muſs.

Die Schachtscheider werden in der Hauptsache auf Biegung beansprucht. Diese Beanspruchung ist am gröſsten, wenn sich eine schwere Förderschale vom Seile löst; die Fangvorrichtung überträgt dann ihre Last mit einem mehr oder weniger scharfen Ruck durch die

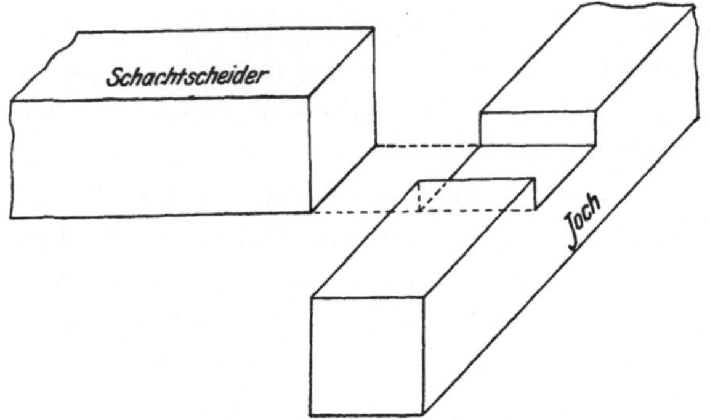

Fig. 56. Joch mit Schachtscheider.

Leitungen auf die Scheider. Diesem Anprall müssen sie widerstehen können. Es ist darum wesentlich, daſs diese Hölzer an den Verbindungsstellen mit den Jöchern möglichst wenig geschwächt werden.

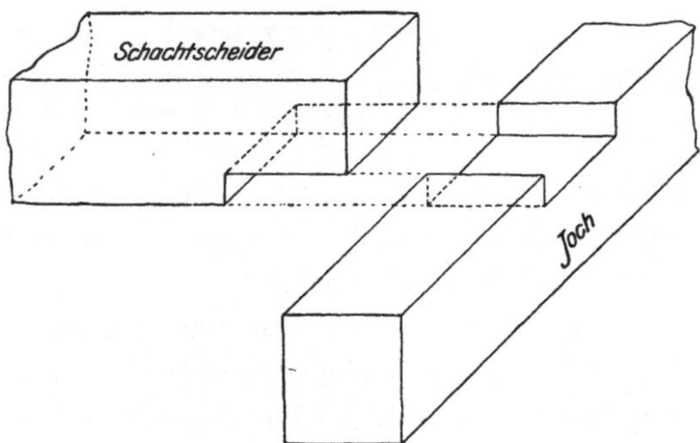

Fig. 57. Joch mit Schachtscheider.

Die in dieser Beziehung sicherste Verbindung wäre die in Fig. 56 dargestellte; der Schachtscheider hat durchweg gleiche Holzstärke und ist etwas in das Joch eingelassen, um ihn vor seitlichen Verschiebungen zu schützen. Wird zur Zusammenfügung die halbe Überblattung (Fig. 57) gewählt, so werden Joch und Scheider nur auf $^1/_4$ Holzstärke eingeschnitten, anstatt auf halbe Holzstärke wie bei der ganzen Verblattung. Soll vermieden werden, daſs sich der Schachtscheider aus dem Sitze im Joch herauszieht, so gibt man ihm ein Hakenblatt (Fig. 58 und 59).

Unter und über jedem Schachtscheider werden die Jöcher durch senkrechte Bolzen verstrebt. Bei grofser Länge der Schachtscheider sollen auch diese selbst untereinander verbolzt werden.

2. Einstriche.

Der Gebirgsdruck sucht die Jöcher nach innen zu biegen, bis sie brechen. Dieser Gefahr sind besonders die langen Jöcher ausgesetzt.

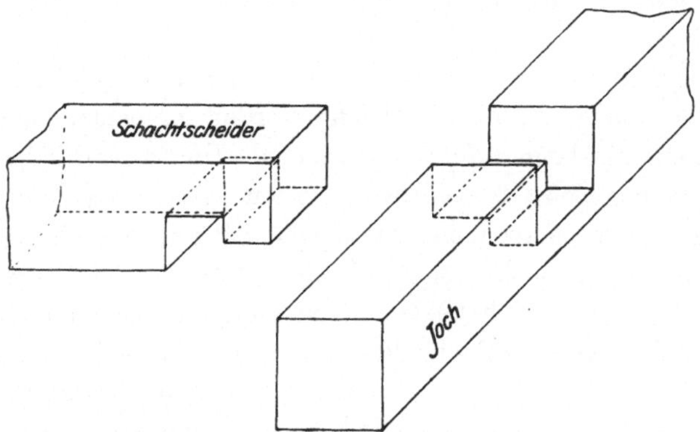

Fig. 58. Joch mit Schachtscheider.

Man legt darum gern die langen Stöfse quer gegen die Streichrichtung der Gesteinsschichten, weil der Hauptdruck in der Mehrzahl der Fälle auch querschlägige Richtung hat. Ferner sichert man die Gevierte

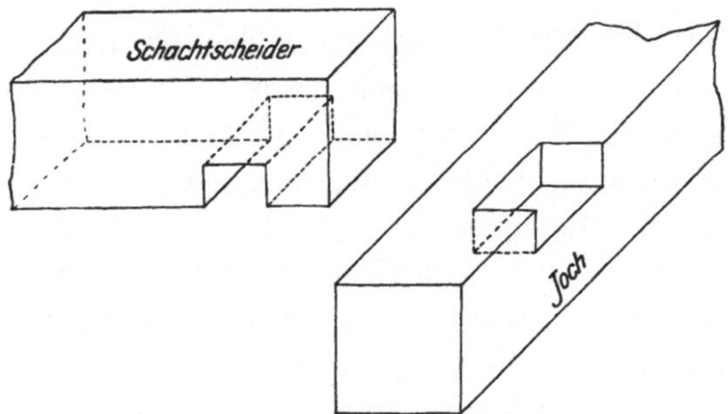

Fig. 59. Joch mit Schachtscheider.

noch dadurch, dafs die langen Jöcher desselben Geviertes gegeneinander verspreizt werden. Die Hölzer, welche dazu dienen, heifsen Spreizen oder Einstriche. Sie gehen parallel den kurzen Jöchern und werden stets an den Grenzen zwischen zwei Schachttrümern eingebaut, damit sie der Benutzung derselben nicht im Wege sind. Sie hätten also im grofsen und ganzen innerhalb der Schachtscheibe dieselbe Stellung wie die Schachtscheider. Von diesen unterscheiden sie sich aber zunächst dadurch, dafs sie in jedem Gevierte eingebaut werden müssen. Noch ein anderer Unterschied liegt in der Art und Weise, wie sie mit den Jöchern verbunden werden. Wir haben schon gesehen, dafs die Schachtscheider auf Biegungsfestigkeit beansprucht werden, und dafs dementsprechend der Verband mit den Jöchern ausfallen mufs. Die Einstriche werden dagegen auf Zerknickung beansprucht. Es ist also ohne weiteres klar, dafs sie sich anders in das Geviert einfügen müssen als die Scheider. Während die letzteren besser auf den Gevierten aufliegen, müssen die Spreizen mit ihrem Gesamtquerschnitte vor den Jöchern liegen.

Der einfachste Verband zwischen Einstrich und Joch ist beim Ausbau mit Rundholz möglich; die Einstriche werden an beiden Enden gekehlt und zwischen die langen Jöcher getrieben. Um zu verhindern, dafs sie wieder nach der Seite ausweichen, werden rechts und links von ihnen starke Nägel eingeschlagen, oder sie werden mit jedem Joche verklammert.

Besteht der Schachtausbau aus Kantholz, so ist Verzapfung anzuwenden. Der Einstrich bekommt zwei Zapfen, von den Jöchern das eine ein einfaches Zapfenloch, das andere ein Zapfenloch mit seitlicher Eingabe. Auch in diesem Falle sind als Sicherung Klammern oder Vorschlagnägel zu gebrauchen.

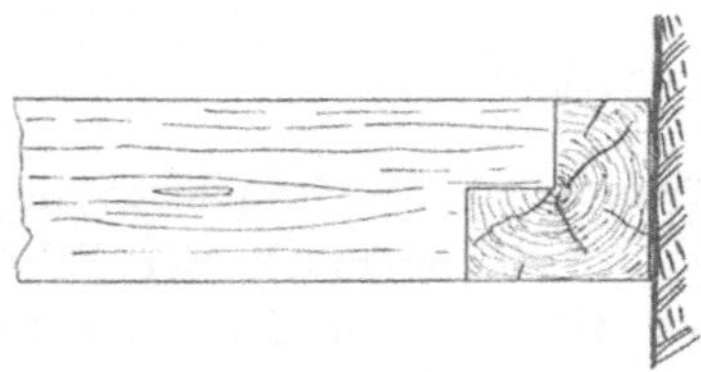

Fig. 60. Joch mit Einstrich.

Auch die ganze Überblattung (Fig. 60) läfst sich anwenden. Die Blattlänge soll aber nicht gleich der Jochstärke sein, sondern kleiner, damit der Einstrich mit seinem vollen Querschnitte gegen das Joch drückt.

In zahlreichen Fällen wird es vorkommen, dafs ein Einstrich gleichzeitig als Schachtscheider oder, umgekehrt, ein Schachtscheider als Einstrich dient. Man wird dann bei der Herstellung des Verbandes mit dem Joche den ganz verschiedenen Beanspruchungen Rechnung tragen müssen. Ein Schachtscheider, der z. B. Leitungsbäume für eine Förderschale trägt, darf nicht eingezapft werden; dies wäre aber gerade die bei Stofsdruck beste Verbindung mit dem Joche. Man wird hier am besten die Verblattung wählen; die Spreize wird bis zur halben Holzstärke eingeschnitten, also ganze Überblattung hergestellt, damit sie den Stofsdruck mit der ganzen Querschnittsfläche aufnehmen kann; die Blattlänge wird aber gleich der Jochstärke sein müssen, damit der Einstrich auf einer möglichst grofsen Fläche aufliegt.

3. Streben.

Streben werden an denselben Stellen der Schachtscheibe eingebaut wie die Schachtscheider und die Einstriche, also an der Grenze zwischen zwei Trümern. Auch sie sollen den Stofsdruck aufnehmen, gleichzeitig aber verhindern, dafs ein ins Abwärtsrutschen gekommener Schachtstofs die Schachtzimmerung mitnimmt. Dies wird dadurch erreicht, dafs die Streben schräg nach oben gerichtet werden, und zwar entgegen der Bewegungsrichtung des ins Schieben gekommenen Gebirgsstückes (Fig. 61). Sie liegen zwischen den langen Jöchern verschiedener Gevierte. Die Verbindung erfolgt bei Rundholz mittels Auskehlung, bei Kantholz mit Froschmaul (gehackter Schar). Bei der Abwärtsbewegung sucht das Gebirge die ihm anliegenden Jöcher durch Reibung mitzunehmen; dadurch werden aber die Streben nur um so strammer angezogen.

Fig. 61. Verstrebung der Schachtgevierte.

4. Wandruten.

Wandruten sind starke Hölzer von **5—6** m Länge. Sie stehen senkrecht im Schachte und legen sich dicht an die Innenseite der Gevierte an. Infolge ihrer Länge reichen sie stets über mehrere Gevierte hinweg und verhindern dadurch ein gegenseitiges Verschieben derselben sowie auch ein etwaiges Abrutschen der gesamten Schachtzimmerung. Sie stehen immer vor den langen Stöfsen. Ihr Platz ist sowohl in den vier Ecken als auch vor der Mitte der Stöfse (Fig. 62). Im letzteren Falle werden sie auch wieder in die Schachtscheiden verlegt.

Fig. 62. Wandrutenzimmerung.

Zwei sich gegenüberstehende Wandruten bilden ein Wandrutenpaar. Diese zwei zusammengehörenden Wandruten werden durch horizontale Hölzer (Lagerstempel oder Spreizen [Fig. 63]) oder durch schräg nach oben gerichtete Hölzer (Strebstempel oder Streben [Fig. 65]), die zwischen sie eingetrieben werden, fest an die Stöfse bezw. an die langen Jöcher geprefst. Diese Streben und Spreizen dienen gleichzeitig als Schachtscheider und Einstriche. Die Streben können untereinander parallel (Fig. 66) sein oder im Zickzack stehen (Fig. 67); das erstere ist stets der Fall, wenn ein Stoſs gehindert werden soll, nach unten abzurutschen. Im groſsen und ganzen kann man sagen, daſs sich die Spreizen (Lagerstempel) meistens im Steinkohlenbergbau, die Streben (Strebstempel) im Erzbergbau vorfinden.

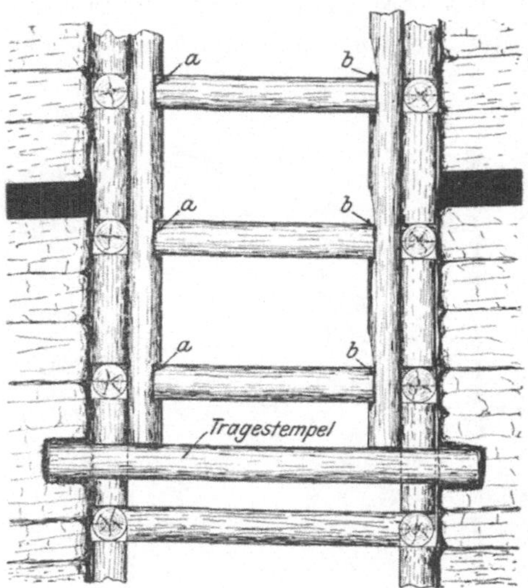

Fig. 63. Wandruten mit Larve *a* und Anfall *b* für die Schachtspreizen.

Fig. 64. Wandruten mit Schachtspreize.

Fig. 65. Wandruten mit Strebestempeln.

Der Einbau geht in der Weise vor sich, daſs das unterste Wandrutenpaar auf einen besonderen Tragestempel (Fig. 63) gestellt wird, der in den langen Stöſsen sicher eingebühnt ist; auf keinen Fall darf er nur auf der Zimmerung, etwa auf den langen Jöchern, aufliegen. Zwischen die Kopfenden der beiden Wandruten kommt eine verlorene Spreize, dann beginnt das Verstempeln.

Werden nur Lagerstempel eingebaut, so können sie eingezapft werden. Von den beiden Wandruten erhält die eine ein Zapfenloch, die andere ein ebensolches mit Eingabe.

Die Verzapfung reicht nicht aus, wenn die Lagerstempel noch auf Biegung beansprucht werden sollen, z. B. wenn an ihnen die Schachtleitungen angebracht werden. In diesem Falle ist in der einen Wandrute ein Bühnloch (Larve oder Brust) *a* (Fig. 63), in der anderen ein Bühnloch *b* mit Eingabe (Anfall) herzustellen. Auch kann die in Fig. 64 dargestellte Verbindungsweise gewählt werden.

In Schächten von kleineren Abmessungen werden die Wandruten aus Rundholz hergestellt; es genügt dann, wenn man die Spreizen mit Kehlung versieht.

Strebestempel, die untereinander parallel sind, werden am Fuſsende eingebühnt, am Kopfende mit schrägem Zapfen in die Wandrute ein-

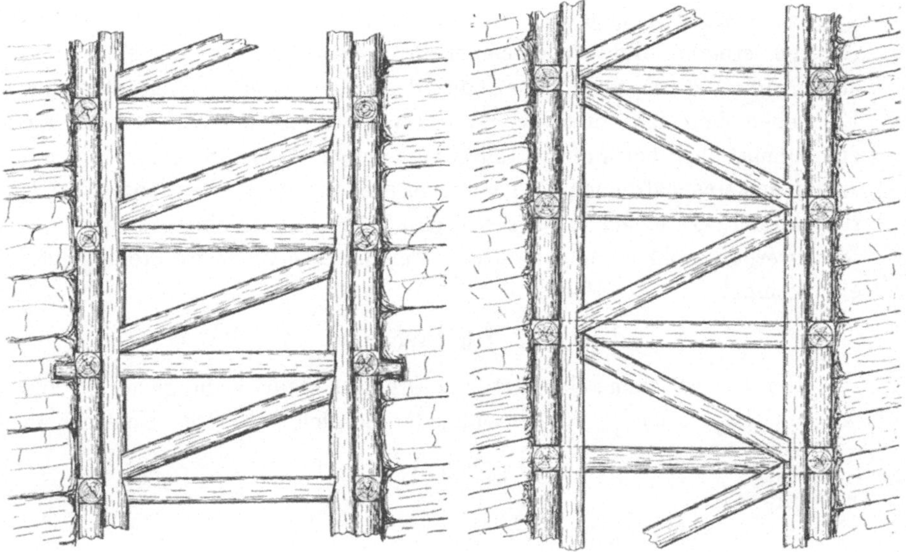

Fig. 66. Wandruten mit Streben und Spreizen. Fig. 67. Zickzackverstempelung der Wandruten.

gelassen (Fig. 65). Es ist gut, in diesem Falle Streben und Spreizen miteinander wechseln zu lassen (Fig. 66), weil dadurch die ersteren einen besseren Halt gewinnen.

Bei Zickzackverstempelung (Fig. 67) steht jede Strebe mit ihrem Fuſse auf dem Kopfe der nächst unteren. Die Verbindung mit den Wandruten ist entweder die eben geschilderte oder die Auskehlung. Auch hier ist es empfehlenswert, Strebe- und Lagerstempel wechseln zu lassen (Fig. 68).

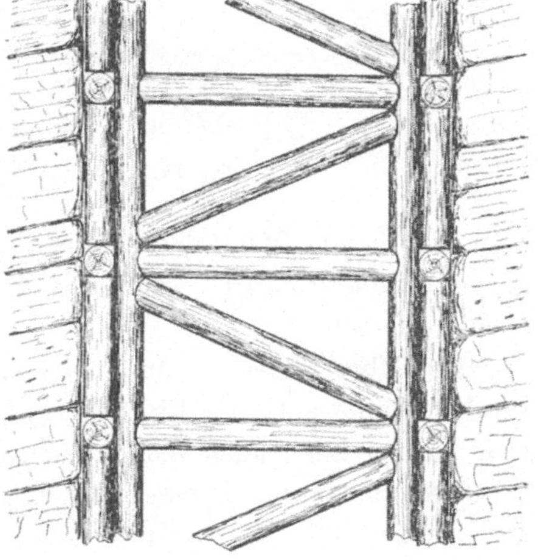

Fig. 68. Wandruten mit Streben und Spreizen.

Es ist darauf zu achten, daſs die Wandrutenstempel immer vor ein Joch zu stehen kommen. Würde man sie so einbauen, daſs sie vor der Mitte eines Feldes liegen, so würde sich die Wandrute nach dem Stoſse zu ausbiegen; die Stempel würden nicht fest angetrieben werden können und die ganze Zimmerung sich leicht verschieben.

Das Sicherste und Vorteilhafteste ist es, jedem Wandrutenpaare einen besonderen Tragestempel zu geben. Um Holz und Arbeit zu sparen, werden jedoch in vielen Fällen, natürlich nur wenn es das Gebirge erlaubt, die Tragestempel in gröſseren Abständen eingebaut; sie kommen dann erst unter jedes dritte oder vierte Wandrutenpaar. Es stehen dann also mehrere Wandrutenpaare so aufeinander, daſs sie sich unmittelbar berühren. Mehrere derartige Wandrutenpaare, die auf einem gemeinschaftlichen Tragestempel stehen, nennt man einen Wandrutenstrang. In einem Strange stoſsen die Wandruten stumpf aneinander oder werden wohl auch verblattet. Vor die Zusammenstoſsstelle gehört ein Stempel.

II. Überbrechen.

Ein Überbrechen, das fertig im Ausbau steht, sieht genau so aus wie ein Seigerschacht, ein Gesenk oder dergleichen. Der Unterschied

Fig. 69. Fuſsende eines Überbrechens.

liegt nur in der Herstellungsweise, indem ein Schacht von oben nach unten abgeteuft wird, während man ein Überbrechen von unten nach oben vortreibt.

Ein Überbrechen kann sofort in den endgültigen Ausbau gesetzt werden, ohne daſs die Einbringung eines verlorenen erforderlich wird. Der Ausbau kann auch immer bis nahe vor Ort reichen.

Der Einbau von Tragegevierten, gewöhnlichen Gevierten, der Verzug der Stöſse, die Verstärkung der Zimmerung mit Spreizen, Wandruten usw. erfolgt in derselben Weise wie bei Seigerschächten. Es ist nur nötig, das unterste Tragegeviert sicher zu verlagern. Zu diesem Zweck werden zunächst auch zwei Jöcher desselben eingebühnt; dann aber wird das ganze Geviert noch durch Stempel oder Bolzen *a* unterfangen (Fig. 69).

Bei gröſseren Abmessungen erhält das Überbrechen für die Zeit seiner Herstellung drei nebeneinanderliegende Trümer (Fig. 70). Trum *A* enthält die Fahrtenfahrung; Trum *B* dient als Rutsche (Rolloch) für die Berge; Trum *C* wird gegen *B* wetterdicht verkleidet und als Wetter- und Holzhängetrum benutzt. Es ist entschieden davon abzuraten, daſs man den Wetterscheider zwischen *B* und *C* spart, dagegen aber die Rutsche voll Berge stehen läſst, um diese als Wetterscheider zu benutzen. Das Rolloch soll vielmehr immer möglichst wenig Berge ent-

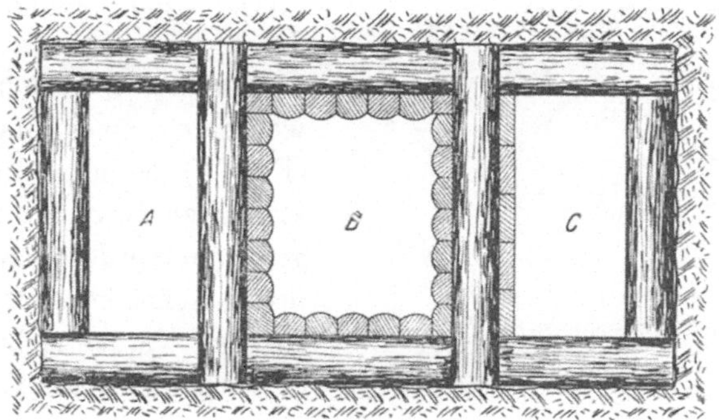

Fig. 70. Überbrechen (Grundriſs).

halten. Es sind nämlich verschiedene Fälle bekannt, daſs es von der Last der Bergemassen durchbrochen wurde; die im Überbrechen beschäftigten Arbeiter saſsen dann oben vollkommen abgesperrt und konnten oft erst nach Tagen befreit werden.

III. Tonnlägige Schächte.

Tonnlägige Schächte werden ebenso ausgezimmert wie Seigerschächte. Die Gevierte dürfen jedoch nicht horizontal eingebaut werden, sondern müssen so liegen, daſs die Jöcher eines jeden Stoſses senkrecht auf den Nachbarstöſsen stehen. Je flacher der Neigungswinkel des Schachtes wird, um so mehr muſs sich der Ausbau dem von Strecken nähern; so würde beispielsweise die Verbindung der Jöcher mit Verblattung schlieſslich der Auskehlung weichen müssen. Auch wird bei festem Liegendgestein das vor diesen Stoſs gehörende Joch fortgelassen werden können, wenn man die kurzen Jöcher in Bühnlöcher setzt.

IV. Schachtausbesserungen.

Die Auswechslung des Schachteinbaues ist verhältnismäſsig einfach. Ist der Schacht stark in Druck, so muſs man nur darauf achten, daſs man nicht ohne weiteres den Einbau entfernt, um an seine Stelle den neuen zu setzen. Denn gerade in der Zwischenzeit kann ein gefährlicher Bruch des Schachtausbaues erfolgen. Darum setzt man zunächst neben den auszuwechselnden Einstrich oder Wandrutenstrang einen ebensolchen in verlorenem Holze und ersetzt dann erst den schadhaften durch einen neuen.

Fig. 71. Rauben eines Schachtgeviertes.

Handelt es sich um die Auswechslung eines Geviertes *a—b* (Fig. 71), so müssen die darüberstehenden Gevierte erst gut abgefangen werden, damit sie nicht ins Rutschen kommen. Zu diesem Zwecke werden mehrere Streben *c*, ***d*** eingetrieben. Da diese den Raum sehr beengen, tut man oft gut, die Gevierte am nächstoberen Tragegeviert aufzuhängen. Hierzu benutzt man Eisenklammern in der bekannten Weise. Sind diese nicht vorhanden, so läſst man Bohlen vom Hauptgeviert bis an die Arbeitsstelle dicht an den Stöſsen herunterhängen und nagelt diese an allen Jöchern an.

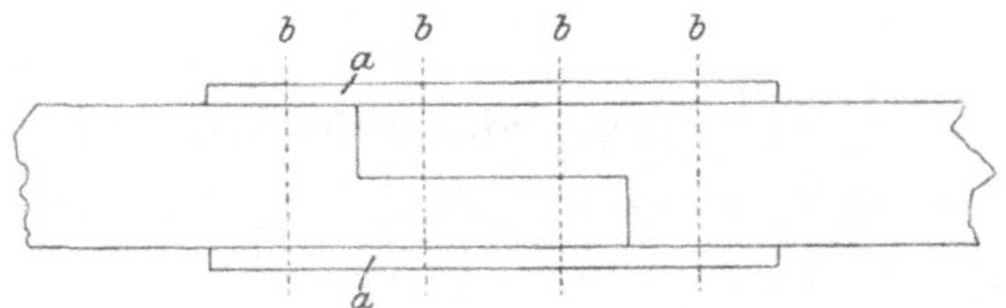

Fig. 72. Gebrochenes Joch.

Umständlicher und zeitraubender ist die Arbeit, wenn es sich darum handelt, ein Geviert auszuwechseln, welches hinter Wandruten liegt. Dies läſst sich nicht so schnell bewirken, wie es oft im Interesse des Förderbetriebes liegt, weil erst der gesamte Einbau entfernt werden muſs. In dringenden Fällen kann man dies aber doch mit Hilfe von gebrochenen Jöchern bewerkstelligen. Diese Jöcher bestehen aus zwei

Stücken, die durch gerade Überblattung verbunden sind (Fig. 72). Die Bruchstelle wird durch Laschen *a* und Schraubenbolzen *b* gesichert. Sie kommt hinter eine Wandrute zu liegen. Vor dieser Stelle wird ein Wandrutenstempel eingetrieben; desgleichen werden über und unter die Bruchstelle senkrechte Schachtbolzen gesetzt.

B. Verlorener Ausbau.

In rechteckigen Schächten ist der verlorene Ausbau von untergeordneter Bedeutung; gröfsere Wichtigkeit hat er dagegen für solche Schächte, die nachher rund ausgemauert werden sollen. Die Form des verlorenen Ausbaues hängt von der Umfangsform des Schachtes ab. Die meisten Schächte werden rund ausgemauert. Dementsprechend werden sie auch rund abgeteuft oder aber in einer Vielecksform, die sich dem Kreise möglichst nähert.

Die Vorteile runder Schächte gegenüber den vieleckigen sind, dafs das Abteufen schneller vorwärts geht, dafs das Gestein seine Spannung am gleichmäfsigsten bewahrt, und dafs die Mauerung rundherum gleichmäfsige Stärke hat.

Das Abteufen in Vielecksform schreitet langsamer vorwärts, weil die Ecken besonders ausgearbeitet werden müssen. Die Menge der zu fördernden Berge ist infolge der Ecken gröfser als in runden Schächten. Ebenso braucht man mehr Mauerungsmaterial, weil die Schachtmauer ihre Mindeststärke nicht in den Ecken, sondern vor der Mitte der Polygonseiten haben mufs, und weil die Ecken besonders ausgemauert werden müssen. Diese Nachteile werden aber um so geringer, je gröfser der Schachtdurchmesser genommen wird, und je gröfser die Zahl der Vielecksseiten ist; denn der Schachtumfang nähert sich dann mehr und mehr dem Kreise.

Ein grofser Vorteil des polygonalen Abteufens ist, dafs der verlorene Holzausbau sich leichter einbringen und sicherer verlagern läfst als in runden Schächten.

I. Verlorener Ausbau polygonaler Schächte.

Der Ausbau erfolgt im Bolzenschrot, seltener im ganzen Schrot. Entsprechend den Gevierten in viereckigen Schächten gelangen hier Jochkränze zum Einbau, die aus ebenso viel Jöchern bestehen, als der Schacht Stöfse hat. Als Verbindung dient Überblattung oder schräger Schnitt (stumpfes Aneinanderstofsen).

Die Jöcher werden über Tage nach einem Mafse zurechtgeschnitten und auf einer wagerechten Bühne so zusammengepafst, dafs die Ecken des Jochkranzes auf einer vorgezeichneten Kreisperipherie liegen.

Hierauf werden die Hölzer numeriert, eingehängt und in derselben Reihenfolge eingebaut.

Ob die Jöcher genau auf dem Schachtumfange liegen, wird mit dem „Radius" ermittelt. Es ist dies eine Holzlatte, die nahe dem einen Ende eine Kerbe *a* (Fig. 73) hat, so daſs *a b* den Radius des dem Jochkranze eingeschriebenen Kreises bildet. Ein Häuer setzt die Latte mit dem Ende *b* vor die Mitte eines jeden Joches, während gleichzeitig der Drittelführer darauf achtet, ob sich die Kerbe mit der Lotschnur deckt. Ist dies vor sämtlichen Jöchern der Fall, dann liegt der Jochkranz genau unter den oberen Kränzen.

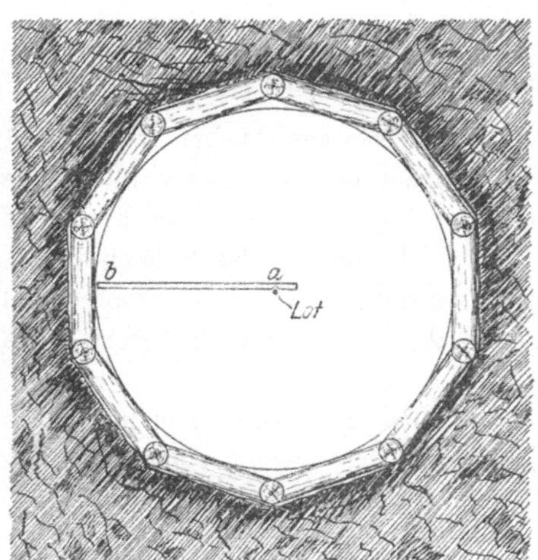

Fig. 73. Einfluchten eines Jochkranzes.

Um den Verband fester zu gestalten, kann man durch je zwei sich berührende Blattungen einen oder mehrere Schraubenbolzen mit Unterlagsscheiben stecken. Bei schrägem Schnitt kommen über und unter die Stoſsfuge eiserne Laschen; die Verbindung erfolgt ebenfalls mit Schraubenbolzen. Es genügt aber auch vollständig, wenn die Laschen aus Bohlenstücken geschnitten und an den Jöchern durch Drahtnägel von 10—15 cm Länge befestigt werden.

Fig. 74. Jochkränze mit Eckbolzen.

Rundhölzer müssen an den Enden mit der Axt ebene Flächen angeschlagen bekommen, damit die Laschen gut aufliegen.

In jedem Falle werden die Jochkränze untereinander durch Eckbolzen versteift. Diese Bolzen werden mit den Jöchern verklammert (Fig. 74).

Der Verzug der Stöſse ist derselbe wie in rechteckigen Schächten.

So wie in rechteckigen Schächten Tragegevierte eingebaut werden, wird hier der verlorene Ausbau durch Tragekränze gesichert. Diese Tragekränze liegen auf Tragestempeln auf. Die Tragestempel können zweierlei Lage im Schachte haben; entweder

Fig. 75. Jochkranz mit Tragestempeln. (Nach Jicinsky, Katechismus der Grubenerhaltung.)

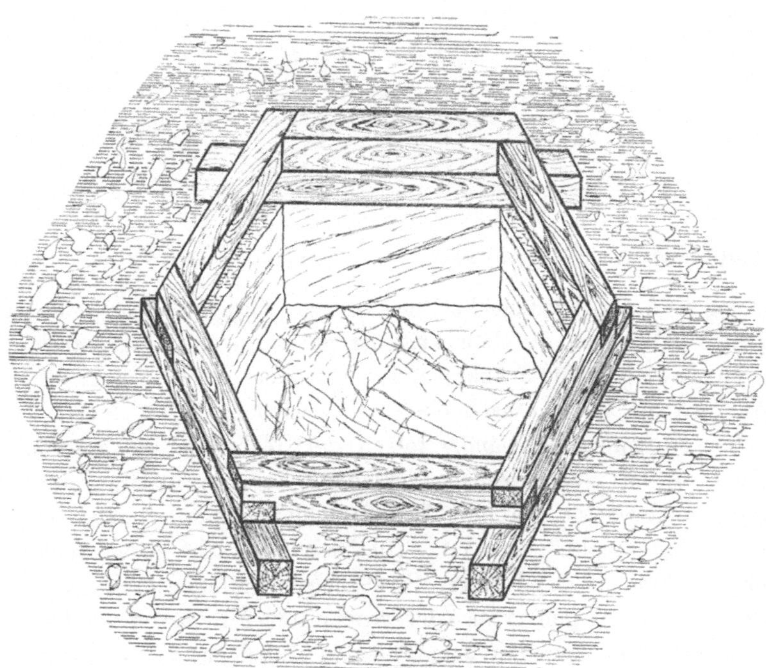

Fig. 76. Jochkranz mit Tragestempeln. (Nach Jicinsky, Katechismus der Grubenerhaltung.)

laufen sie quer durch den Schacht (Fig. 75) und greifen unter die Zusammenstöſse zweier Jöcher, oder sie liegen dicht an den Stöſsen an und sind dann unter jedem zweiten Joche verlagert (Fig. 76). Diese letztere Art des Einbaues der Tragestempel empfiehlt sich besonders beim stumpfen Aneinanderstoſsen der Jöcher. Werden dieselben verblattet, so kommt es weniger auf die Lage der Tragestempel an. Es ist jedoch zu berücksichtigen, daſs die quer durch den Schacht eingebauten Träger der Benutzung desselben nicht im Wege stehen dürfen. Bei kleinerem Durchmesser oder festerem Gebirge ist es auch angängig, im Tragekranze jedes zweite Joch mit Schwänzen zu versehen (Fig. 77). Die

Fig. 77. Schachtkranz mit Schwanzjöchern. (Nach Jicinsky, Katechismus der Grubenerhaltung.)

Blattungen der Schwanzjöcher müssen das Gesicht immer nach oben gerichtet haben, um die Nachbarjöcher gut und sicher tragen zu können. In den gewöhnlichen Jochkränzen macht man es wohl auch so, daſs jedes Joch ein Gesicht nach oben und eins nach unten richtet.

Bei stumpfem Aneinanderstoſsen der Jöcher ist es natürlich unmöglich, sie mit Schwänzen zu versehen. Es können dann nur Tragestempel angewendet werden. In Oberschlesien werden indessen auch diese oft gar nicht eingebaut. Hier wird vielmehr jedes Joch eines jeden Jochkranzes durch kurze Strebebolzen getragen (Fig. 78). Diese Bolzen fassen mit gehackter oder geschnittener Schar unter die Mitten der Jöcher und sitzen mit dem Fuſse in Bühnlöchern. Diese Art, die Schachtkränze zu unterfangen, ist in vieler Hinsicht von groſsem Vorteile. Zunächst ist jeder Jochkranz von den Nachbarkränzen ganz unabhängig, da jeder Kranz als Tragekranz gelten kann. Schachtbrüche werden auf kleinere Absätze beschränkt bleiben, während sie sich andernfalls fast immer bis zu einem Tragekranze fortpflanzen. Insbesondere zeigen sich die Vorzüge bei der Ausmauerung. Jeder Kranz kann selbständig ausgeraubt werden, ohne daſs es nötig wird, die darüber folgenden aufzuhängen oder nach unten abzustreben.

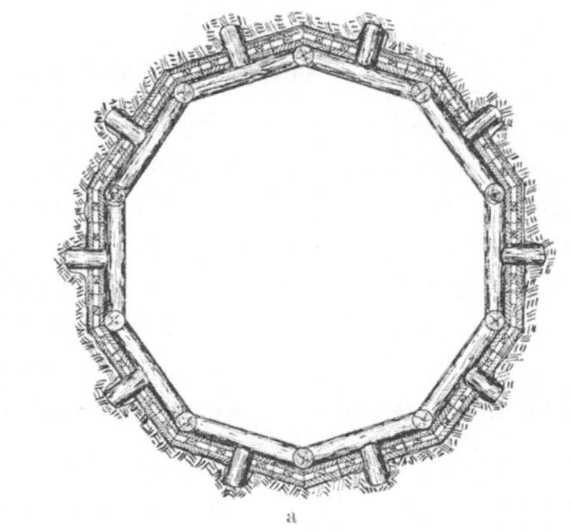

a

b

Fig. 78. Jochkranz mit Strebebolzen. (a Grundriſs, b Aufriſs.)

Wandruten, die zur Verstärkung des Ausbaues dienen, werden in vieleckigen Schächten nicht in den Polygonecken, sondern vor der Mitte der Jöcher eingebaut (Fig. 79).

Von 6 zu 6 m werden quer durch den ganzen Schacht Bühnen hergestellt; in ihnen bleiben nur Durchgänge für die Förderkübel und für etwaige Senkpumpen frei, die aber mit Geländern umwehrt werden. Alle diese Bühnen sind vom Fahrtrume aus durch in der Vertonnung angebrachte Türen zugänglich.

Fig. 79. Jochkranz mit Wandruten.

Diese Bühnen können gespart werden, was aber im Interesse der täglichen Schacht- und Zimmerungsrevisionen nicht ratsam ist. Mindestens ist dann eine Schutzbühne kurz über der Schachtsohle erforderlich, um die im Abteufen beschäftigten Leute vor herabfallenden Gegenständen zu sichern. Das Fördertrum wird hier durch eine Klappe geschlossen, die nur geöffnet wird, um den Kübel durchzulassen. Da diese Klappe ständig einen Mann zur Bedienung erfordert, läſst man sie häufig weg und macht die Öffnung gerade nur so grofs, dafs der Kübel durchkann. Ein Hängenbleiben desselben an dieser Stelle wird dadurch vermieden, dafs die Öffnung nach oben und unten hin mit einem Einführungstrichter versehen wird.

II. Verlorener Ausbau runder Schächte.

Bei grofsem Schachtdurchmesser ist es sehr gut möglich, den Ausbau aus Jochkränzen bestehen zu lassen und den Schacht trotzdem mit runden Stöfsen abzuteufen. Es ist nur nötig, die Kränze aus so vielen Segmenten (Jöchern) zusammenzusetzen, dafs ihr Umfang sich dem Kreise möglichst nähert. Dies wird bei einem Schachtdurchmesser von 6—7 m der Fall sein, wenn die Kränze aus 10—12 Jöchern bestehen. Um auch die hinter der Jochmitte befindlichen Verzugspfähle festzuhalten, genügt es, wenn man hier etwas stärkere Pfändekeile eintreibt als hinter den Jochenden. In dieser Weise wurde der verlorene Ausbau der Schächte Kramsta und Hohenlohe auf Oheimgrube bei Kattowitz ausgeführt.

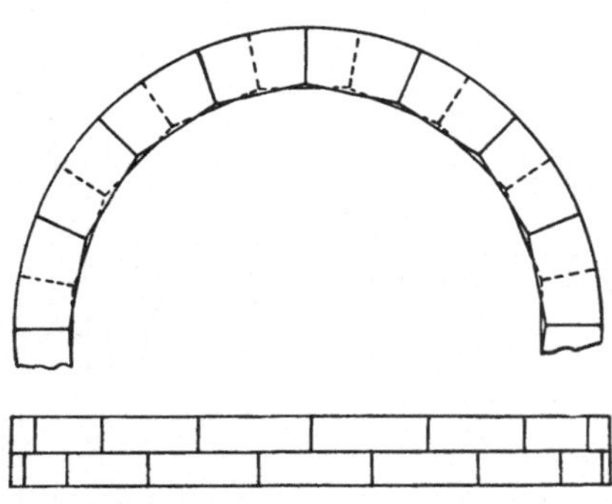

Fig. 80. Hölzerner Schachtring.

Im Schachte I der fiskalischen Anlage bei Makoschau O.-S. bestand der verlorene Ausbau aus Eichenholzringen, die innen und aufsen rund waren. Der Schachtdurchmesser betrug 6,75 m. Jeder Ring bestand aus 18 Segmenten von 0,25 × 0,25 qm Querschnitt. Diese stiefsen stumpf aneinander und wurden durch Brettlaschen verbunden. Der Ausbau erfolgte teils im ganzen, teils im Bolzenschrot. In beiden Fällen wurden die Segmente in den aufeinanderfolgenden Ringen so versetzt, dafs die Mitte der Segmente des einen Ringes immer auf die Fuge zwischen den Segmenten des anderen Ringes traf. Die Bolzen bestanden aus Nadelholz; auf und unter jeder Fuge stand je ein Bolzen, so dafs also rundherum zwischen je 2 Kränzen 36 Bolzen eingetrieben waren.

Anstatt nur je eines Ringes werden auch ab und zu beim Bolzenschrot zwei solche aufeinandergelegt und durch Schraubenbolzen verbunden (Fig. 80). Auch können, wie aus derselben Figur zu ersehen ist, die Ringe nur aufsen rund zugeschnitten sein, während ihre Innenseiten ein Polygon bilden.

C. Die wichtigsten Regeln für die Ausführung von Schachtzimmerungen.

Nach Jicinsky hat man bei der Verzimmerung von Schächten auf folgende Punkte zu achten.

1. Alle Jöcher, Einstriche, Spreizen usw. dürfen nur aus einem Stücke Holz bestehen.

2. Jöcher aus Kantholz sollen flach, nicht aber hochkantig liegen, weil sie in der Hauptsache einem horizontalen Drucke widerstehen müssen.

3. Alle Gevierte, Jochkränze usw. sind nach der Setzwage genau horizontal zu legen. Daher müssen alle Tragestempel, Bühnlöcher und dergleichen in einer horizontalen Ebene liegen. Hierdurch wird die Zimmerung gegen Seitendruck widerstandsfähiger; insbesondere kann sie sich unter seinem Einflusse nicht senken.

4. Der Ausbau mufs in viereckigen Schächten genau rechteckig in polygonalen Schächten dem Polygonwinkel entsprechend angefertigt werden. Rechteckige Schächte werden daraufhin durch Ausmessen der Diagonalen geprüft. Rei der Vieleckszimmerung müssen die Mitten der Jöcher oder ihre Ecken von einem in der Schachtmitte hängenden Lote den gleichen Abstand haben.

5. Die Gevierte, Kränze, Einstriche usw. müssen genau gegeneinander eingelotet sein. Die Lote hängen in den Winkeln zwischen den einzelnen Hölzern, und zwar einige Zentimeter von der Zimmerung entfernt, damit sie nirgends anliegen.

6. Die Zimmerung mufs gespannt sein, d. h. sie mufs allenthalben gegen das Gestein so fest verkeilt sein, dafs sie unverschiebbar festliegt.

7. Bühnlöcher und Eingaben kommen in festere Gesteinslagen. Sie sind mit Spitzarbeit (Schlägel- und Eisenarbeit), jedoch nicht durch Sprengung anzufertigen. Ihre Tiefe beträgt mindestens 0,3 m; bei mildem Gestein geht man bis zu 1 m.

Zweites Kapitel. Ausbau in Eisen.

A. Endgültiger Ausbau.

Beim eisernen Schachtausbau läfst sich eine Trennung nach der Form der Schächte vornehmen. Es ist zu unterscheiden zwischen dem Verbau rechteckiger und runder Schächte.

In rechteckigen Schächten wird Eisenausbau gern eingebracht, wenn es sich um die Auswechslung alter Holzzimmerung handelt. Der neue Ausbau mufs sich dann den bereits vorhandenen Verhältnissen anpassen. Die Jöcher werden in diesem Falle meistens durch Eisenbahnschienen ersetzt, die durch Verblattung oder schrägen Schnitt verbunden werden. Im letzteren Falle erhalten die Jöcher zu beiden Seiten des Steges Laschen.

Auf Schacht Centrum II bestanden die Gevierte nach Angaben des Sammelwerks aus U-Eisen NP 18, von denen je zwei immer in I-Form aneinandergenietet wurden. Die Blattung wurde in der aus Fig. 81 ersichtlichen Weise hergestellt. Der Abstand der Tragegevierte betrug 10 m, die Schwanzlänge 0,5 m.

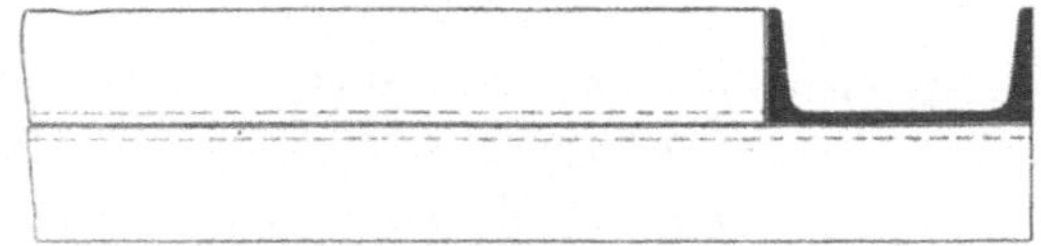

Fig. 81. Geviert aus U-Eisen.

Auf Kleophasgrube O.-S. wurde das 60 m hohe Überbrechen V mit Gevierten aus alten Eisenbahnschienen verzimmert. Jedes Geviert hatte Schwanzjöcher. Die Schwanzlänge betrug bei drei Gevierten 15—20 cm, bei jedem vierten Gevierte 25—35 cm. Die Bühnlöcher

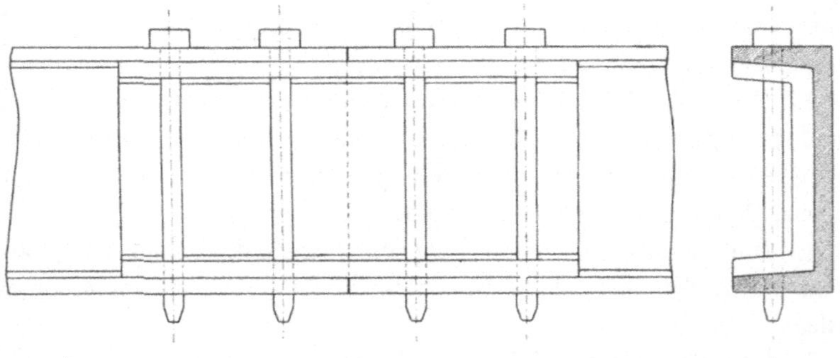

Fig. 82. U-Eisenring mit Lasche. (a Aufrifs, b Kreuzrifs.)
(Aus Dannenberg, Der Bergbau in Skizzen.)

wurden noch mit Zement vergossen. Die kurzen Jöcher und die Schachtscheider wurden mit den langen Jöchern durch Winkellaschen verbunden. Zwischen die Gevierte kamen hölzerne Bolzen. Der Abstand der Gevierte betrug in den unteren 15 m 1,0 m, weiter oben 1,4 m. Die Stöfse wurden mit Brettern verzogen.

Häufiger findet sich der Eisenausbau in runden Schächten, weil sich Ringe besser herstellen lassen als Gevierte, und weil sie auch den Druck besser aufnehmen. Sie werden aus U-Eisen NP 15—25, seltener aus Eisenbahnschienen oder I-Eisen zusammengesetzt. Die Anzahl der einen Ring bildenden Segmente beträgt drei bis vier bei 4—6 m Schachtdurchmesser.

Die Segmente stofsen einfach aneinander. Vor die Stofsfugen werden bei U-Eisen Laschen von ebenfalls U-förmigem Querschnitte so eingesetzt, dafs sie vollständig zwischen den Flanschen des Schacht-

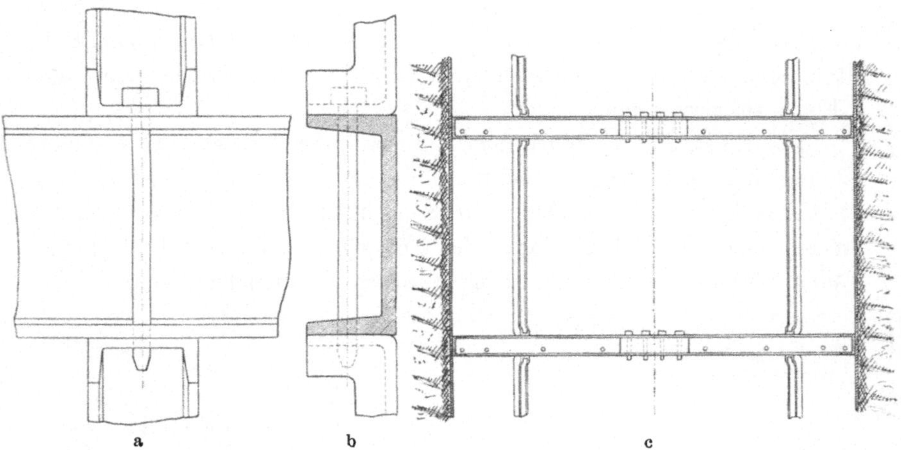

Fig. 83. Eiserne Schachtringe mit Bolzen aus U-Eisen. (a Aufrifs, b Kreuzrifs, c Gesamtansicht.) (Aus Dannenberg, Der Bergbau in Skizzen.)

ringes liegen (Fig. 82). Zu jeder Lasche gehören vier Bolzen, welche durch die oberen und unteren Flanschen der Segmente und der Lasche durchgesteckt werden. Eine besondere Sicherung ist für sie nicht unbedingt erforderlich, weil sie sich durch ihr Eigengewicht halten. Es ist allerdings besser, aber auch teurer, wenn man an ihrer Stelle Schraubenbolzen verwendet.

Die einzelnen Ringe werden durch Bolzen von U-Eisen abgestrebt. Sie werden mit ihnen verschraubt. Damit die Bolzen eine gute Auflagefläche für die Ringe bieten, sind sie am Kopf- und Fufsende horizontal umgebogen (Fig. 83 a, b und c).

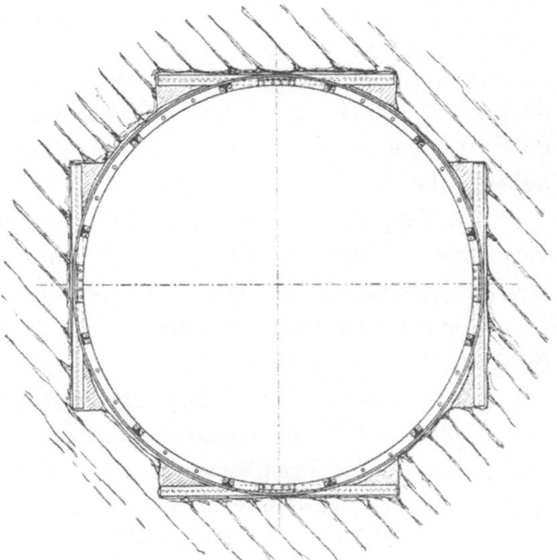

Fig. 84. Eiserner Schachtring auf Tragestempeln. (Nach Dannenberg, Der Bergbau in Skizzen.)

Ebenso wie beim hölzernen Bolzenschrot müssen auch hier in bestimmten Abständen Tragestempel eingebaut werden. Die Höhe der Absätze ist dieselbe wie beim hölzernen Ausbau. Wenn es sich mit der Schachteinteilung in Einklang bringen läſst, werden die Tragestempel quer durch den Schacht gelegt; andernfalls schlitzt man sie so in die Stöſse ein, daſs nur das Mittelstück eines jeden Trägers innerhalb des Schachtquerschnittes liegt; auf diese Stelle kommen die Stoſsfugen zwischen zwei Segmenten (Fig. 84). Als Tragestempel sind I-Eisen zu verwenden.

Die Einstriche bestehen aus U-Eisen oder I-Eisen. Das erstere ist nur bei geringerem Schachtdurchmesser anwendbar, weil es nicht so tragfähig ist. Man schiebt die Schachtscheider entweder zwischen die Flanschen der Schachtringe oder legt sie auf letztere auf. In beiden Fällen werden sie mit den Ringen unter Zuhilfenahme von Laschen

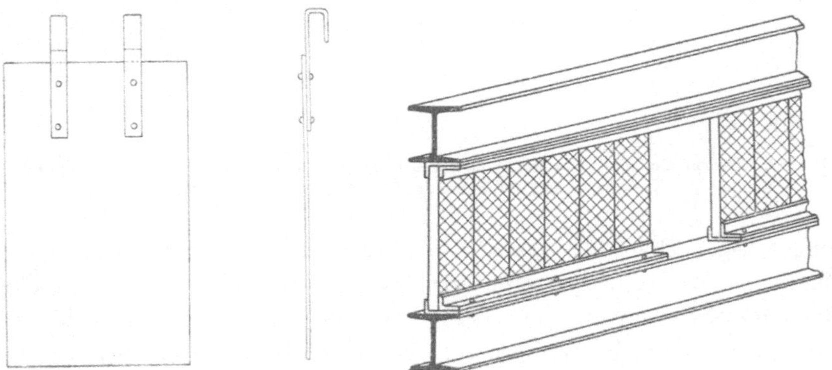

Fig. 85. Verzugsblech. Fig. 86. Vertonnung aus Zementdielen.

verschraubt. Beim Einlegen zwischen die Ringflanschen kann man auch die Laschen entbehrlich machen; man haut vom Schachtscheider die Flanschen ab und biegt den Steg so um, daſs er an dem des Ringes anliegt; die Stege werden dann unmittelbar miteinander verschraubt.

Die Verpfählung kann aus Holz bestehen und wird durch Keile verpfändet. Wird der Verzug der Stöſse aus Eisenplatten oder Wellblech hergestellt, so bekommt dieses auf der Innenseite nahe dem oberen Rande einen oder mehrere Haken; mit diesen wird jede Platte an den Schachtkränzen angehängt (Fig. 85).

Zur Vertonnung des Fahrtrumes werden ebenfalls am besten Tafeln aus Wellblech oder Eisenplatten gewählt und mit den Schachtscheidern verschraubt. Auf Preuſsengrube bei Miechowitz wurden Zementdielen eingebaut. Sie wurden von zwei Winkeleisen gehalten, die auf bezw. unter einem Schachtscheider angeschraubt waren (Fig. 86). Das Einschieben erfolgte von der Mitte aus; zuletzt wurde auch diese in derselben Weise verschlossen. Auf den Böerschächten bei Kostuchna O.-S.

ist eine Moniervertonnung in der Weise ausgeführt worden, dafs in den Feldern zwischen den Schachtscheidern senkrecht und wagerecht Drähte ausgespannt und dann mit Zement verputzt wurden.

Ein wesentlicher Vorzug des Eisenausbaues ist, dafs man ihn ebensogut von unten nach oben als auch in umgekehrter Richtung einbauen kann. In diesem letzteren Falle erspart man die Kosten des verlorenen Ausbaues in Holz. Da auch die Zeit für den Einbau der Holzzimmerung in Wegfall kommt, schreitet das Abteufen um so schneller vorwärts. Die Unterhängezimmerung wird in folgender Weise eingebaut. Man schraubt unter einen Ring die senkrechten Bolzen, unter diese den nächstunteren Ring, dann wieder unter diesen die Bolzen usf. Sind so mehrere Ringe eingebaut worden, so werden sie, wieder mit dem obersten beginnend, eingelotet. Der Arbeitsvorgang beim Einloten ist derselbe wie beim Einbau hölzerner Jochkränze. Ringe, die nicht genau in der vorgeschriebenen Kreisperipherie liegen, werden durch dahintergeschlagene Keile in die richtige Lage getrieben. Die Stelle, wohin die Tragestempel kommen, läfst sich bei der Unterhängezimmerung mit viel gröfserer Sicherheit bestimmen als beim Einbau von unten nach oben. Die Tragestempel kommen hier unter den letzten Ring des Absatzes, während sie beim absatzweisen Einbau nach einem Stichmafse gegen die nächstoberen Tragestempel verlegt werden müssen.

B. Verlorener Ausbau.

Der verlorene eiserne Ausbau kommt fast nur in runden Schächten vor. Er gelangt, ebenso wie der hölzerne, immer dann zur Anwendung, wenn der Schacht später ausgemauert werden soll. Ein Vorteil ist, dafs man den Schacht stets rund abteufen kann und doch einen festen Verbau hat.

Die Ringe werden in derselben Weise zusammengesetzt, wie wir es schon beim endgültigen Eisenausbau kennen gelernt haben. Nur die Verbindung der einzelnen Ringe untereinander ist oft eine etwas andere. Dies kommt daher, dafs der Ausbau nur eine verhältnismäfsig kurze Zeit im Schachte bleibt. So wurde z. B. Junghannschacht I der Dubenskogrube mit U-Eisenringen verbaut, die mittels Z-förmiger Haken aneinanderhingen (Fig. 87) und durch hölzerne Bolzen unter sich verspreizt waren. In Abständen von je 6 m wurden Tragestempel eingebaut. Die Z-Haken gewähren denselben Vorteil wie beim verlorenen Holzausbau die Strebebolzen, nämlich dafs man während des Ausmauerns jeden Ring für sich entfernen kann, ohne dafs der nächstobere seinen Halt verliert.

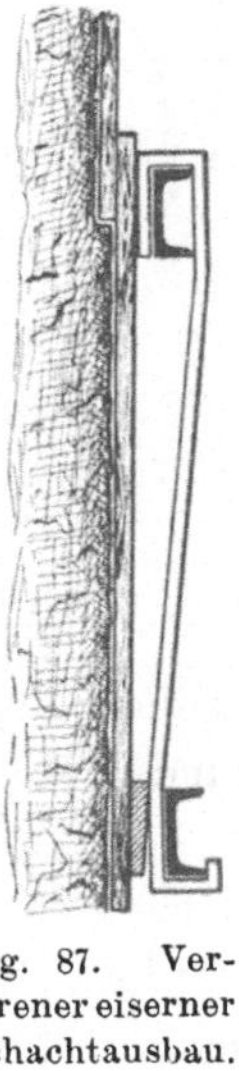

Fig. 87. Verlorener eiserner Schachtausbau.

Auf Schacht Von der Heydt bei Saarbrücken wurden die U-Eisenringe mit Hilfe von Haken an eisernen Ketten angehängt, die frei im Schachte herabhingen. Die Ketten bestanden aus Teilen einer abgelegten Streckenförderungskette.

Drittes Kapitel. Schachtmauerung.

A. Form der Schächte.

Die am häufigsten vorkommenden Querschnittsformen der Schächte sind die rechteckige mit geraden Stöſsen (Fig. 88), die rechteckige mit

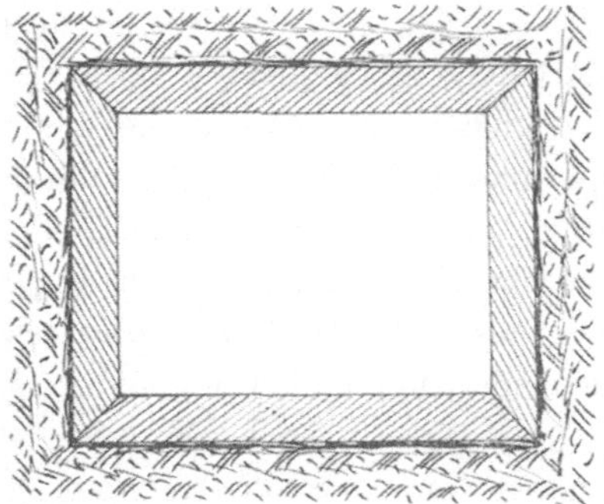

Fig. 88. In Rechtecksform ausgemauerter Schacht.

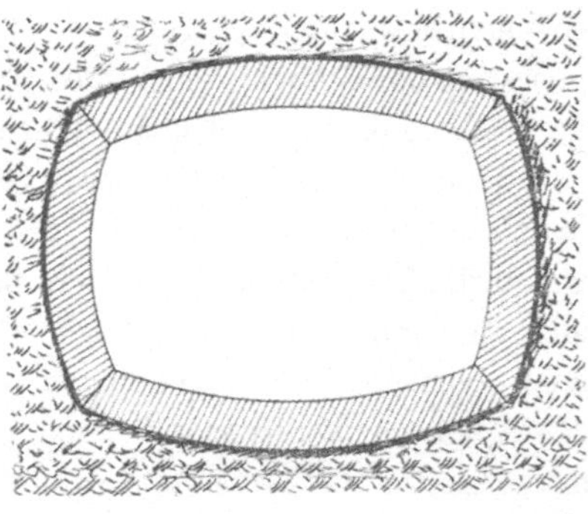

Fig. 89. In flachen Bögen ausgemauerter Schacht.

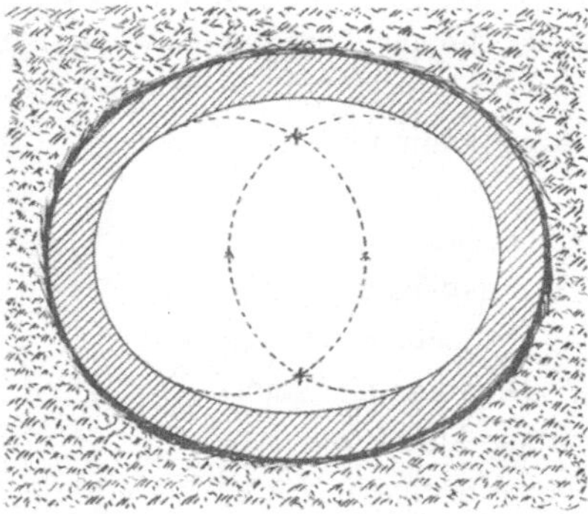

Fig. 90. Ovaler Mauerschacht.

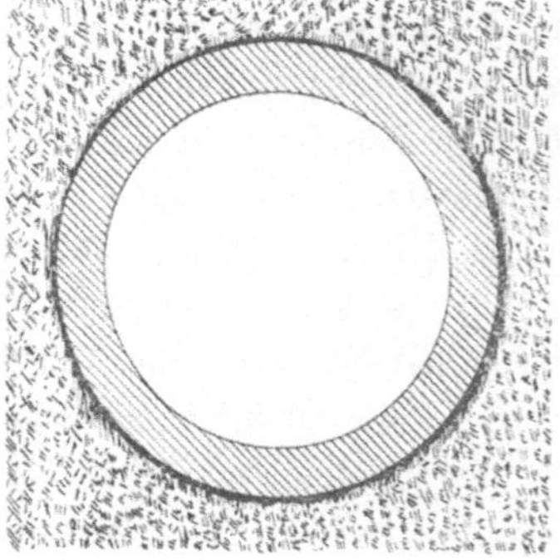

Fig. 91. Runder Mauerschacht.

flachen Bögen (Fig. 89), die elliptische oder ovale (Fig. 90) und die runde (Fig. 91).

Die zuerstgenannte Form, daſs vor den Stöſsen eines rechteckigen Schachtes einfach geradstirnige, nicht gewölbte Mauern aufgeführt werden, ist nicht besonders zu empfehlen. Eine solche Mauer kann groſsem Drucke nicht widerstehen, sondern höchstens als Verkleidung dienen, um das Gebirge vor Verwitterung zu schützen. Die Mauerstärke beträgt hier und bei den drei anderen Formen meistens $1^1/_2$ Steine. Der Verband ist fast immer Kreuz- oder Blockverband; er wird nicht immer genau innegehalten, bildet also ein Mittelding zwischen diesen beiden; es wird dann nur darauf geachtet, dafs keine senkrechten Fugen aufeinandertreffen.

Bei Stofsdruck ist es angebracht, gewölbte Mauerformen anzuwenden. Dies läfst sich bewerkstelligen, indem man den Schacht rechteckig mit geraden Stöfsen abteuft und in vier flachen Bögen ausmauert (Fig. 92). Die Mauer mufs vor der Mitte der Stöfse die dem Drucke angemessene Mindeststärke besitzen. Sie wird daher in den Ecken zu stark sein. Die Nachteile dieser Ausmauerungsform sind, dafs die Ecken unnötig ausgearbeitet werden müssen, und dafs hier viel Material vermauert wird. Darum werden neue Schächte gleich von Anfang an auch schon im Gestein mit flachen Bögen abgeteuft (Fig. 89). Ältere Schächte, die erst ausgemauert werden sollen, nachdem sie jahrelang im Betriebe gestanden, werden wenn möglich durch Nachreifsen der Stöfse auf diese Form gebracht. Die Spannung der einzelnen Mauerbögen beträgt bei Ziegeln 30—80 mm, bei Bruchsteinen 80—125 mm auf 1 m. Je gröfser der Druck ist, um so gröfser mufs auch die Spannung genommen werden.

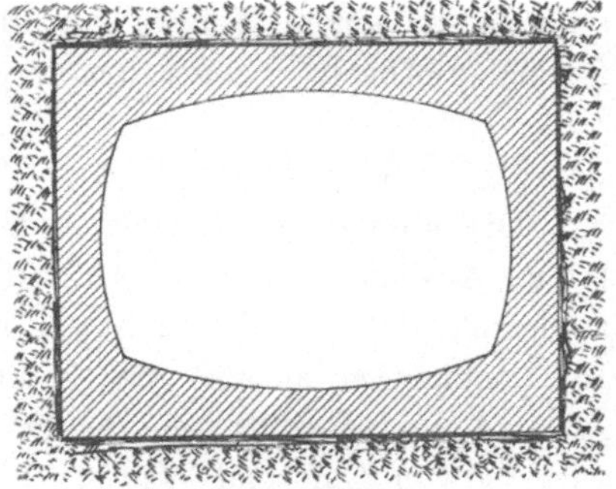
Fig. 92. In vier flachen Bögen ausgemauerter rechteckiger Schacht.

Ovale und elliptische Schachtformen kommen nur selten zur Anwendung, weil sie weder grofse Festigkeit besitzen, noch eine bequeme Einteilung der Schachtscheibe gestatten.

Denselben Vorwurf der unbequemen Einteilung macht man auch den kreisrunden Schächten. Trotzdem werden sie immer häufiger angewendet; denn ein Kreis hat bei kleinstem Umfange den gröfsten Flächeninhalt. Derartige Schächte verbrauchen also bei gleichem Inhalte das wenigste Mauerungsmaterial. Aufserdem leistet ein kreisrundes Gewölbe dem Drucke den allergröfsten Widerstand; das Gestein selbst verliert bei dieser Schachtform nicht so leicht seine Spannung als bei irgend einer anderen. Die Kreisabschnitte, deren Unverwendbarkeit von manchen Seiten als Nachteil hervorgehoben wird, lassen sich immer noch für die Wetterführung ausnützen; besonders aber sind sie für die Verlegung elektrischer Starkstromkabel gut brauchbar.

B. Verschiedene Arten des Abteufens und Ausmauerns.

1. Abteufen und Ausmauern in einem Satze.

Es wird fast nur bei Schächten von geringerer Tiefe vorkommen, dafs man sie zuerst fertig abteuft und dann zur Ausmauerung schreitet. Die Mauerung in einem Stücke hat den Vorteil, dafs sie ein einheitliches Ganze bildet, das gleichsam aus einem Gusse entstanden ist. Dies ist besonders beim wasserdichten Ausbau sehr wesentlich, weil dort die Anschlufsstellen von einem Mauerungsabsatze an den anderen nur selten vollkommen wasserdicht gemacht werden können. Die Herstellung in einem Stücke hat aber verschiedene Nachteile, die im folgenden Absatze besprochen werden sollen.

2. Absatzweises Abteufen und Ausmauern.

Die absatzweise Ausmauerung bietet den Vorteil, dafs der verlorene Ausbau, der beim Aufrücken der Mauer wiedergewonnen wird, in jedem tieferen Absatze von neuem Verwendung finden kann. Die Holzkosten werden also um so niedriger sein, je gröfser die Zahl der Absätze ist. Das Gestein bleibt nicht so lange der zersetzenden Einwirkung von Luft und Wasser, Wärme und Kälte u. dergl. ausgesetzt, weil es zeitiger durch den endgültigen Ausbau bedeckt wird, als beim Ausmauern in einem Stücke. Schliefslich ist die Sicherheit der im Schachte beschäftigten Belegschaft gröfser, wenn nur der jeweilig unterste Absatz im verlorenen Ausbaue steht, als wenn dies für den ganzen Schacht zuträfe.

Die Höhe der Absätze hängt von der Festigkeit des durchteuften Gebirges ab. Sie beträgt durchschnittlich im Schieferton 50 m, im Sandstein 60 m. Absätze von 70—80 m Höhe sind jedoch im festen Steinkohlengebirge keine Seltenheit.

3. Gleichzeitiges Abteufen und Ausmauern.

Wenn auf Neuanlagen zwei Schächte zu gleicher Zeit abgeteuft werden, läfst sich die Arbeit so einteilen, dafs immer der eine im Abteufen steht, während der andere ausgemauert wird. Nach Beendigung der in Arbeit stehenden Absätze wechseln die beiden Belegschaften ihre Arbeitsstätten. Wenn dagegen nur ein einziger Schacht abgeteuft wird, bereitet es jedesmal mehr oder weniger Umstände, das eine Mal die Maurer, das andere Mal die Häuer anderweitig zu beschäftigen. Um die dadurch bedingten Übelstände zu vermeiden, ist man auf manchen Anlagen dazu übergegangen, auch die Ausmauerung von den Schachthäuern besorgen zu lassen. Die Schachthäuer sind durchweg geschickte und intelligente Leute, die sich bei guter Anleitung verhältnismäfsig schnell auf diese neue Arbeit einrichten. Dazu kommt, dafs sie den zu vermauernden Absatz schon vom Abteufen her kennen, also wissen, an welchen Stellen mit besonderer Sorgfalt und Vorsicht gearbeitet werden mufs.

Am schnellsten geht die Fertigstellung des Schachtes vor sich, wenn er zu gleicher Zeit abgeteuft und ausgemauert wird. Während die Häuer den Schacht weiter abteufen, beginnen die Maurer ungefähr 6—10 m über der Sohle mit einem neuen Mauerabsatze. Haben sie diesen fertig hergestellt und an den nächstoberen angeschlossen, so fangen sie wieder in der angegebenen Höhe über der Schachtsohle von neuem an. In Fig. 93 sehen wir den Schacht oberhalb von *C* bereits fertig in Mauerung stehen. Der neue Mauerabsatz geht von *B* aus nach oben. Bei *A* soll der dritte Absatz beginnen, und hierfür ist schon eine Bühne quer durch den Schacht geschlagen. Für die Förderung aus dem Abteufen ist in der Maurerbühne ein Durchlafs offen geblieben, der mit einer oben und unten trichterförmigen Umwehrung versehen ist. Eine zweite Kübelförderung geht bis auf die Maurerbühne und dient zur Förderung der hier nötigen Materialien.

Man kann wohl auch die für die Bergeförderung bestimmten Trümer rundherum dicht verschlagen und diese Vertonnung von der Schachtsohle bis an die Hängebank reichen lassen. Die Maurer sind dann so gut wie ganz vor allen unglücklichen Zufälligkeiten bewahrt.

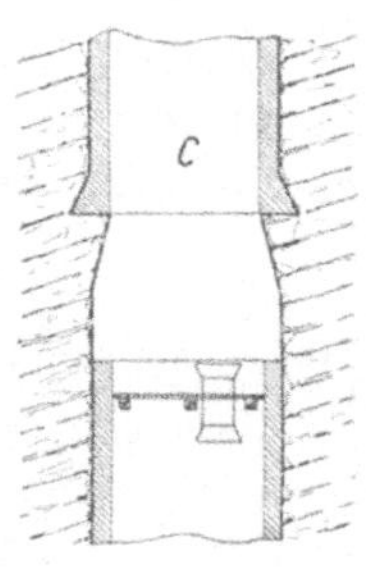

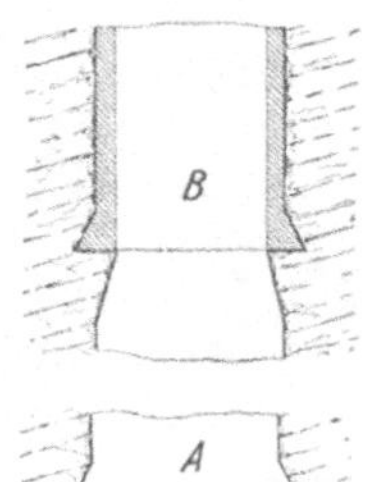

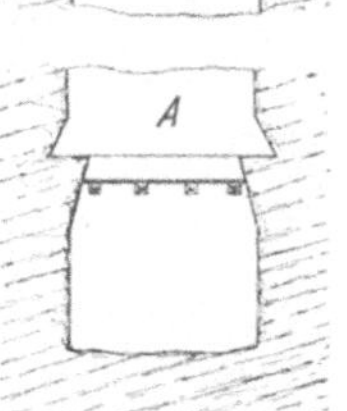

Fig. 93. Gleichzeitiges Ausmauern und Abteufen eines Schachtes.

4. Inangriffnahme des Schachtes von verschiedenen Sohlen aus.

Will man, dafs ein Schacht schnell fertiggestellt wird, so nimmt man ihn von mehreren Sohlen aus in Angriff. Es wird also von Tage aus abgeteuft und von jeder vorhandenen Sohle aus abgeteuft und übergebrochen. Die Ansatzpunkte für sämtliche Arbeitsstellen werden durch den Markscheider genau ermittelt, damit sie auch vollkommen senkrecht untereinanderliegen.

Die Überbrechen werden am besten erst in geringeren Abmessungen hergestellt, um mit Rücksicht auf Wasserhaltung und Wetterführung bald mit allen Sohlen durchschlägig zu sein. Nach erfolgtem Durchschlag werden sie dann durch Stofsnachreifsen, das von oben nach unten zu vorschreitet, auf den richtigen Durchmesser erweitert. Sollte einmal das Überbrechen nicht genau in der Schachtachse angesetzt sein, so kann man während des Nachreifsens den Fehler beseitigen. So wurde z. B. auf Annaschacht der Friedensgrube O.-S. ein solches Überbrechen ungefähr 100 m hoch vorgetrieben; man richtete sich dabei nach einem Bohrloche, welches vorher von der Mitte der Schachtsohle aus gestofsen worden war. Mit Rücksicht auf ein etwaiges Fehlfahren betrug der Durchmesser des Überbrechens 2 m gegen 6,5 m Schachtdurchmesser. Als man mit dem Abteufen durchschlägig wurde, safs das Überbrechen aber nicht in der Schachtmitte, sondern an dem einen Stofse.

Während der Erweiterung eines derartigen Überbrechens benutzt man es mit seinem vollen Querschnitte oder mit nur einem Teile desselben als Rutsche. Die Berge werden unten abgezogen und unter Tage versetzt oder auf die Halde geschafft. Steht das ganze Überbrechen voll Berge, so müssen der Wetterführung wegen besondere Lutten durch dieselben durchgeführt werden.

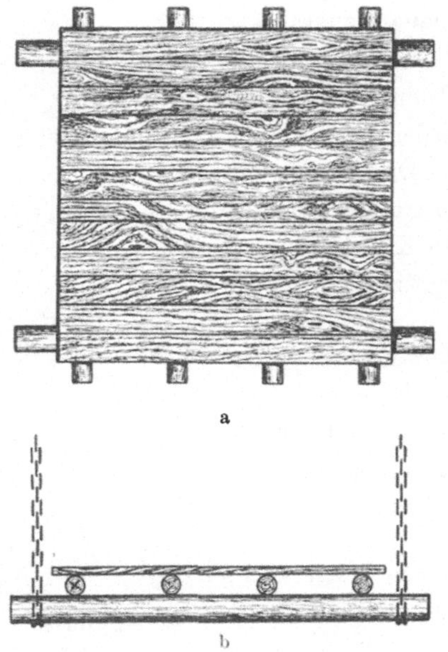

Fig. 94. Einfache Schwebebühne. (a Grundrifs, b Aufrifs.)

Die Häuer stehen während des Stofsnachreifsens auf einer Schwebebühne, die den gesamten Querschnitt des Überbrechens verdeckt. Fig. 94 zeigt eine solche hölzerne Hängebühne, wie sie in dem ebengenannten Annaschachte der Friedensgrube in Anwendung war. Sie bestand aus einigen Längs- und Querhölzern mit Bohlenbelag. Mittels vier in den vier Ecken angebrachter Flaschenzüge hing sie an zwei starken Tragestempeln, die in den Schachtstöfsen sicher verbühnt waren, und konnte an ihnen jederzeit tiefergelassen werden.

5. Weiterabteufen unter einer Fördersohle.

Wenn man einen in Förderung stehenden Schacht tiefer teufen will, mufs man die auf der Schachtsohle arbeitenden Leute vor fallenden schweren Gegenständen, insbesondere vor der abstürzenden Förderschale, zu schützen suchen. Dies läfst sich auf dreierlei Weise erreichen.

1. Es bleibt zwischen dem schon fertigen oberen Schachtteile A und dem neuen Abteufen B eine Gesteinsschwebe von 10—15 m Mächtigkeit stehen (Fig. 95). Einige Meter abseits wird ein Hilfs-

schacht C abgeteuft. Durch ihn geht die gesamte Förderung von B nach A, die Fahrung, Wetterführung usw. Um festzustellen, ob B auch genau in der Achse von A liegt, verfährt man auf folgende Weise. In A wird ein Mittellot $a\,b$ gehängt. In C hängen zwei Lote $c\,d$ und $c'\,d'$ bis auf die Sohle des Hilfsschachtes hinab. Durch Einvisieren (wie es beim Streckenvortriebe nach der Stunde geschieht) bringt man diese drei Lote in eine senkrechte Ebene. Darauf wird auf der Sohle von C ein in B angebrachtes Mittellot $e\,f$ eingefluchtet. Ist der Abstand von d bis e gleich dem von b bis c, so liegt $e\,f$ genau in der Verlängerung von $a\,b$.

Ist das Abteufen beendet, so wird die Gesteinsschwebe zwischen A und B entfernt. Etwaige Wasser aus dem Sumpfe von A werden vorher durch Auspumpen beseitigt oder durch ein Bohrloch nach B abgelassen.

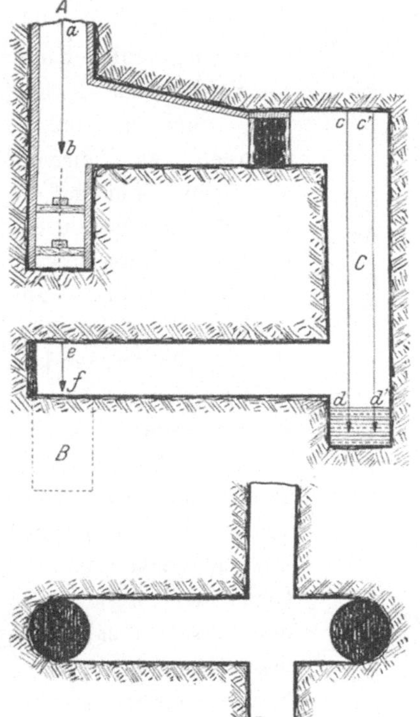

Fig. 95. Abteufen unter einer Fördersohle. (Nach Dufrane-Demanet, Traité d'exploitation des mines de houille.)

Fig. 96. Abteufen unter einer Fördersohle.

2. Man teuft den Hilfsschacht nicht abseits, sondern innerhalb der Schachtscheibe ab. Er wird so eng gehalten, als es der Abteufbetrieb gerade nur erfordert. Unter die Hauptfördertrümer kommt die Gesteinsschwebe zu liegen, damit die seillos gewordene Schale sicher aufgehalten wird.

Fig. 96 zeigt eine derartige Einrichtung von Junghannschacht II der Dubenskogrube O.-S. Das Hilfsgesenk liegt unter dem Fahrtrume und enthält die Kübelförderung und die Fahrtenfahrung. Es hat die Form eines Kreisabschnittes. Die Gesteinsschwebe ist am freien Ende 11 m, am festen Stofse 12 m hoch und noch mit vier I-Trägern unterfangen.

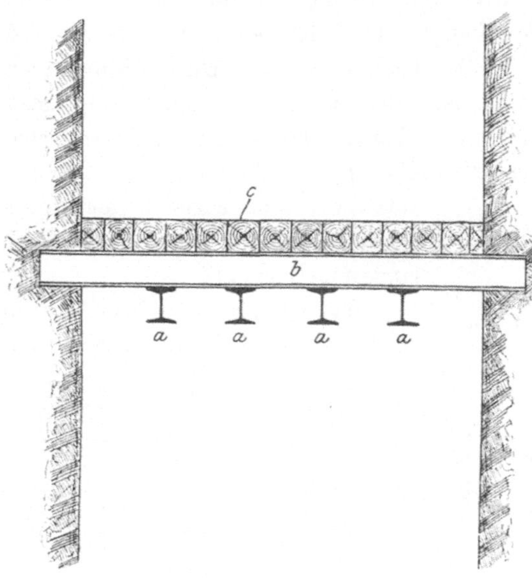

Fig. 97. Sicherheitsbühne.

3. Der Schacht wird mit seinem vollen Querschnitte auch unmittelbar unter der Fördersohle weiter abgeteuft. Unter die Fördertrümer kommt eine Sicherheitsbühne, während das Fahrtrum von Tage aus bis auf die Schachtsohle frei durchgeht; es mufs aber unterhalb der Fördersohle zur Aufnahme der Kübelförderung benutzt werden.

Die Sicherheitsbühnen sind entweder starr oder federnd. Die federnden Bühnen sind vorzuziehen, weil sie einen mit grofser Wucht abstürzenden Gegenstand nicht plötzlich, sondern nach und nach zur Ruhe bringen.

Eine harte Sicherheitsbühne ist in Fig. 97 abgebildet. Sie besteht aus vier starken I-Trägern *a*, die tief in die Stöfse eingebühnt sind. Auf ihnen liegen die I-Eisen *b* dicht aneinander und auf diesen die Kantholzbalken *c*. Um die Sicherheit zu erhöhen, ist es ratsam, mehrere derartige Bühnen in Abständen von 1—2 m unter-

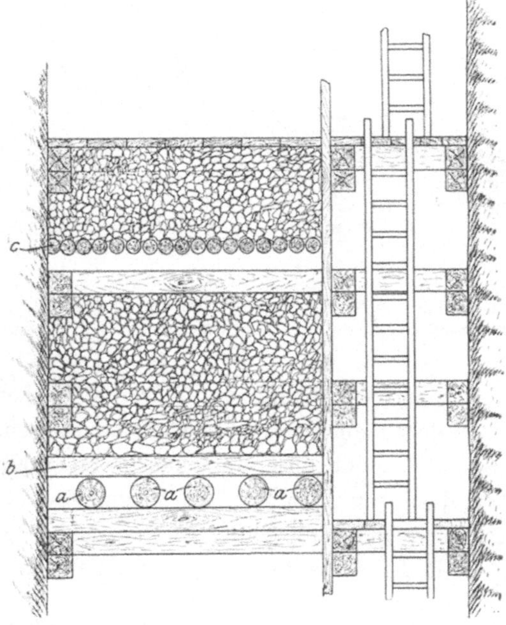

Fig. 98. Sicherheitsbühne. (Aus Jicinsky, Katechismus der Grubenerhaltung.)

einander anzubringen. Bricht die oberste unter dem Anprall, z. B. der Schale, durch, so hält noch die zweite, schliefslich noch die dritte, bis die Schale zum Stillstand gekommen ist.

Eine federnde Sicherheitsbühne besteht nach Jicinsky aus starken Rundhölzern *a* (Fig. 98), die im Abstande von 0,6 m in tiefe Bühnlöcher eingesetzt sind. Quer auf diese wird Kantholz *b* dicht aneinandergelegt. Auf diese Bühne kommt eine 3—4 m hohe Packung Berge von etwa Faustgröfse oder besser Reisigbündel (Faschinen), frische Tannenzweige u. a. Dann folgt nach oben zu ein freier Raum von etwa

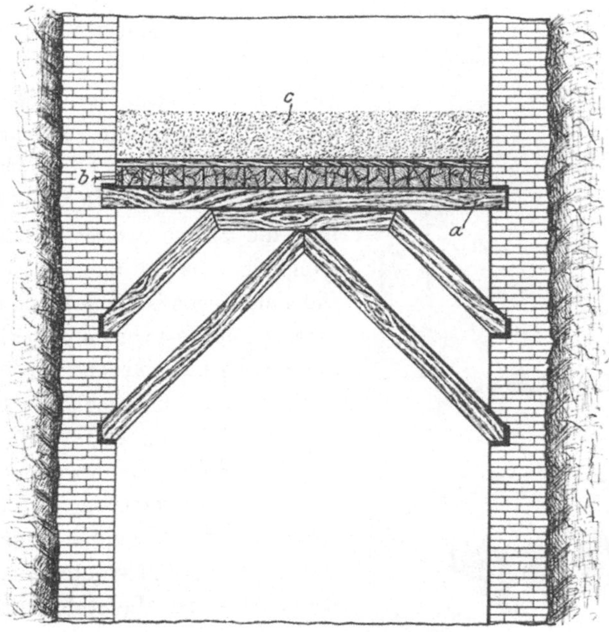

Fig. 99. Sicherheitsbühne.

0,25 m Höhe, über welchem wieder eine dichte Rundholzbühne *c* mit ähnlicher Packung angebracht ist. Das Fahrtrum ist mit einer Bohlenvertonnung von solcher Stärke versehen, dafs sie von der Bergefüllung nicht eingedrückt werden kann.

Die in Fig. 99 abgebildete Sicherheitsbühne ist auf Oheimgrube bei Kattowitz eingebaut gewesen. Eine dichtschliefsende Lage von Kanthölzern *a* ist an beiden Enden eingemauert und durch ein doppeltes Sprengewerk unterfangen. Die schrägen Streben sitzen in besonderen Stahlschuhen, die ebenfalls in den Stöfsen eingemauert sind. Die Bühne ist quer zu den Balken *a* mit Bohlen *b* belegt. Eine mehrere Meter hohe Schüttung *c* von Sägespänen reicht bis an die Sohle des Füllortes, von dem aus im Schachte gefördert wird.

6. Ausmauerung von Schächten ohne Störung des Förderbetriebes.

Auf Hedwigswunschgrube O.-S. stellte sich die Notwendigkeit heraus, den nur in Holzausbau stehenden, rechteckigen Doppelförderschacht auszumauern; jedoch durfte die Förderung nicht eingestellt werden. Zu dieser Arbeit wurden nur die Sonn- und Feiertage benutzt. Man raubte nur so viel Gevierte heraus, als man sofort vermauern konnte. Die Arbeit nahm bis zu ihrer Beendigung mehrere Jahre in Anspruch.

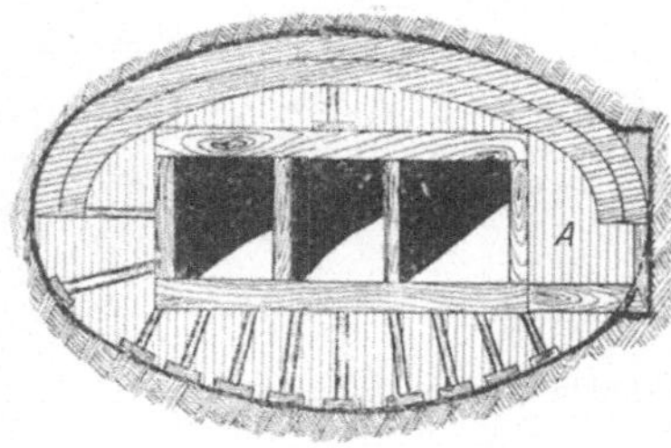

Fig. 100. Ausmauerung eines Schachtes ohne Störung des Förderbetriebes. (Aus Dufrane-Demanet, Traité d'exploitation des mines de houille.)

In einem anderen Falle handelt es sich darum, auf einer Neuanlage den verlorenen Ausbau durch Mauerung zu ersetzen und zugleich von einer tieferen Sohle zu fördern. Die Fördertrümer lagen in der Mitte der Schachtscheibe, und die Stöfse waren rundherum zugänglich. Da in kleinen, einbödigen Schalen (Gesenkschalen) für den eigenen Bedarf gefördert wurde, ging die Kohlengewinnung nur während der Tagschicht vor sich. Es liefs sich also leicht einrichten, dafs nur bei Nacht gemauert wurde. Bei Tage raubten einige Schachthäuer so viel Zimmerung über der Mauer weg, als in der folgenden Schicht wieder vermauert werden konnte. An der Stelle, wo jeweils die Maueroberkante stand, wurde mit geringerer Geschwindigkeit gefördert.

Aus Dufrane-Demanet: Traité d'exploitation des mines de houille sei folgende interessante Arbeit mitgeteilt:

Ein rechteckiger, in Holzzimmerung stehender Schacht (Fig. 100) sollte mit elliptischem Querschnitte ausgemauert werden, ohne den Förderbetrieb unterbrechen zu müssen. Zunächst wurde an dem einen kurzen Stofse ein Hilfsschacht *A* bis zu der Teufe, wo die Mauerung beginnen sollte, hergestellt. Von diesem Schächtchen aus umfuhr man aufserhalb des Holzausbaues den Hauptschacht von rechts und links aus in einzelnen übereinanderstehenden Abschnitten von 2 m Höhe. Sobald ein solcher Abschnitt fertig aufgefahren war, mauerte man ihn nach rückwärts, also nach *A* hin, aus. Darauf erst wurde ein neuer Absatz in Angriff genommen und sofort wieder ausgemauert. Die hölzernen Gevierte wurden vorläufig gegen die Stöfse abgestrebt. Zu ihrer Entfernung wurden die Sonntage benutzt, an denen dann auch die neuen Schachtscheider eingezogen wurden.

C. Die Ausmauerungsarbeiten.

So wie bei Holz- und Eisenzimmerung Tragegevierte und Tragestempel eingebaut werden, die den Druck des Ausbaues auf das Gebirge zu übertragen bestimmt sind und verhindern sollen, dafs sich ein Schachtbruch weit nach oben fortpflanzt, so wird auch bei der Ausmauerung von Schächten ein Unterbau (Fundament) hergestellt. Die Form desselben ist verschieden und hängt hauptsächlich von der Querschnittsform des Schachtes ab. In rechteckigen und flachbögigen Schächten besteht er meistens aus Tragegurten (Entlastungsbögen), die an allen vier Stöfsen in die Mauer eingefügt werden. In elliptischen und runden Schächten verwendet man die Mauerfüfse, die sich aber auch für alle anderen Schachtformen eignen. Häufig erhalten die Schachtmauern keinen Unterbau aus Mauerwerk, sondern sie werden auf hölzerne oder auch eiserne Tragekränze gelegt, die tief in die Stöfse eingebühnt sind.

1. Hölzerne Tragekränze.

Die hölzernen Tragekränze (Fig. 101) sind aus eichenen Balken von 40—50 cm Stärke zusammengesetzt. Sie bilden in der Hauptsache ein Tragegeviert, bestehend aus den vier Jöchern *a*, *b*, *c* und *d*, auf dessen vier Ecken die Hölzer *e*, *f*, *g* und *h* aufgeblattet sind. Innen ist der Kranz nach der Schacht-

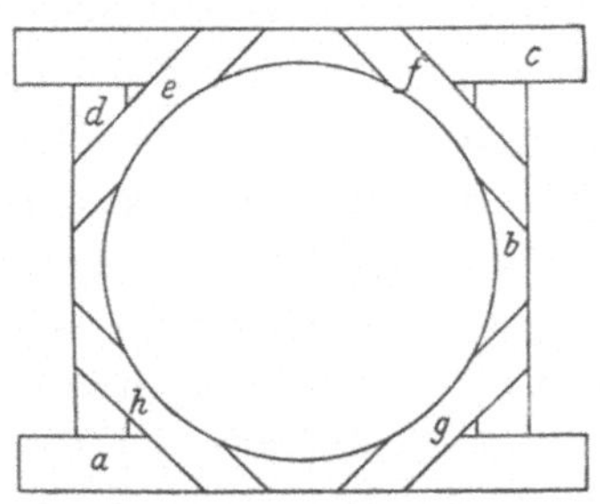

Fig. 101.

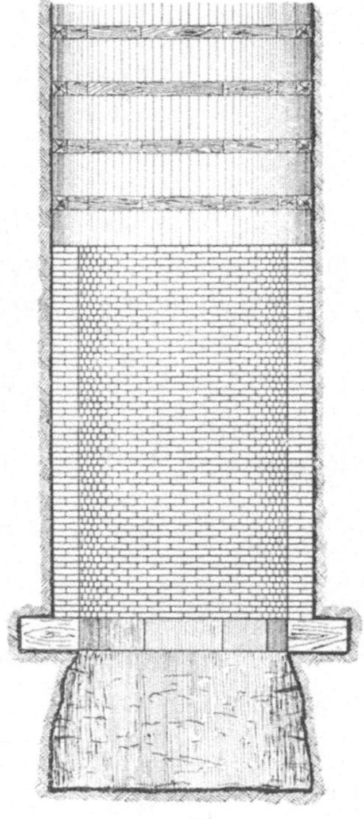

Fig. 102.

Tragekranz für Schachtmauerung. (Aus Dufrane-Demanet, Traité d'exploitation des mines de houille.)

rundung zugeschnitten und hat dieselbe lichte Weite wie der fertig ausgemauerte Schacht.

Die Tragekränze dürfen nicht unmittelbar auf der Schachtsohle eingebaut werden, sondern einige Meter darüber, damit sie nicht beim Weiterabteufen durch die Sprengarbeit beschädigt werden (Fig. 102).

Auch die Holzkränze mit Strebebolzen lassen sich, wie aus Fig. 103 ersichtlich ist, gut als Unterlagen für die Mauerung verwenden. Sie

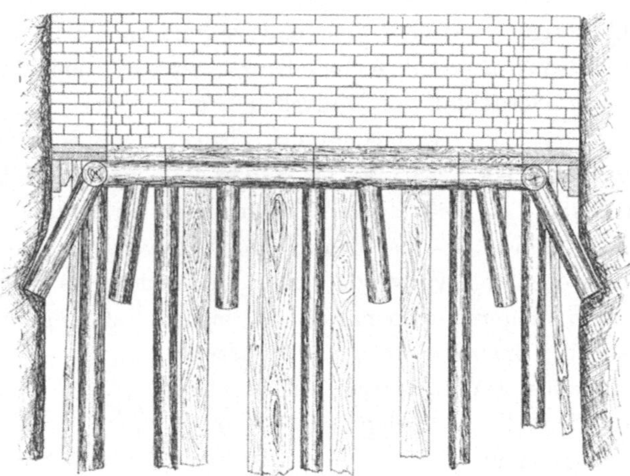

Fig. 103. Tragekranz für Schachtmauerung.

erhalten, wenn sie aus Rundholz bestehen, eine doppelte Bohlenreihe aufgelegt; auf dieser wird die Mauer aufgeführt. Diese Tragekränze sind jedoch nicht als endgültige Sicherung des Mauerkörpers zu wählen; sie sollen nur so lange tragen, bis der nächstuntere Absatz ausgemauert ist.

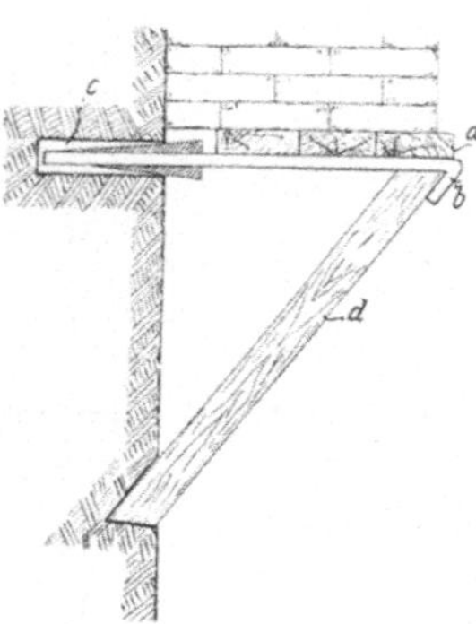

Fig. 104. Tragekranz für Schachtmauerung. (Aus der „Zeitschrift f. d. Berg-, Hütten- und Salinenwesen im Preufs. Staate“. 1903.)

Im Wetterschachte der Zeche Germania I bei Dortmund wurde ein Bohlenkranz *a* (Fig. 104) auf 0,15 m breite Flacheisen *b* aufgelegt. Diese Flacheisen waren am hinteren Ende zugeschärft und in Bühnlöchern *c* von etwa 0,25 m Tiefe festgekeilt. Vorn hatten sie Haken, um 0,8 m lange Streben *d* von 200 × 240 mm Querschnitt festzuhalten, die in die Stöfse eingelassen waren. Es wurden immer 8—10 Streben in Abständen von 1,5 m gestellt. Zwischen ihnen wurde der Bohlenkranz aufserdem noch mit je 1—2 Stempeln unterbolzt.

2. Tragegurte.

Die Tragegurte werden aus Bruchsteinen oder aus Ziegeln hergestellt. Die Spannung der Bögen beträgt 1 : 5—6.

Es genügt nicht, wie es beim Holzausbau mit den Tragestempeln geschieht, sie an zwei gegenüberliegenden Stöfsen anzubringen; es mufs vielmehr an jedem Schachtstofse ein besonderer Gurtbogen vorhanden sein. Die Gurtbögen erhalten am besten ihre Widerlager im Gebirge (Fig. 105), nicht aber in der Mauerung der Nachbarstöfse. Darum kommen die vier zusammengehörigen (einem Tragegevierte bei Holzzimmerung entsprechenden) Gurte nicht alle in gleiche Höhe; für gewöhnlich liegen die der kurzen Stöfse etwas über denen der langen. Eine sich häufiger findende Herstellungsweise ist, dafs nur die Gurtbögen der langen Stöfse im Gestein verwiderlagert sind, während die der kurzen auf denen der langen Stöfse auflagern.

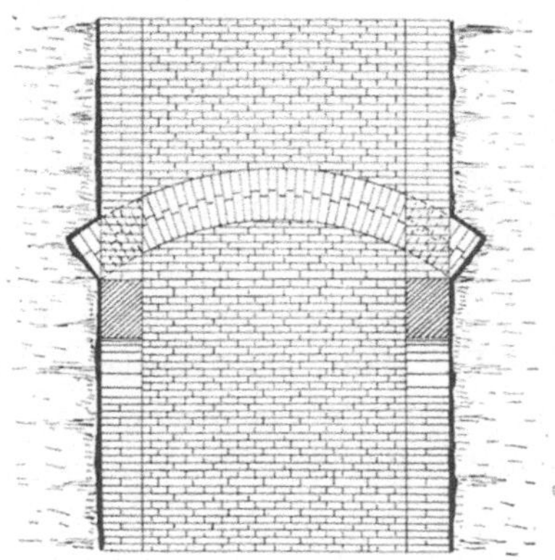

Fig. 105. Mauerschacht mit Tragegurten.

Nach Jicinsky sollen die Entlastungsbögen in denselben Abständen

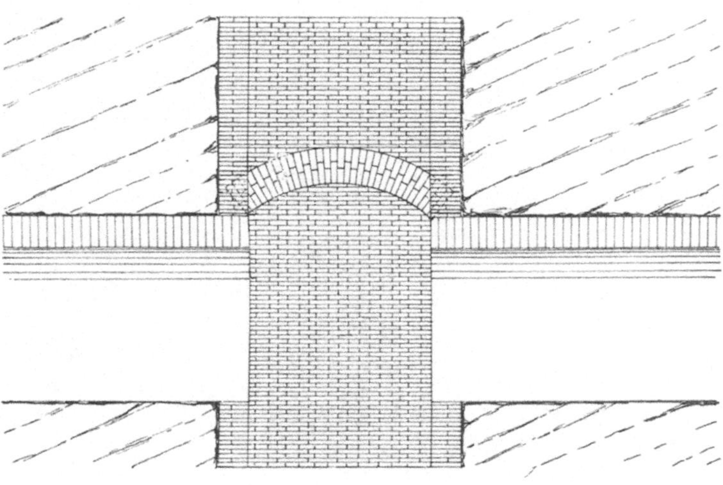

Fig. 106. Mauerschacht in Tragegurten.

angebracht werden wie die Tragestempel bei Holzausbau. In der Praxis wird dies jedoch, weil zu kostspielig und zeitraubend, so gut wie gar nicht gemacht. Die senkrechten Abstände betragen fast immer

30—40 m, weil sie mit der Sohlenbildung in Übereinstimmung gebracht werden. Da nämlich der Regel nach die Füllörter in denselben Ausbau gesetzt werden, mit dem der zugehörige Schacht verkleidet ist, so werden die Firstenwölbungen der Füllortsmauerung bis unter die Mauern der Schachtstöfse verlängert und dienen so zugleich als Tragegurte. Die Füllortsmündungen liegen für gewöhnlich in den langen Stöfsen; es brauchen nun nur noch in den kurzen Stöfsen besondere Gurte gemauert zu werden (Fig. 106).

Reicht bis kurz unter die tiefste Sohle noch ein Schachtsumpf, der ja auch ausgemauert werden mufs, so werden die Mauern der Sumpfstöfse in Sohlenschlitze gestellt.

3. Mauerfüfse.

Die Mauerfüfse werden in vier Hauptformen hergestellt; es sind dies der blockförmige (Fig. 107), der einfach-konische (Fig. 108), der doppelt-konische (Fig. 109) und der hohlkegelförmige Fufs (Fig. 110).

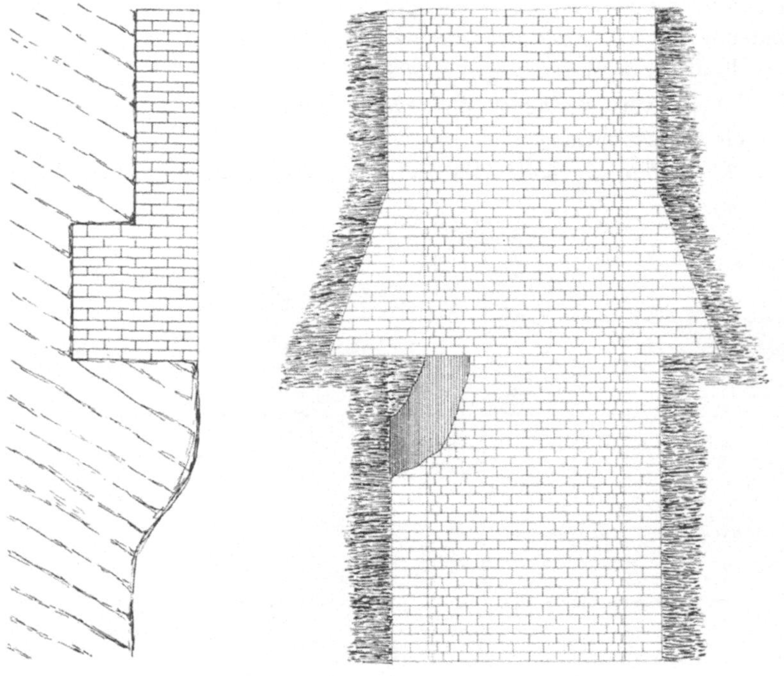

Fig. 107. Mauerfufs. Fig. 108. Mauerfufs. (Aus Dufrane-Demanet, Traité d'exploitation des mines de houille.)

Werden die Mauerfüfse unmittelbar auf die Schachtsohle gesetzt, so mufs man beim weiteren Abteufen unter ihnen eine Gesteinsbrust stehen lassen, damit sie nicht ihren festen Halt verlieren. In ihrer

Nähe hat dabei die Schiefsarbeit zu unterbleiben, weil dadurch das Gebirge zerklüftet wird und an Festigkeit einbüfst. Erst einige Meter unter dem Mauerfufse darf geschossen werden.

Der blockförmige und der einfach-konische Mauerfufs sollen im festeren Gebirge Verwendung finden, der Doppelkegel im milderen. Bei diesen drei Formen mufs, wenn unter ihnen weiter abgeteuft wird, eine Gesteinsbrust stehen bleiben, so dafs also der Schacht hier geringeren Durchmesser erhält (Fig. 107 u. 108), wenn man nicht die Sicherung durch Tragekränze (Fig. 109) vorzieht. Dieser Nachteil fällt bei Verwendung eines Fufses von Hohlkegelform fort. Der Schachtdurchmesser

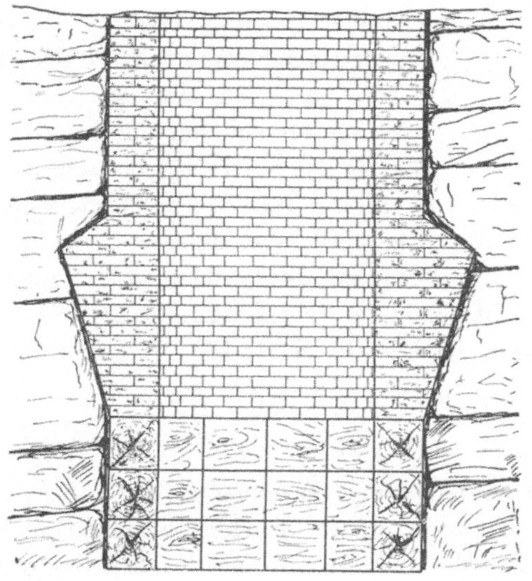

Fig. 109. Mauerfufs.

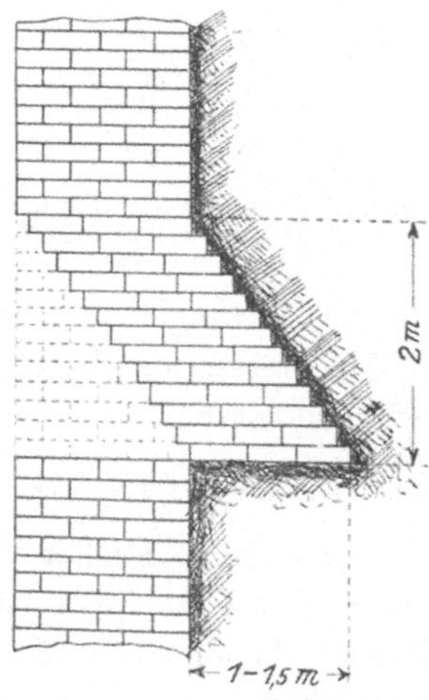

Fig. 110. Mauerfufs.

braucht hier nicht verringert zu werden. Aufserdem kann der von unten heraufkommende neue Mauerabsatz noch in den Hohlkegel hinein verlängert werden (Fig. 110); der Anschlufs gewinnt dadurch an Festigkeit, was namentlich beim wasserdichten Ausbau von grofser Bedeutung ist.

Jede neue Ziegelschicht mufs um ein bestimmtes Mafs gegen die nächstuntere vorragen. Um dies genau einzuhalten, gebrauchen die Maurer die in Fig. 111 dargestellte Holzschablone.

Ab und zu finden sich Mauerfüfse aus Bruchsteinen. Die Steine werden in solcher Gröfse zurechtgehauen, dafs nur eine Reihe rundherum zur Anfertigung des Fufses erforderlich ist. Die einzelnen Segmente werden am besten unmittelbar am Seile hängend eingelassen und zwar sofort bis an ihren endgültigen Platz.

4. Mauerung ohne Kränze und Füſse.

Wir haben bereits gesehen, daſs man beim absatzweisen Abteufen die Mauerfüſse entbehren kann, wenn man für eine andere Unterstützung der Stoſsmauern in Gestalt von verlorenen Holzkränzen sorgt.

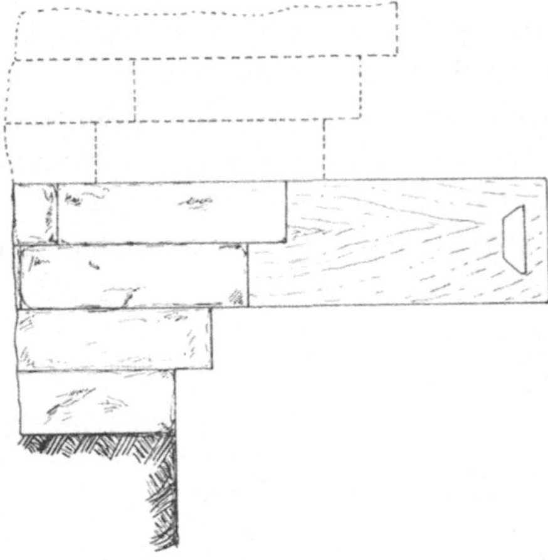

Fig. 111. Schablone für Herstellung des hohlkegelförmigen Mauerfuſses.

Auf Hoheneggerschacht bei Karwin mauerte man auch ohne solche Tragekränze. Der Schacht wurde mit ca. 6 m Durchmesser rund abgeteuft, ohne ihn in verlorenen Ausbau zu setzen. Hatte man 6 m neu hergestellt, so schritt man zur Ausmauerung. Diese wurde einfach auf die Schachtsohle aufgesetzt und bis zum Anschluſs an den oberen Absatz hochgeführt. Bei dem weiteren Abteufen wurde sofort mit Sprengarbeit vorgegangen und zwar nicht nur in der Schachtmitte, sondern auch an den Stöſsen unmittelbar unter der Mauer. Nachteilige Folgen waren nicht zu verspüren.

5. Die Stoſsmauern.

Unter gewöhnlichen Verhältnissen beträgt die Mauerstärke $1^1/_2$ Steine. Der Verband ist Block- oder Kreuzverband, in runden Schächten auch Binderverband. Die Mauer ist allenthalben gut an das Gebirge anzuschlieſsen, besonders wenn keine Mauerfüſse oder Tragebögen hergestellt werden. Darum dürfen auch Hohlräume nicht etwa nur mit Bergen ausgesetzt werden, weil dadurch kein Verband zwischen Mauer und Gebirge erzielt wird; dieselben sind vielmehr vollständig auszumauern. Ebenso darf kein Holz hinter der Mauerung bleiben; dieses schwindet mit der Zeit und läſst so leere Räume neu entstehen. Auch kann die Mauer an solchen Stellen nicht die vorschriftsmäſsige Stärke erhalten.

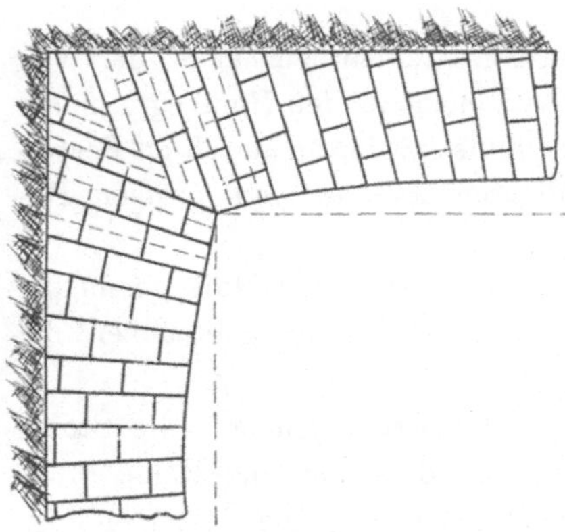

Fig. 112. Eckverband in flachbögigen Mauerschächten. (Aus Jicinsky, Katechismus der Grubenerhaltung.)

In rechteckigen und flachbögigen Schächten ist namentlich auf den

Eckverband zu achten. Fälle, dafs die Ecken regellos mit Steinen ausgesetzt werden, dürften eigentlich überhaupt nicht vorkommen. Sobald sich Druck einstellen sollte, würden solche Mauern ohne weiteres nach der Schachtmitte zu verschoben werden, weil ihnen ein solides Widerlager fehlt. Diese Widerlager erhält jeder einzelne Mauerbogen in den beiden Nachbarmauern; sie sind entweder glatt (Fig. 89) oder verzahnt (Fig. 112).

In den vier Ecken hängen Lote, die von den Stöfsen je 5 cm Abstand haben. Nach ihnen wird die senkrechte Lage der Mauern ermittelt. Um die richtige Wölbung einzuhalten, haben die Maurer Schablonen, die sie bei jeder neugelegten Schicht von Steinen anlegen.

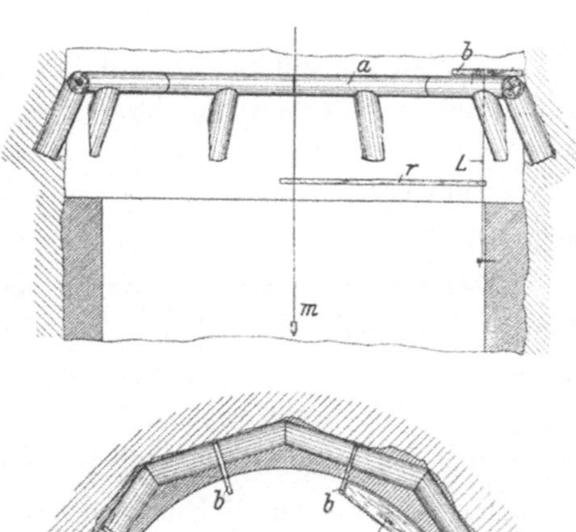

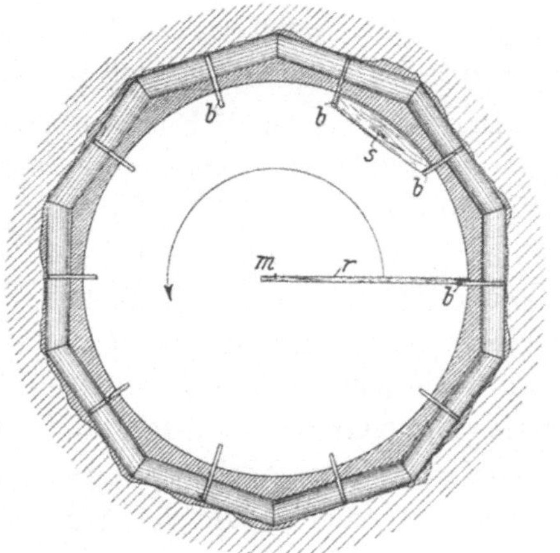

Fig. 113. Das Einloten von runder Schachtmauerung.

Bei der Ausmauerung runder Schächte hängen von dem untersten Jochkranze *a* (Fig. 113) Lote *L* herab, durch welche die innere Peripherie der Mauerung angegeben wird. Sie werden mittels horizontaler Latten *b* vor der Mitte eines jeden Joches aufgehängt und mit dem Radius *r* vom Mittellote *M* aus genau auf den Kreisumfang eingestellt. Anstatt der Lote können auch senkrecht eingelotete Latten verwendet werden, die oben an einem Joche, unten an der Mauerung angenagelt sind.

Zu Beginn und Ende jeder Schicht prüft jede Kameradschaft die Stofslote nach, damit Fehler rechtzeitig beseitigt werden können.

Jede neue Ziegelschicht wird, wenn sie fertig verlegt ist, durch Andrücken der Schablone *s* auf ihre richtige Rundung geprüft. Jeder Maurer hat eine solche Schablone, deren Länge dem Abstande von einem Stofslote bis zum nächsten entspricht. Sie wird so angesetzt, dafs sie zwischen zwei Lote *b* zu liegen kommt. Vorstehende Steine werden durch sie zurückgedrängt; zu weit auf den Stofs zu eingesetzte Ziegel treibt der Maurer mit dem Hammer bis an die Schablone. Dann erst wird bis an den Stofs heran hintermauert.

Nähert sich die Aufmauerung einem Mauerfuſse, der auf einer Gesteinsbrust aufruht, so muſs diese letztere erst entfernt werden, ehe es möglich ist, den Anschluſs an den oberen Absatz herzustellen. Die Gesteinsbrust darf aber nicht auf einmal rundherum weggespitzt werden. Zunächst geschieht dies nur in einem Schlitze, der sofort ausgemauert wird. Ist der Mauerfuſs auf diese Weise unterfangen, so verbreitert man den Schlitz nach rechts und links oder nur nach einer Seite hin (Fig. 108). Wenn der Mauerfuſs durch Tragekränze gestützt wird, so dürfen diese auch nur segmentweise ausgeraubt werden.

6. Der Schachteinbau.

In Mauerschächten hat der Einbau nur noch den Zweck, die Einteilung in Trümer zu bewirken, die Spurlatten für die Förderschalen, die Fahrtenfahrungen, Ruhebühnen zu tragen u. dergl. Eine Verstärkung des Ausbaues wie bei Holzzimmerung wird hier nicht angestrebt.

Die Schachtscheider bestehen aus Holz oder Eisen. Hölzerner Einbau, meistens Eichenholz, hat den Nachteil, daſs er nicht feuersicher ist. Darum werden fast allgemein eiserne Schachtscheider vorgezogen. Man wählt hierzu U-Eisen oder I-Eisen, das erstere für geringere, das letztere für gröſsere Schachtdurchmesser.

Der Einbau der Schachtscheider kann sofort während der Ausmauerung erfolgen; er wird aber auch recht häufig erst vorgenommen, wenn die Ausmauerung beendigt ist.

Im ersteren Falle werden die Eisenträger am besten mit einer eisernen Unterlagsscheibe versehen, damit sich ihr Gewicht auf eine möglichst groſse Grundfläche verteilt. Dies ist ratsam, weil das Mauerwerk noch nicht erhärtet ist. Die Schachtscheider werden mit den Enden fest vermauert, liegen also unverrückbar fest; aus demselben Grunde ist es aber auch schwierig, sie schnell zu entfernen, wenn es z. B. nötig werden sollte, den Schacht in gröſseren Teufen abzubohren oder einen Senkschacht niederzubringen.

Werden die Schachtscheider erst später eingebaut, so müssen für sie Bühnlöcher ausgearbeitet werden. Das beste ist es, diese Bühnlöcher gleich von Anfang an offen zu lassen. Dies wird durch einen kurzen Bolzen mit Anpfahl und Fuſspfahl aus Brettern erreicht (Fig. 114a). Anstatt dessen läſst man wohl auch eine dünne Eisenplatte als Decke in die Mauer ein (Fig. 114b). Will man die Schachtscheider im Bühnloche sichern, so vergieſst man sie mit Zement oder mauert das Bühnloch vollständig aus; es bekommt dann besser keine glatten, sondern verzahnte Seitenstöſse.

In manchen Fällen werden die Bühnlöcher während der Ausmauerung noch nicht angefertigt, sondern erst später ausgestemmt. Dies ist eine mühselige und zeitraubende Arbeit, die aber manchmal

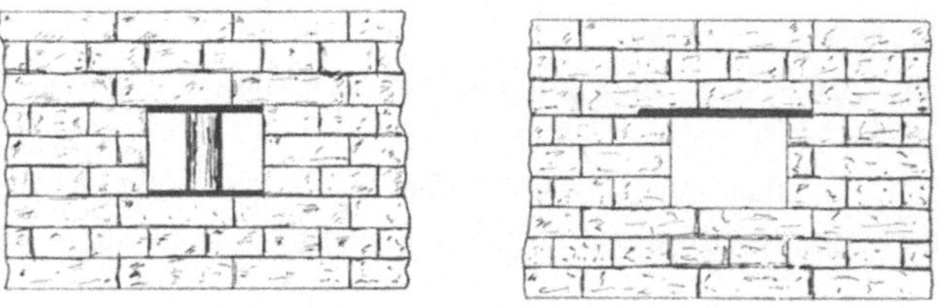

Fig. 114 a und b. Herstellung von Bühnlöchern in der Schachtmauer.

nicht vermieden werden kann, z. B. wenn die Einteilung der Schachtscheibe erst später bestimmt wird. Auf Hedwigswunschgrube hat man die Handarbeit mit sehr großem Erfolge durch Preßluftmeißel von

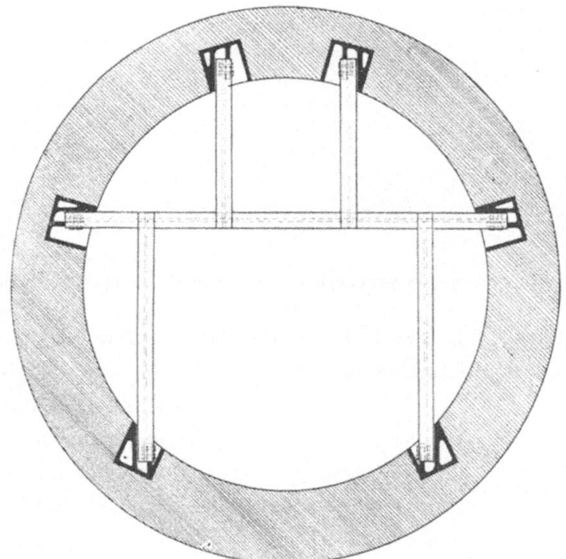

Fig. 115. Mauerkästchen.

derselben Bauart, wie sie zum Verstemmen von Kesselnieten usw. benutzt werden, ersetzt.

Die Form der Bühnlöcher ist dieselbe wie die der im Gestein für Holzzimmerung ausgearbeiteten.

Auf den Schächten der Preußengrube bei Miechowitz wurden die Schachtscheider in besonderen gußeisernen Kästchen befestigt, die in die Schachtmauer eingelassen waren (Fig. 115). Diese Kästchen waren nur auf der dem Schachte zugekehrten Seite offen. Im Innern hatten sie starke Stege, deren Richtung derjenigen der Schachtscheider parallel verlief. An diesen Stegen wurden die Schachtscheider angeschraubt.

An Stelle der Bühnlöcher werden auch ab und zu Konsolen aus Bruchsteinen in die Stöfse eingemauert, auf welche dann die Schachtscheider aufgelegt werden.

In Fig. 116 a, b, c sind gufseiserne Konsolen von Zeche Holland IV dargestellt.

Billiger ist das auf Versuchsschacht II (Schacht Kaiser Wilhelm der Grofse) im Nordfelde der Königsgrube O.-S. angewendete Ver-

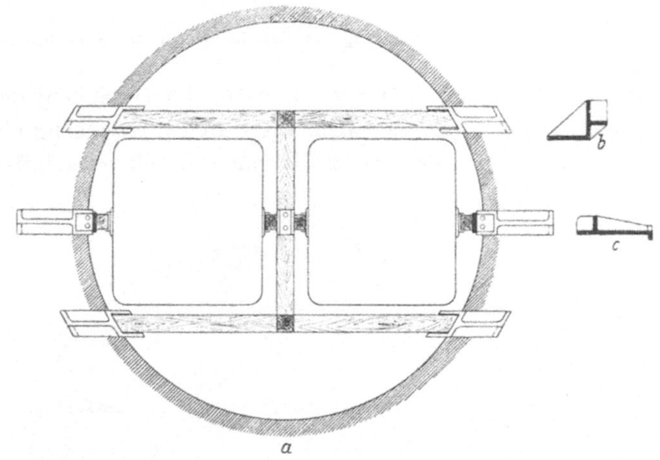

Fig. 116. Gufseiserne Mauerkonsolen. (Aus dem „Sammelwerk", Band III.)

fahren zur Befestigung der Schachtscheider. Auf der U-Eisenkonsole *a* (Fig. 117) liegt der Schachtscheider *b* auf; beide sind durch die trapezförmige Eisenplatte *c*, das sogenannte Schachtstumpf, miteinander verlascht. Die Konsole *a* ist mit einer Unterlagsscheibe *d* versehen, die ihre Auflagefläche auf der Mauer vergröfsert und zugleich verhütet, dafs sie aus der Mauer herausgerissen wird.

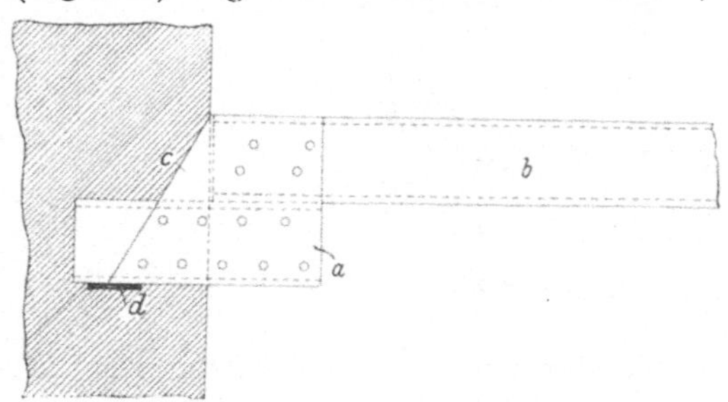

Fig. 117. Konsolen aus U-Eisen.

Die Stellen an den Schachtstöfsen, wo Bühnlöcher oder Konsolen hinkommen, werden durch besondere Lote bezeichnet, damit alle Schachtscheider auch in genau derselben senkrechten Ebene liegen. Die Lote hängen nicht vor der Mitte der Bühnlöcher, sondern am besten vor der einen senkrechten Aufsenkante.

Die senkrechten Abstände, in denen die Schachtscheider eingebaut werden, schwanken zwischen 1—6 m, gehen aber selten über 3 m hinaus.

7. Die Arbeitsbühnen.

Werden die Schachtscheider sofort während der Ausmauerung eingebaut, so benutzen die Maurer diese für die Herrichtung ihrer Arbeitsbühnen, indem sie sie mit starken Bohlen belegen. Können sie von dieser Bühne aus nicht mehr mauern, ist es aber noch nicht an der Zeit, neue Träger einzubauen, so stellen sie mit Hilfe von Holzböcken, leeren Zementfässern und dergleichen Hilfsbühnen her.

Soll der Einbau der Schachtscheider erst nach beendeter Mauerung vorgenommen werden, so werden die Bühnen aus einigen Längs- und Querbalken mit Bohlenüberdeckung hergestellt. Die Hauptträger dieser Bühne werden in den Stöfsen vermauert oder in die schon vorhandenen Bühnlöcher eingelegt.

Damit der Schacht stets bis zur Sohle befahrbar bleibt, sollen möglichst alle Maurerbühnen stehen bleiben; zum mindesten ist es gut, unter der jeweiligen Arbeitsbühne zwei Sicherheitsbühnen zu belassen.

Das Neuherstellen oder Umlegen der festen Bühnen hält die Ausmauerungsarbeiten sehr auf. Will man dieselben schneller vorwärts schreiten lassen, so mufs man Schwebebühnen anwenden.

Eine einfache Schwebebühne ist in Fig. 118 a und b abgebildet. Sie besteht aus einer Holzbühne a, die mittels starker

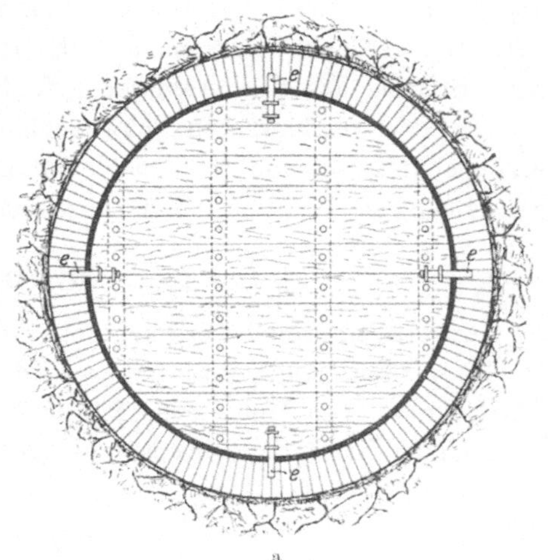

a

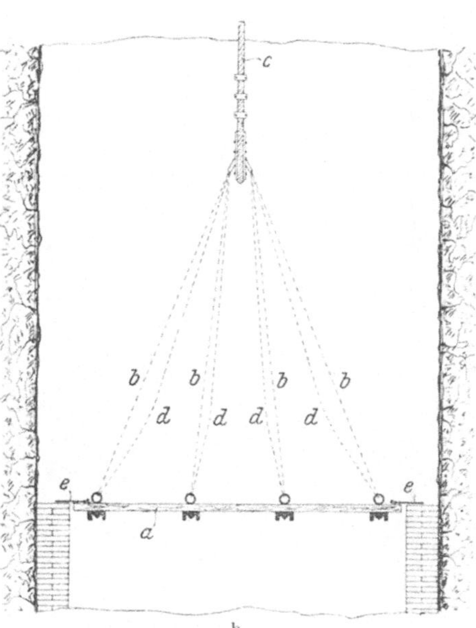

b

Fig. 118 a und b. Schwebebühne. (a Grundrifs, b Aufrifs.)

Ketten *b* an dem Kabelseile *c* hängt. Für den Fall eines Kettenbruches sind die Hilfsketten *d* da. Die Vorschubsriegel *e* werden in die horizontalen Fugen der Mauer eingetrieben oder auf den Maueroberrand aufgelegt, um der Bühne als weitere Sicherung zu dienen.

Dieselbe Bühne kann auch aus Eisen angefertigt werden.

Die Schwebebühnen dienen den Maurern gleichzeitig als Schablonen, nach denen sie sich bei der Arbeit richten.

Wird nicht im Schachte gemauert, z. B. während ein neuer Absatz abgeteuft wird, so hängt man die Schwebebühne im Schachte senkrecht auf. Sie verdeckt dann nicht mehr seinen Querschnitt; es kann also ohne Störung aus dem Abteufen gefördert werden.

Bei Verwendung von Schwebebühnen werden die Schachtscheider erst nachträglich von oben nach unten eingebaut. Ist man unten angekommen, so wird die Bühne auseinandergenommen.

D. Die Betonierung.

Anstatt mit Mauerwerk kann ein Schacht auch mit Stampfbeton verkleidet werden. Auch diese Arbeit wird meistens absatzweise ausgeführt. Als Lehre dienen Holz- oder Eisenkränze mit Bretterverschalung.

Bei der Herstellung des eisenverstärkten Betonausbaues werden in die Betonauskleidung Eisenringe eingelassen. Man benutzt diese Eisenringe zugleich als Lehrbögen, indem man die Verschalung nicht aufsen an ihnen befestigt, sondern zwischen sie eintreibt (Fig. 119).

Fig. 119. Eisenverstärkte Schachtbetonierung.

Der östliche Hauptförderschacht der Grube Göttelborn bei Saarbrücken wurde mit einer Mischung von 1 Teil Zement, 3 Teilen Sand und 6 Teilen Dioritfeinschlag ausbetoniert, die in Lagen von 15 cm Stärke eingebracht wurde. Als Lehre dienten vierteilige Eisenringe von 5,04 m Durchmesser, die durch senkrechte zöllige Bohlen versteift waren.

Im Wodzicki-Revier zu Fohnsdorf wurde ein in Holzausbau stehender rechteckiger Schacht von 3140 × 4810 mm nachträglich ausbetoniert. Die Arbeit ging in Absätzen vor sich. Es wurde immer nur ein Feld mit dem nächstoberen Kranze geraubt, jeder Stofs in der Mitte auf 2 m Breite und 5 cm Tiefe nachgenommen und dann in flachen Bögen ausbetoniert. Das Mischungsverhältnis war: 1 Raumteil Portlandzement, 2,5 Raumteile Sand und 5 Raumteile Schotter. Die geringste Wandstärke war 16 cm. Zur Verstärkung wurden in Abständen von je 1 m U-Eisenringe eingebaut, die durch 8 mm starke Eisenbleche verstrebt waren. Diese Schablonenbleche erhielten auf der Innenseite einen Anstrich von Unschlitt und Graphit. Die Betonierung ging jedesmal bis etwa 3 cm unter Oberkante der Eisenringe; dann wurde die Betonoberfläche mit Brettern bedeckt und von neuem geraubt. Die Leistung betrug einschliefslich Vor- und Nacharbeiten in 29 Stunden 2—3 m Schachtbetonierung. Die Kosten je 1 m Schacht waren:

an Material (einschliefslich Einstriche) .	200,60 Mk.
an Löhnen	105,40 „
insgesamt	306,00 Mk.

Zweiter Abschnitt.

Der Ausbau von Schächten im festen Gebirge mit stärkeren Wasserzuflüssen.

(Wasserdichter Ausbau.)

Im festen Gebirge sind mit Rücksicht auf die Wasserführung zweierlei Arten von Schichten zu unterscheiden: die wasserführenden und die wassertragenden (= wasserundurchlässigen). Diese Schichten wechseln miteinander ab. Ihre Mächtigkeit ist grofsen Schwankungen ausgesetzt. Auch die Gröfse der Wasserzuflüsse ist verschieden. Sie beträgt von wenigen Litern in einer Minute bis zu vielen Kubikmetern. In einigen Fällen wurden während des Abteufens aus dem Schachte allein 30—40 cbm Wasser gehoben. Bei derartig starkem Wasserzudrange ist es nicht mehr möglich, den Schacht von Hand weiter niederzubringen; man geht dann zum Schachtabbohren im toten Wasser über (s. 3. Abschnitt). Bleiben die zusitzenden Wassermengen jedoch nur auf einige Kubikmeter beschränkt, so kann man sie mit Hilfe von Abteufpumpen zu Sumpfe halten.

Die Wasser kommen im festen Gebirge immer aus Klüften. Ihre Menge wird also um so gröfser sein, je mehr Klüfte durch das Abteufen freigelegt werden. Im Laufe der Zeit kann es vorkommen, dafs die aus einer bestimmten Anzahl von Klüften austretenden Wasserzuflüsse sich vermehren; dies rührt daher, dafs die Wasser sich erst ihren Weg bahnen müssen, dafs sie die Klüfte erweitern. Wieder in anderen Fällen wird der Wasseraustritt geringer, weil sich die Klüfte mit Schlamm zustopfen, der aus anderen Partien des Gebirges zugeführt wird.

Die Schächte werden im wasserreichen, festen Gebirge meistens absatzweise hergestellt. Die Höhe der Absätze hängt von der Anzahl der freigelegten Klüfte, d. h. also in der Hauptsache von der Menge der zusitzenden Wasser ab. Ferner ist auch der Abstand der wassertragenden Schichten von Einflufs. Der Fufs des Ausbaues ist möglichst immer in eine solche Gebirgspartie zu verlegen. Daher werden die Absätze mit Rücksicht hierauf manchmal gröfser, manchmal wieder niedriger sein.

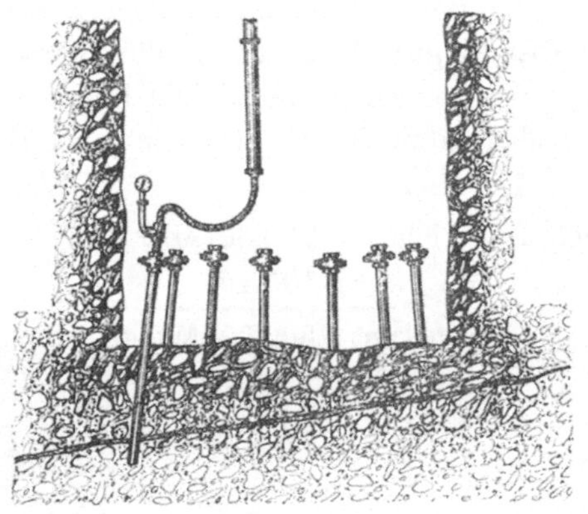

Fig. 120. Versteinung wasserführender Klüfte. (Aus dem „Jahrbuch f. d. Berg- u. Hüttenwesen im Königreich Sachsen" 1901.)

Nicht allein der Ausbau mufs wasserdicht sein, sondern auch sein Fufs und dessen Anschlufs an das Nebengestein. Dieser soll nicht etwa nur auf eine wassertragende Schicht aufgesetzt werden; er mufs vielmehr in dieselbe eingelassen sein, damit nicht das Wasser unter ihm durch, etwa auf Gesteinsklüften, in den Schacht eindringt.

Der wasserdichte Ausbau wird in Holz, Eisen, Mauerung und Stampfbeton ausgeführt. Als wasserdichter Fufs dienen fast durchweg die Keilkränze. Nur bei der Ausmauerung werden auch an Stelle der Keilkränze Mauerfüfse aus wasserdichtem Material angewendet.

Auf dem Pöhlauer Schachte der Gewerkschaft Morgenstern zu Reinsdorf im Königreich Sachsen wurde beim Schachtabteufen ein interessantes Verfahren erprobt, um die wasserführenden Klüfte zu verschliefsen. Es wurden den Schachtstöfsen entlang Löcher auf eine Tiefe von 1,5 m vorgebohrt (Fig. 120). Traf man mit ihnen auf Wasseradern, so wurden die Bohrlöcher durch mit Hanf umwickelte Gasrohre verspundet, die oben mit einem Hahne versehen waren. Durch diese Rohre trieb man dünnflüssigen Zementbrei unter hohem Druck in die Bohrlöcher. Der Zement flofs in die Klüfte hinein und füllte sie so aus, dafs kein Wasser mehr in den Schacht eindringen konnte.

Ein ähnliches Verfahren kam im schwimmenden Gebirge auf

Adolfschacht bei Mikultschütz O.-S. zur Anwendung. Der Buntsandstein war dort mit einem Senkschachte im toten Wasser durchteuft worden, dessen Anschlufs an das wassertragende Gestein Schwierigkeiten bereitete, weil eine steileinfallende Kluft in der Minute 6 cbm Wasser mit Sand unter dem Schneidschuh durchtreten liefs. Als nichts half, brachte man auf die Schachtsohle einen Zementpfropfen, sümpfte die Wasser und bohrte in die 20 Tübbingsringe 260 Löcher von 30 - 40 mm Durchmesser. Diese wurden mit Hähnen verschlossen, durch welche, von unten beginnend, Zement unter 30—40 Atmosphären Druck von der Hängebank aus in das Gebirge gespritzt wurde. Im ganzen wurden 20 000 Ztr. Zement und 10 000 Ztr. Sand verbraucht. Die Zementkruste war sowohl mit dem Tübbingschachte als auch mit dem Gebirge vollständig verbunden und hatte Hohlräume von 500—1500 mm Gröfse vollständig ausgefüllt sowie auch die Kluft auf mindestens 8 m versteint. Man nimmt aber an, dafs der Zement auf 20—30 m, vielleicht auch noch weiter in die Kluft eingedrungen ist.

A. Der wasserdichte Ausbau in Holz.

(Hölzerne Küvelage.)

Die hölzerne Küvelage ist heute recht selten geworden, weil sie durch bessere Verfahren ersetzt worden ist. Sie hat jetzt nur noch Berechtigung in Schächten von kleinem Durchmesser und bei geringer Mächtigkeit der wasserführenden Schichten. Zum Ausbau wird Kantholz im ganzen Schrote verwendet. Die Schächte sind rechteckig oder polygonal.

Hat man beim Abteufen wassertragendes Gestein erreicht, so wird 2—3 m unter der wasserführenden Schicht der Keilkranz verlegt. Man setzt ihn auf einem starken Tragekranze zusammen oder auf der Schachtsohle, in deren Mitte ein Sumpf von geringerem Durchmesser hergestellt ist. Die Schachtsohle oder der Tragekranz mufs vollkommen horizontal sein und darf keinerlei Unebenheiten besitzen. Sie wird daher vor dem Einbau mittels Spitzarbeit geglättet. Auf diese so vorbereitete Sohle kommt eine Schicht *a* (Fig. 121—124) gut gereinigtes Waldmoos als Unterlage für den Keilkranz *b*. Die einzelnen Segmente desselben werden am besten mit schrägem Schnitt verbunden; allenfalls kann auch die Verzahnung (Fig. 8 u. 9) Anwendung finden.

Zwischen dem Keilkranze und dem Stofse bleibt rundherum ein freier Raum von 30 cm. In diesem Raume erfolgt die Abdichtung des Kranzes gegen die Stöfse in der Weise, dafs nachher kein Wasser mehr zwischen ihm und dem Stofse nach unten durchtreten kann. Zu diesem Zwecke wird der Keilkranz auf seiner Aufsenseite mit einer dichten Reihe von Keilen *c* umgeben, die ihre schmale Seite nach oben richten. Auf die abgeschrägten Flächen dieser Keilreihen werden nun starke Bohlen *d*, die Schwellen, gelegt, worauf der Raum zwischen ihnen und den Stöfsen ebenfalls mit Waldmoos ausgefüllt wird. Dieses Moos wird möglichst fest eingestampft. Nun wird die Schwelle *d* mit Brechstangen senkrecht gestellt, damit man zwischen sie und die Keilreihe *c* ebensolche Keile *e*, jedoch mit der Schneide nach unten, eintreiben kann. Um die Moosstampfung noch dichter zusammenzudrücken, werden in die beiden Keilreihen *c* und *e* noch drei Reihen Spitzkeile *f*, *g*, *h* eingetrieben. Die beiden äufseren Reihen dieser Spitzkeile bestehen aus weichem Holze (Weidenholz), die mittlere aus hartem Holz (Buchenholz). Für diese Keile müssen die Fugen erst mit einem Stemmeisen vorgeschlagen werden.

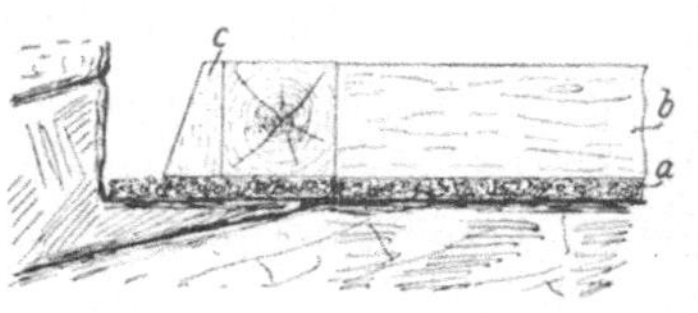

Fig. 121.

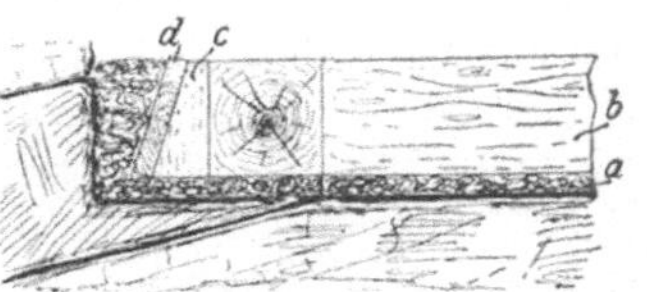

Fig. 122.

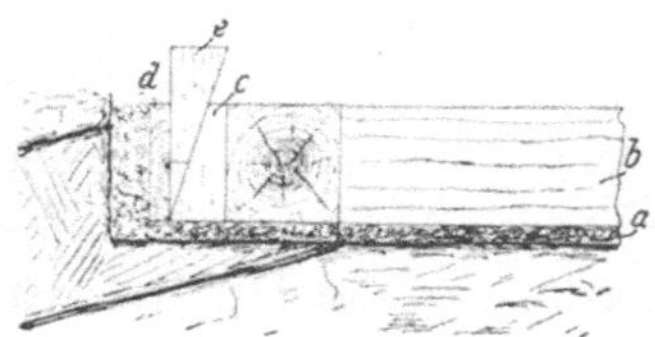

Fig. 123.

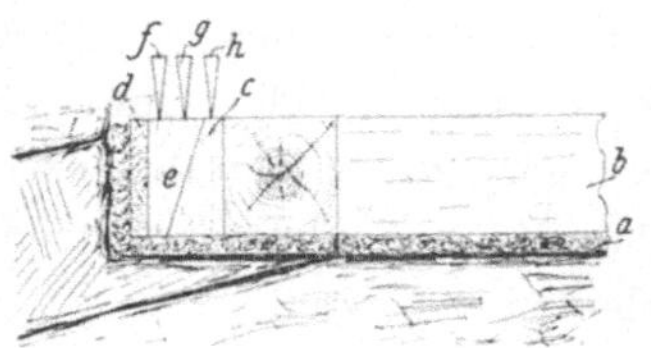

Fig. 124.

Fig. 121—124. Hölzerner Keilkranz. (Nach Dufrane-Demanet, Traité d'exploitation des mines de houille.)

Genügt ein Keilkranz nicht, so werden zwei oder mehr solche übereinander verlegt.

Vor dem Einbau eines neuen Kranzes mufs jeder fertige Keilkranz erst glatt gehobelt werden, weil er sich durch das Verkeilen geworfen hat.

Die an den Schachtstöfsen niederrinnenden Wasser müssen durch Traufdächer oberhalb der Sohle abgefangen und in den Sumpf geleitet werden, damit die Arbeit am Keilkranze nicht durch sie behindert wird.

Die Jöcher der Aufsatzkränze erhalten auf der Ober- und Unterseite Längsnuten, die mit geteerter Leinwand ausgefüllt werden, damit die Fugen wasserdicht schliefsen. Der leere Raum zwischen den Gevierten und dem Stofse wird dicht mit Bergen versetzt, damit sich der Ausbau nicht nach rückwärts verschieben kann. Anstatt der Berge wird auch Letten oder plastischer Ton eingestampft; die Wasserundurchlässigkeit des Ausbaues wird dadurch erheblich erhöht.

Um den Anschlufs an den Keilkranz des nächstoberen Absatzes zu erreichen, wird die Gesteinsbrust jochweise weggespitzt. Die Jöcher des Anschlufskranzes werden genau nach Mafs geschnitten. Das Schlufsjoch desselben erhält nicht radiale, sondern parallele Fugen, um von vorn aus eingeschoben werden zu können. Es mufs dann noch durch Klammern gesichert werden. Gibt man ihm radiale Stofsflächen, so wird es vorher in eine Nische gelegt, die im Gestein hinter seinem endgültigen Platze ausgearbeitet ist. Es wird dann an eingeschraubten Handhaben herausgezogen. Da die Nische nicht offen bleiben darf, wird durch das Joch ein Loch gebohrt und dünnflüssiger Zementbrei dahintergeleitet.

Zuletzt werden noch sämtliche Fugen mit geteerten Hanfzöpfen kalfatert. Diese Arbeit soll von unten nach oben vorschreiten, weil sich dabei das Wasser hinter dem Ausbaue allmählich aufstaut, dieser also erst nach und nach unter Druck kommt.

Alle diese Arbeiten werden von fliegenden Bühnen aus vorgenommen. Für die Schachtscheider u. dgl. werden am Ausbau eiserne Konsolen angeschraubt.

B. Der wasserdichte Ausbau in Eisen.

(Eiserne Küvelage.)

Während die hölzerne Küvelage nur in rechteckigen oder polygonalen Schächten von untergeordneter Bedeutung Anwendung findet, steht der eiserne wasserdichte Ausbau in runden Hauptschächten häufig in Gebrauch.

Es werden bei diesem Ausbau ebenfalls Keilkränze und Aufsatzkränze unterschieden. Aufserdem finden sich auch noch in einigen Fällen besondere Tragekränze. Das Material, aus dem die Küvelage besteht, ist Gufseisen, in neuester Zeit auch Gufsstahl.

Die Aufsatzkränze können aus geschlossenen Ringen bestehen, die am Ober- und Unterrande mit horizontalen Flanschen versehen sind. Diese Ringe dürfen aber aus Transportrücksichten für gewöhnlich nur einen gröfsten lichten Durchmesser von 3650 mm innerhalb der Flanschen erhalten. Mit den eigens hierfür gebauten Eisenbahntransportwagen der Firma Haniel & Lueg zu Düsseldorf ist es auch möglich, Ringe von 4100 mm lichtem Durchmesser und 1200 mm Höhe mit der Eisenbahn zu versenden. Überschreitet ein Schacht diese Abmessungen, so mufs jeder Ring aus einzelnen Segmenten, den Tübbings, zusammengesetzt werden.

Unter einem Tübbing versteht man eine nach der Peripherie des Schachtes gebogene Eisenplatte. Sie ist an den vier Rändern mit Flanschen versehen. Die Haltbarkeit wird durch Verstärkungsrippen und Versteifungszwickel erhöht. Die Verstärkungsrippen laufen in senkrechter, wagerechter oder in diagonaler Richtung über die ganze

Tübbingsfläche. Die Versteifungszwickel sind bedeutend kürzer und stehen senkrecht auf den Flanschen (Fig. 125 u. 126).

Es sind zwei Arten von Tübbings zu unterscheiden: die deutschen und die englischen. Man spricht demzufolge kurz von deutscher und von englischer Küvelage.

Die englischen Tübbings (Fig. 125) haben die Verstärkungsrippen nach aufsen, also dem Gebirge zugewendet, die deutschen (Fig. 126) nach innen. Die englischen Tübbings werden blofs neben- und aufeinandergesetzt und nur dadurch gehalten, dafs sie gegen die Schachtstöfse verkeilt werden. Die deutschen Tübbings werden untereinander verschraubt; zu diesem Zwecke besitzen sie in den Flanschen Schraubenlöcher. Die Verdichtung der Fugen erfolgt bei der englischen Küvelage mit Holzbrettchen und Holzkeilen, bei der deutschen mit Bleistreifen. Die Flanschen der englischen Tübbings sind auf der Aufsenseite unbearbeitet, also rauh, die der deutschen Tübbings sind abgedreht. Die Höhe der englischen Tübbings schwankt zwischen 300 bis 620 mm, die der deutschen beträgt bis zu 1500 mm. Die Sehne ist ungefähr = $^3/_2$ der Höhe. Die Wandstärke hängt in erster Reihe vom Wasserdrucke ab, den sie auszuhalten haben; sie wird also nach der Schachttiefe berechnet, und zwar nach der Formel

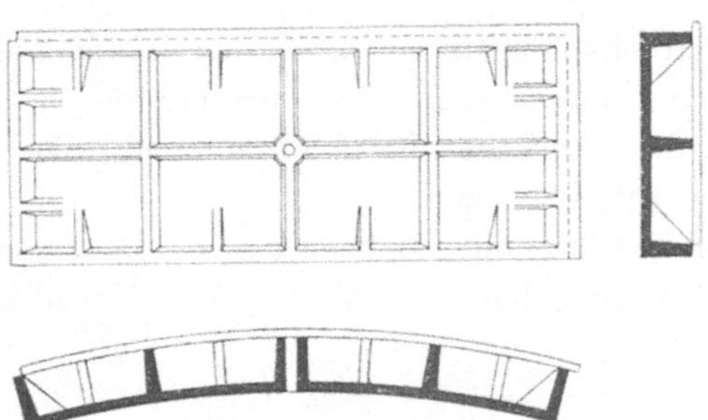

Fig. 125. Englischer Tübbing.

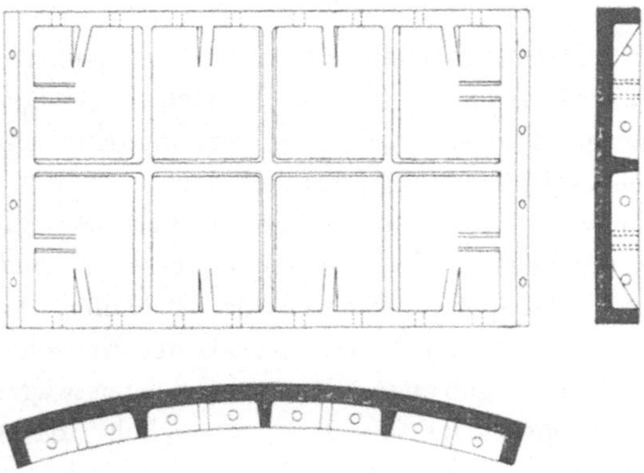

Fig. 126. Deutscher Tübbing.

$$x = \frac{r \cdot h}{500} + 0{,}02 \text{ m},$$

in welcher r den Radius des Schachtes in Metern, h den Druck in Kilogramm auf 1 qcm bedeutet. Werden die Tübbings aus Gufsstahl hergestellt, so kann die Wandstärke nur $^2/_3$ des durch obige Formel ermittelten Wertes betragen. Sie soll jedoch in keinem Falle unter 25 mm sinken.

I. Die englische Küvelage.

Die Herstellung der englischen Küvelage beginnt mit dem Verlegen des Keilkranzes (Fig. 127 u. 129). Der Keilkranz besteht aus mehreren Segmenten von 1,2—1,7 m Sehnenlänge, 300 mm Höhe, 400—750 mm Breite und 30—40 mm Wandstärke. Sie sind hohl gegossen und durch Querrippen *a* (Fig. 127) in einzelne Kammern geteilt; die Rippen dienen zur Verstärkung. In den Stoſsflächen sind Nuten *b* ausgespart, in welche Holzpflöcke eingetrieben werden. Auf der Oberseite ist ein Wulst *c* angegossen, vor den der Tübbingsring kommt; er verhindert, daſs die Tübbings nach hinten ausweichen. Das Einhängen erfolgt an einer Doppelkette, wie aus Fig. 128 ersichtlich ist. Um die Segmente an dieser Kette befestigen zu können, besitzen sie an den senkrechten Seitenflächen je ein rundes Loch.

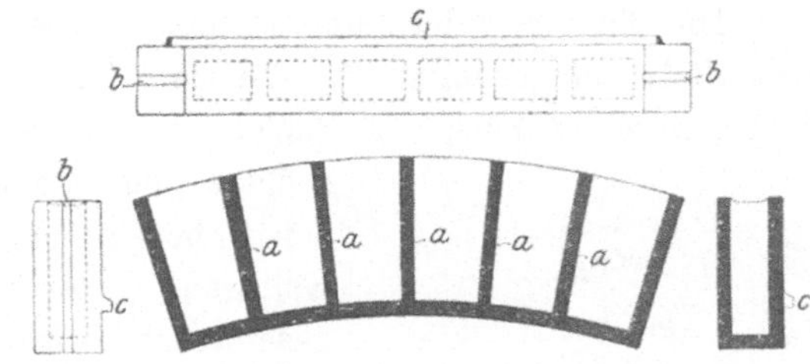

Fig. 127. Guſseiserner Keilkranz für englische Küvelage.

Die Gesteinsbrust, auf welcher der Keilkranz aufruhen soll, wird gut horizontal zugehauen. Dann legt man auf ihr einen Eichenholzkranz als Unterlage für den Keilkranz oder breitet eine Zementschicht aus. In die Fugen zwischen den einzelnen Segmenten werden 12 mm starke Brettchen aus trockenem und astfreiem Tannenholze so eingelegt, daſs die Fasern radiale Richtung haben. Mit ebensolchen Brettchen wird der 40—50 mm weite Raum zwischen dem Kranze und dem Gestein ausgesetzt. Dieser ringförmige Raum wird nun mit Keilen aus trockenem Fichtenholze so lange verkeilt, bis die Fugenbrettchen zwischen den Keilkranzsegmenten auf Papierdicke zusammengepreſst sind. In manchen Fällen hat man auch diese Fugen noch von der Schachtmitte her pikotiert (verkeilt).

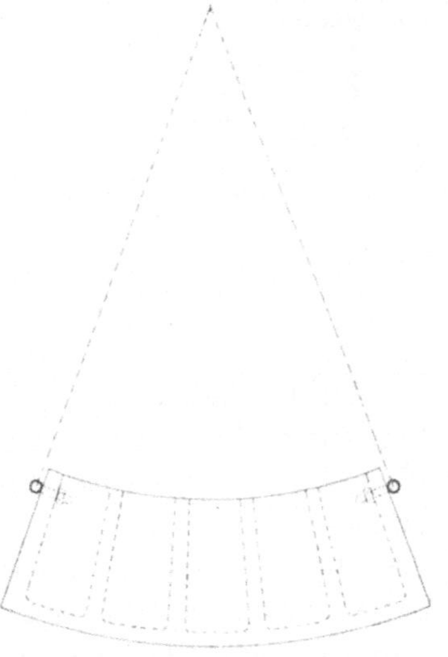
Fig. 128. Einhängen eines Keilkranzes für englische Küvelage.

Ist der Wasserdruck bedeutend, so legt man mehrere Keilkränze übereinander. In diesem Falle werden auch die horizontalen Fugen zwischen den Kränzen mit Brettern gedichtet und pikotiert.

Werden zwei Keilkränze aufeinandergelegt, so ist der obere um 10—20 cm breiter als der untere und ragt um diesen Betrag über ihn vor. Der oberste Tübbingsring des nächstunteren Absatzes reicht bis an diesen oberen Keilkranz heran, verdeckt also den unteren (Fig. 129); dieses Verfahren bewirkt einen guten Anschlufs der einzelnen Absätze aneinander.

Die Tübbings der Aufsatzkränze werden an einer Gabel bis an Ort und Stelle eingehängt. Zu diesem Zweck haben sie in der Mitte ein Loch, durch welches ein Bolzen gesteckt wird (Fig. 130). Alle wagerechten und senkrechten Fugen erhalten die schon beschriebenen Dichtungsbrettchen als Einlagen. Jeder Kranz, der fertig zusammengesetzt ist, wird eingelotet und gegen die Stöfse verkeilt. Die Keile schlägt man hinter die senkrechten Fugen. Der freie Raum hinter den Tübbings wird mit Bergen verfüllt oder besser mit Beton ausgegossen. Durch die Betonierung wird die Haltbarkeit des Ausbaues und die Wasserundurchlässigkeit erhöht. Die Tübbingsringe stehen so aufeinander, dafs keine durchlaufenden senkrechten Fugen entstehen; dieselben sind also gegeneinander versetzt.

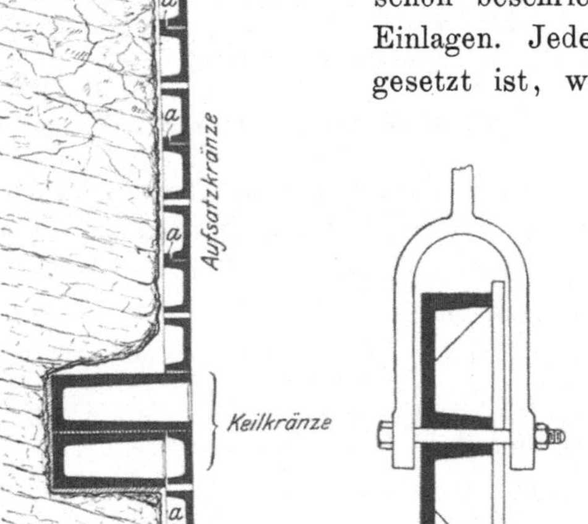

Fig. 129. Englische Küvelage auf zwei Keilkränzen.

Fig. 130. Einhängen eines englischen Tübbings.

Ist der Aufbau einer Tübbingssäule beendet, so geht man an das Verdichten der Fugen. Dies geschieht durch zweimaliges Pikotieren (Verkeilen), das erstemal mit Keilen aus trockenem Kiefernholz, das zweitemal mit solchen aus Eichenholz. Die Keile sind ca. 140—150 mm lang, 40 mm breit und höchstens 10 mm dick. Mit einem Stemmeisen werden für sie Kerben in den Fugen vorgeschlagen. Damit die Fugenbrettchen beim Verkeilen nicht nach hinten ausweichen, kann man bei jedem Tübbing an zwei Flanschen einen vorspringenden Rand *a* (Fig. 125 und 129) angiefsen.

Die Löcher in der Mitte der Tübbings bleiben bis nach der ersten Verkeilung offen, damit das Wasser frei ablaufen kann. Der Ausbau darf nämlich bis zu diesem Zeitpunkte nicht unter Druck kommen. Das Schliefsen dieser Öffnungen erfolgt durch Verspunden mit Holzpflöcken, die ebenfalls pikotiert werden müssen. Dieses Verspunden geht von unten nach oben vor sich; es darf in jedem Ringe erst dann vorgenommen werden, wenn Wasser aus den Öffnungen ausläuft, da anderenfalls hinter dem Ausbau Luft bleiben würde.

Der Tübbingsausbau soll in Absätzen von nicht über 25 m Höhe eingebracht werden. Die Stelle für jeden neuen Keilkranz wird nach einem Stichmafse vom nächstoberen Keilkranze aus bestimmt. Kleinere Unterschiede werden durch stärkere Fugenbrettchen ausgeglichen. Sollte die Schlufsfuge trotzdem zu grofs sein, so wird ein besonderer Tübbingsring, der Pafsring, nach dem hier genommenen Mafse gegossen. Die Gesteinsbrust, die dem Anschlufskranze im Wege ist, wird nur so weit weggespitzt, dafs sich dieser gerade einbauen läfst. Der hintere Teil des Keilkranzes bleibt also von ihr unterstützt.

Die Innenseite einer englischen Küvelage ist vollkommen glatt; darum lassen sich die Schachtscheider nicht ohne weiteres an ihr anbringen. Für diesen Zweck werden in die Küvelage besondere Tübbings mit angegossenen Konsolen eingefügt, oder man befestigt den Einbau an Wandruten, die den Stöfsen entlang laufen.

Der Ausbau wird auch bei diesem Verfahren von fliegenden Bühnen aus eingebracht.

II. Die deutsche Küvelage.

Bei mehr als 10 Atmosphären Wasserdruck soll die englische Küvelage nicht mehr angewendet werden. Will man den Schacht in eisernen wasserdichten Ausbau setzen, so mufs die deutsche Küvelage gewählt werden. Sie ist auch schon bei geringerem Drucke ihrer Vorzüge wegen der englischen vorzuziehen. Ein Hauptvorzug ist, dafs die Flanschen bearbeitet sind; es trägt also hier jeder Quadratmillimeter gleichmäfsig, während bei der englischen Küvelage besonders die Innenränder, an denen pikotiert ist, das Gewicht des Ausbaues tragen. Aufserdem werden alle Teile miteinander verschraubt. Der Ausbau hat also einen besseren Zusammenhang. Dies ist aber bei Gebirgsbewegungen nachteilig; in diesem Falle bewährt sich die englische Küvelage besser: sie gibt nach.

Professor Heise schlägt vor, gewellte Tübbings (Fig. 131) zu verwenden. Als Vorzüge derselben gibt er an, dafs sie „bei gleicher Druckbeanspruchung und gleichem Gewichte Biegungsfestigkeiten besitzen, die 2,2—3,09 mal so hoch als diejenigen der gewöhnlichen Tübbings sind“.

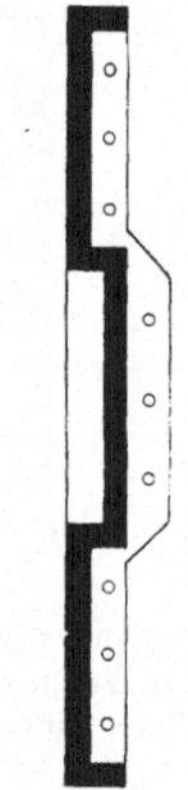

Fig. 131. Gewellter Tübbing. (Aus „Glückauf“ 1905, Nr. 9.)

a) Absatzweiser Einbau.

Der Keilkranz wird ebenso eingebaut wie bei der englischen Küvelage. Ein Unterschied liegt nur darin, dafs die Segmente miteinander verschraubt werden, und daſs die Fugenverdichtung aus Bleistreifen besteht. Derselbe Unterschied gilt auch für die Aufsatzkränze.

Zum Zwecke des Verschraubens sind in den Flanschen der Keilkranzteile und der Tübbings Löcher vorhanden. Diese Löcher werden zum Einhängen benutzt; es brauchen also bei den deutschen Tübbings nicht besondere Löcher in der Mitte eines jeden Stückes wie bei den englischen angebracht zu werden.

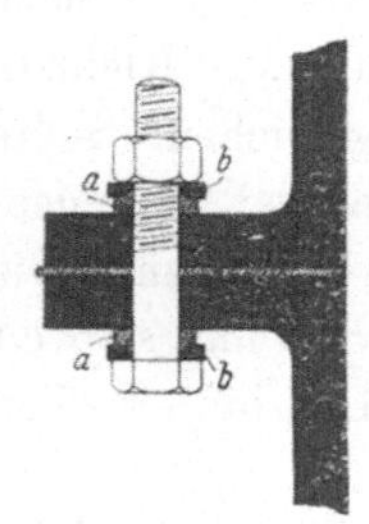

Fig. 132. Verdichtung der Schraubenlöcher an deutschen Tübbings.

Die Bleistreifen haben gewöhnlich eine Stärke von 3 mm. Unter die Köpfe der Schraubenbolzen und unter die Schraubenmuttern werden Unterlagsscheiben *a* (Fig. 132) aus Blei gelegt, damit auch diese Stellen dicht schlieſsen. Eiserne Unterlagsscheiben *b*, deren eine Fläche etwas vertieft ist, halten sie unverschiebbar fest. Quillt das Blei beim Verschrauben aus den Fugen heraus, so wird es wieder in diese hinein gestemmt.

Im Schacht VI des Salzbergwerkes Leopoldshall-Staſsfurt muſste ein Keilkranz im schwachen Gebirge verlegt werden. Da er in den Stöſsen keine genügende und haltbare Auflage fand, unterstützte man ihn auf folgende Weise (Fig. 133). Man teufte noch ungefähr 1,5 m unter die Stelle ab, wo der Keilkranz hinkommen sollte. Diesen Raum baute man im ganzen Schrot und mit demselben Durchmesser aus, wie ihn der Tübbingsausbau erhielt. Der ca. 25 cm breite Raum zwischen der Schrotzimmerung und dem Gebirge wurde mit gutem Beton ausgefüllt. Auf diesen Unterbau wurde der Keilkranz mittels Keilen aufgelegt, ausgerichtet und gegen den Stoſs pikotiert.

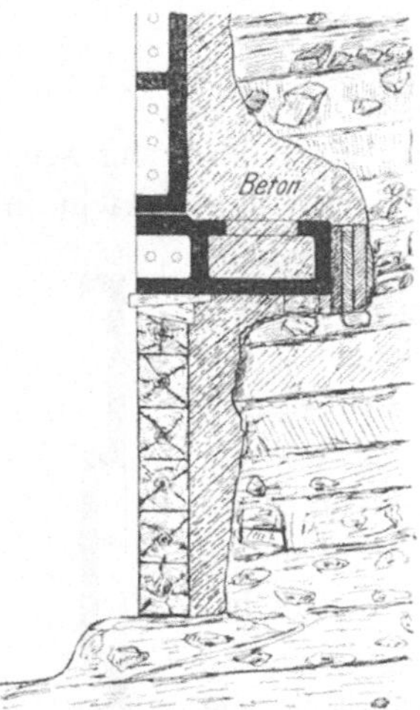

Fig. 133. Verlagerung des Keilkranzes im schwachen Gebirge. (Aus Riemer, Das Schachtabteufen.)

Die Keilkränze bewirken den wasserdichten Abschluſs der einzelnen Absätze und übertragen das Gewicht der Küvelagesäulen auf das Gestein. Wo es nicht so sehr auf die Wasserundurchlässigkeit des Kranzes ankommt, baut man besondere Tragekränze (Fig. 134) ein. Sie werden nur mit Zement oder Beton hintergossen.

Fig. 134. Tragekranz.

Die Tragekränze sind schon vielfach durch besonders geformte Tübbings ersetzt worden. Derartige Formen sind in Fig. 135 und 136 abgebildet. Wenn diese mit Beton hinterfüllt sind, ist ihre Verbindung mit dem Gebirge so gut, daſs die Tragekränze entbehrlich werden.

Zum Anschlufs an einen höheren Absatz dient auch hier ein Pafsring; die Schlufsfuge wird pikotiert. Die beiden letzten Segmente *a* und *b* (Fig. 137) des Pafsringes erhalten nach Lueg aufeinander zulaufende Flanschen. Zwischen diese wird ein Keil *c* mittels der Schrauben *d* eingeschoben.

Bis zur Anlieferung eines Pafsringes vergeht immer beträchtliche Zeit; auf Vorrat kann man ihn nicht haben, da seine Höhe vorher nicht bekannt ist. Man behilft sich daher gern mit stopfbüchsenähnlichen Anschlufsringen nach der in Fig. 138 dargestellten Form. Der vorletzte Tübbingsring wird durch einen besonderen Ring *a* ersetzt, dessen obere Hälfte um die doppelte Wandstärke gröfseren Durchmesser besitzt. In diese Erweiterung pafst genau der auch aufsen abgedrehte Schlufsring *b*, der mit dem Keilkranze verschraubt ist. Die Leder- oder Gummimanschette *c*, die am oberen Flansch von *a* angeschraubt ist, wird durch den Wasserdruck gegen *b* geprefst und bewirkt auf diese Weise den Wasserabschlufs. Nötigenfalls kann die senkrechte Fuge zwischen *a* und *b* pikotiert werden.

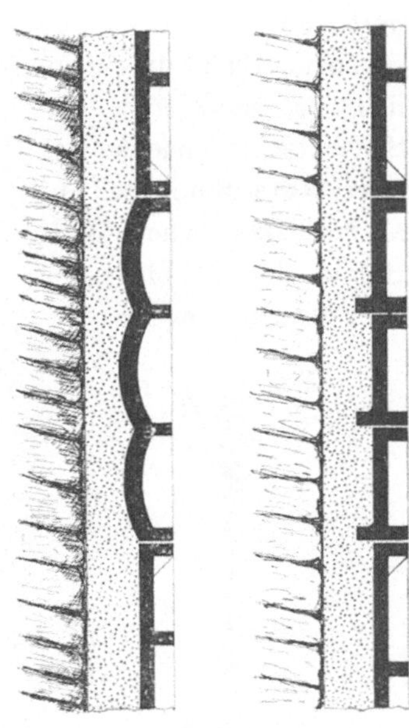

Fig. 135. Fig. 136.
Tübbings als Ersatz für Tragekränze.
(Aus „Glückauf" 1903, Nr. 30.)

Die Stopfbüchse kann auch, wie aus Fig. 139 zu ersehen ist, durch zwei Schnuren *e* und *f* gedichtet werden, von denen die letztere durch den Ring *g* gehalten wird.

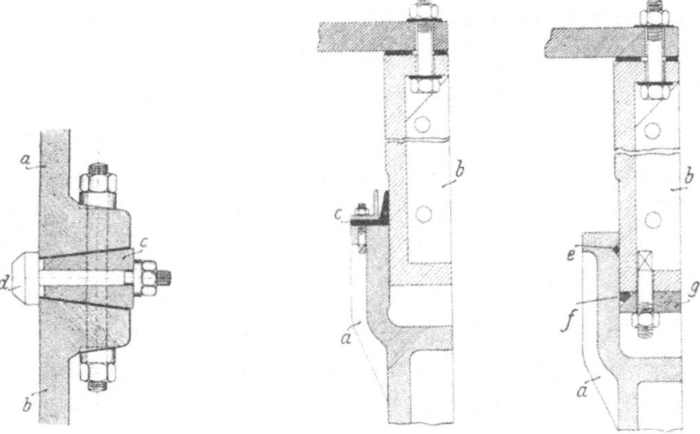

Fig. 137. Schlufssegmente eines Pafsringes. Fig. 138 und 139. Schachtstopfbüchse.
(Aus der „Zeitschrift f. d. Berg-, Hütten- und Salinenwesen im Preufs. Staate" 1893.)

b) Unterhängezimmerung.

Die deutsche Küvelage eignet sich vorzüglich zum Einbau von oben nach unten. Der letzte Tübbing eines jeden Ringes wird von unten an seinen Platz geschoben. Damit dies möglich ist, mufs über der Schachtsohle immer so viel unverbauter Raum bleiben, als die Tübbings hoch sind. Reicht der Tübbingsausbau bis an die Schachtsohle, wie z. B. im quellenden Ton, so wird der Sumpf an die Stelle des Stofses verlegt, wo der letzte Tübbing eingebaut wird.

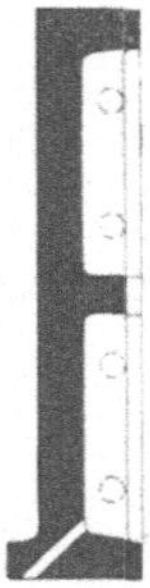

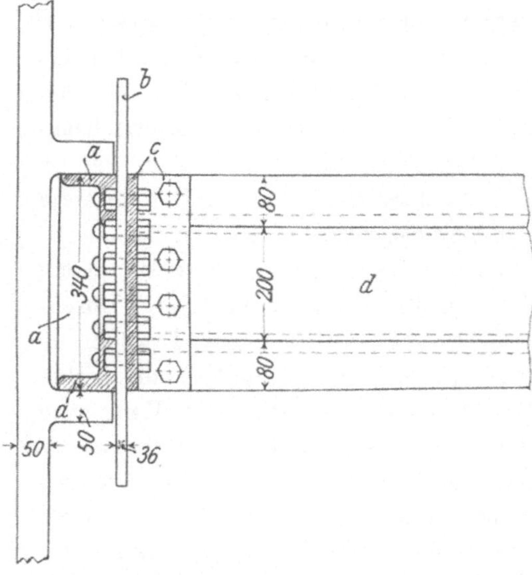

Fig. 140. Unterhängetübbing. (Aus Tecklenburg, Handbuch der Tiefbohrkunde, Band VI.)

Fig. 141 a. Befestigung der Schachtscheider an deutschen Tübbings.

Um die Schraubenbolzen in den wagerechten Fugen zu entlasten, wird der unterste Ring gegen die Sohle abgestrebt. Die Streben greifen unter die horizontalen Verstärkungsrippen.

Nach jedem achten Ringe wird ein Tragekranz verlegt. Wählt man gröfsere Abstände, so sollen doch 25 m nicht überschritten werden.

Die Ringe werden während des Einbaues nur eingelotet und in der richtigen Lage durch dahintergeschlagene Keile gehalten. Die Hinterfüllung mit Beton wird erst vorgenommen, wenn ein Tragekranz eingebaut ist. Die Segmente der Tragekränze und die Tübbings müssen hierfür schräg nach unten gerichtete Löcher haben (Fig. 140).

Die Schachtscheider, Einstriche und dergleichen werden einfach auf die Rippen der Tübbings aufgelegt und mit diesen verschraubt.

In Fig. 141 a und b ist eine andere Art der Befestigung des Einbaues vom Versuchsschachte im Nordfelde der Königsgrube O.-S. abgebildet. Die vier U-Eisen *a* sind mit einem Flansch an den Tübbingsrippen angeschraubt und tragen mit dem andern die Eisenplatte *b*. An dieser ist wieder die Winkellasche *c* befestigt, mit deren freiem Flansch der Träger *d* verschraubt ist.

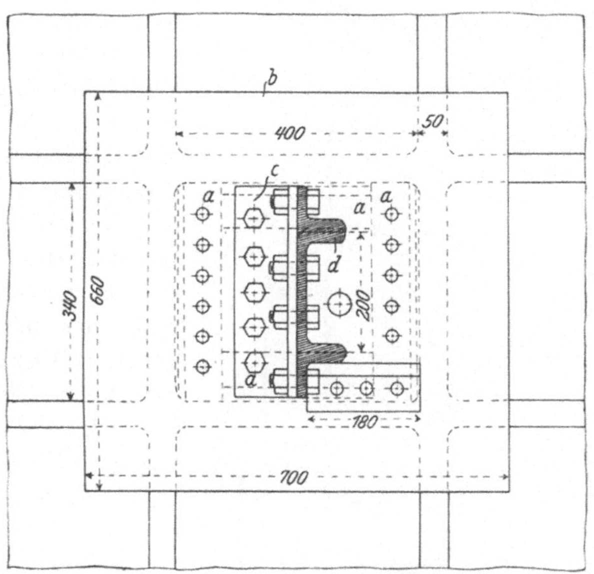

Fig. 141 b. Befestigung der Schachtscheider an deutschen Tübbings.

C. Die wasserdichte Mauerung.

Mit Rücksicht auf den Widerstand gegen den Druck des Wassers beträgt die Mauerstärke nicht unter zwei Steinen. Zu ihrer Berechnung dient die Formel:

$$x = \frac{100\, r\, h}{10\, k - h}.$$

Hierin ist x die Mauerstärke in Zentimetern, h die Tiefe, in welcher die Mauerung liegt, r der innere Radius in Metern, k der Festigkeitsmodul für Ziegel pro Quadratzentimeter. Dieser letztere ist nach Weifsbach = 39,66 bis 150,58 kg.

Bei gröfseren Tiefen wird die Mauerstärke so bedeutend, dafs sie zu hohe Kosten bereitet. Es ist dann besser, zum Ausbau in Tübbings überzugehen, zumal da eine Mauer selten vollkommen wasserdicht ist, sondern immer etwas schwitzt.

Demanet empfiehlt, der gröfseren Undurchlässigkeit wegen die Mauer nicht vollständig bis an den Stofs heran im Verbande aufzuführen, sondern sie aus mehreren konzentrischen Schalen (Fig. 142) bestehen zu lassen. Die Fugen zwischen diesen Schalen sind gut mit Zement zu vergiefsen. Nach demselben soll überhaupt keine einzige Fuge unter 13 mm stark sein, weil die Steine porös sind und nur der Zementmörtel wasserundurchlässig ist.

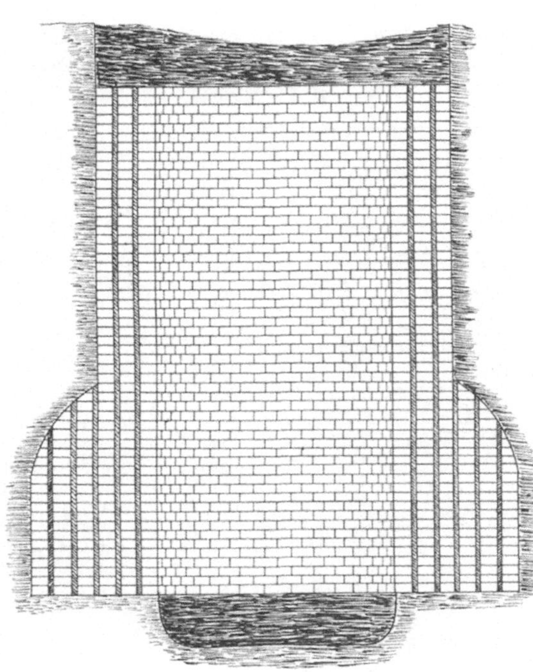

Fig. 142. Wasserdichte Schachtmauerung. (Aus Dufrane-Demanet, Traité d'exploitation des mines de houille.)

Als Unterlage für Mauerabsätze dienen Mauerfüfse oder Keilkränze.

Wasserklüfte dürfen nicht ohne weiteres zugemauert werden. Das abgesperrte Wasser sammelt sich dann hinter der noch weichen Mauer an, kommt nach und nach unter immer höhere Spannung und spült schliefslich den Mörtel aus den Fugen heraus. Man setzt darum in eine solche Kluft ein Gasrohr ein und verschmiert die Kluft vollständig mit Ton oder Letten, so dafs das Wasser nur noch aus dem Rohre ausfliefst. Sollten in gleicher Höhe rund um den Schachtstofs herum viele solche Klüfte vorhanden sein, so verbindet man sie durch einen horizontalen, im Gestein ausgespitzten Kanal (Fig. 143). Dieser sammelt das Wasser aus allen Klüften und führt es mehreren Ausgufsröhren zu. Damit das Wasser sich nicht etwa trotzdem durch die Fugen einen Weg bahnt, wird die den Sammelkanal begrenzende Mauerfläche mit einem Lettenüberzuge versehen.

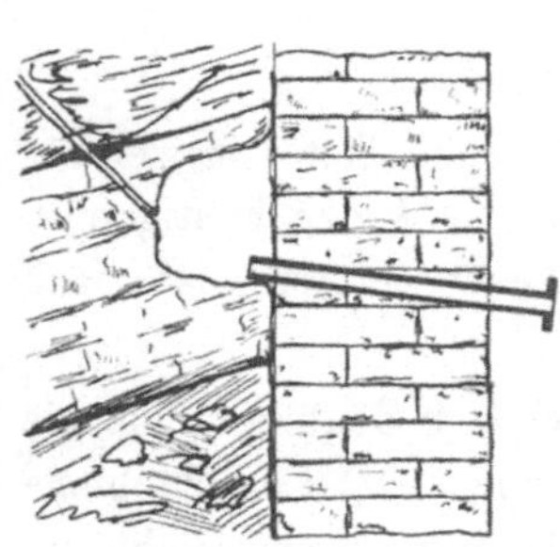

Fig. 143. Schachtmauer mit Wasserkanal und Ausgufsrohr.

Dieses aus den Stöfsen tretende Wasser läfst man frei in den Schacht austreten, wenn unterhalb der Maurerbühne keine weiteren Arbeiten vorgenommen werden. Sonst schliefst man wohl auch an die Ausgufsröhren Rohrleitungen an, die an den Stöfsen befestigt sind und bis in den Sumpf reichen. Will man die

Wasser beständig aus dem Gebirge abziehen, so bleiben die Rohrleitungen angeschlossen. Soll dagegen das Wasser im Gebirge zurückgedämmt werden, so nimmt man nach Erhärtung der Mauer die Leitungen ab und verschliefst die Ausgufsrohre durch hölzerne Pfropfen oder durch davorgeschraubte Eisenscheiben.

Bei der Ausmauerung der Junghannschächte von Dubenskogrube O.-S. wurden zur Ableitung der Gebirgswasser in der Mauer vier lotrechte Kanäle von 20 × 30 cm Querschnitt ausgespart. Wo wasserführende Klüfte auftraten, verband man diese vier Kanäle untereinander durch einen rundum laufenden, ebenfalls in der Mauer ausgesparten und am Gebirge anliegenden Zuleitungskanal.

In dem noch nicht ausgemauerten Schachtteile rieseln die Wasser an den Stöfsen herab. Würden sie auf ihrem Wege nicht aufgehalten werden, so würden sie schliefslich auf den Oberrand der Mauer kommen und über diesen wegströmen. Dies mufs nach Möglichkeit vermieden werden, weil dadurch der Mörtel weggespült wird. Man fängt daher die Wasser oberhalb der Mauerung durch Traufdächer ab. Diese liegen dicht an den Schachtstöfsen an, sind gegen sie verlettet und gegen die Schachtmitte geneigt. Nun laufen die Wasser über dieses Traufdach ab, ohne die Mauerungsarbeiten zu stören. An Stelle der Dächer kann auch rund um den Schacht ein gegen die Stöfse verlettetes Gefluter (Fig. 144) gelegt werden. Es wird auf einen Jochkranz aufgesetzt. Aus diesem Gefluter wird das Wasser in Lutten nach dem Sumpfe geführt.

Fig. 144. Gefluter im Schachte.

Trotz all dieser Einrichtungen wird es doch immer noch vorkommen, dafs Wasser über die Mauerkante wegströmt. Dies kommt nicht daher, dafs die Gefluter und Dächer undicht sind, sondern weil auch zwischen ihnen und der Mauer Wasser aus dem Stofse herauskommt. Auch diese Wasser sind noch imstande, den Mörtel fortzuspülen. Ein einfaches Mittel dagegen ist folgendes. Bevor man eine neue Schicht von Steinen legt, klebt man auf den Innenrand der Stofsmauern einen niedrigen Lettendamm. Hinter diesem Damme stauen sich die Wasser an, bis sie über ihn hinwegströmen. Die Höhe des Dammes ist ungefähr gleich der der wagerechten Fugen. Hinter diesem Wall breitet nun der Maurer das Mörtelbett aus, in welches die Ziegel gelegt werden, und setzt die Steine ein. Zwischen den einzelnen Steinen bleibt soviel freier Raum, als die Breite der senkrechten Fugen beträgt. Nun werden auch die senkrechten Fugen in der Mauerfront mit Letten verschmiert und darauf mit Mörtel ausgefüllt. Der Letten bleibt in den Fugen; wenn man also später mit einem spitzen Gegenstande in eine solche Fuge hineinsticht, so dringt diese immer zuerst durch eine Lettenschicht durch, ehe sie auf den Mörtel trifft.

Der Anschlufs an einen oberen Absatz läfst sich am besten bei den Mauerfüfsen von Hohlkegelform bewirken. Bei anders gestalteten Mauerfüfsen wird die Schlufsfuge erst vollkommen mit Mörtel ausgefüllt, und dann schiebt man die Steine hinein.

Sehr häufig ist auch der Fall, dafs die Anschlufsfuge pikotiert wird. Dies ist namentlich dann nötig, wenn es sich um den Anschlufs an einen Keilkranz handelt.

Die Frage, ob man die Wasser während der Ausmauerung beständig zu Sumpfe halten oder ob man sie im Schachte ansteigen lassen soll, wird verschieden beantwortet. Läfst man die Wasser ansteigen, so erhärtet die Zementmauer am besten und schnellsten. Dagegen wird der Einwand erhoben, dafs die Mauer im Wasser an Gewicht verliert, sich nicht vollständig setzt und dann nach erfolgter Sümpfung reifst, weil sie dann noch einmal beginnt, sich zu setzen. Dieser Einwand dürfte aber nicht stichhaltig sein. Ein derartiges nachträgliches Setzen kann nur im losen Gebirge vorkommen oder, wenn zwischen Mauer und Gebirge kein Verband herbeigeführt worden ist. Eine vollkommen erhärtete Mauer, die mit dem Gebirge gut verbunden ist, wird sich wohl kaum noch weiter setzen. Tatsächlich sind derartige Fälle in der Praxis auch noch nie beobachtet worden. Bühnen und dergleichen dürfen nicht unter Wasser gelassen werden, weil sie zu sehr verschmutzen und weil alles, was nicht niet- und nagelfest ist, losgerissen werden würde. Dagegen fallen die Kosten der beständigen Wasserhaltung fort; es mufs höchstens darauf geachtet werden, dafs die Wasser nicht schneller im Schachte ansteigen, als wie die Mauer vorrückt.

D. Die Betonierung.

Auf Böerschacht II bei Kostuchna O.-S. bestand der Beton aus 1 Teil Portlandzement, 2 Teilen Ziegelstücken und 3 Teilen granulierter Schlacke. Die Wasserzuflüsse betrugen in ca. 75 m Teufe 5 cbm/min. Der Schacht wurde in vier flachen Bögen mit 3,6 × 3,3 m Durchmesser abgeteuft.

Die obersten 30 m standen in Ziegelmauerwerk. Als man dann zum Betonieren überging, erweiterte man den Schacht an jedem Stofse um 28 cm. Dies geschah, um nicht an Schachtdurchmesser zu verlieren, falls man die Betonmauer noch hätte durch eine einen Stein starke Ziegelmauer verstärken müssen.

Jedesmal, wenn 6 m abgeteuft worden waren, wurde betoniert. Auf die Schachtsohle kam entlang den Stöſsen eine Schicht Dachpappe, damit sich der Beton nicht mit der Sohle verband. Als Schablone wurden vier U-Eisensegmente durch Winkellaschen zu einem Rahmen verbunden. Der Abstand dieser Rahmen betrug 1 m. Sie wurden durch Bolzen gegeneinander abgesteift. Waren zwei Ringe aufgestellt und eingelotet, so wurden sie auſsen herum mit Bohlen umgeben und dann der trockene Beton dahintergeworfen. Späterhin lieſs man den Beton nicht mehr im Kübel bis auf die Arbeitsbühne, sondern leitete ihn in Lutten von einer höheren Stelle her sofort hinter die Schablone.

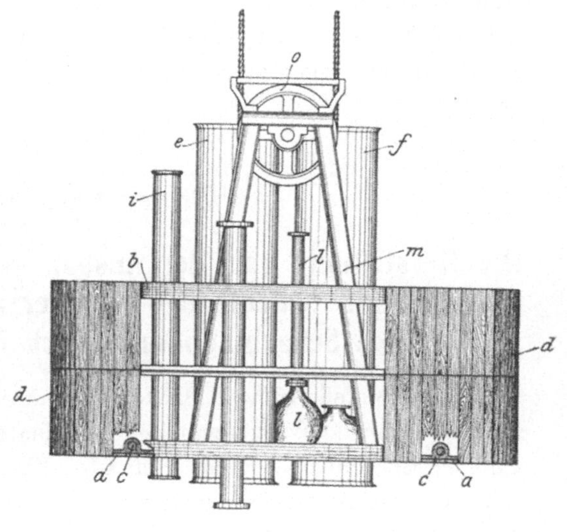

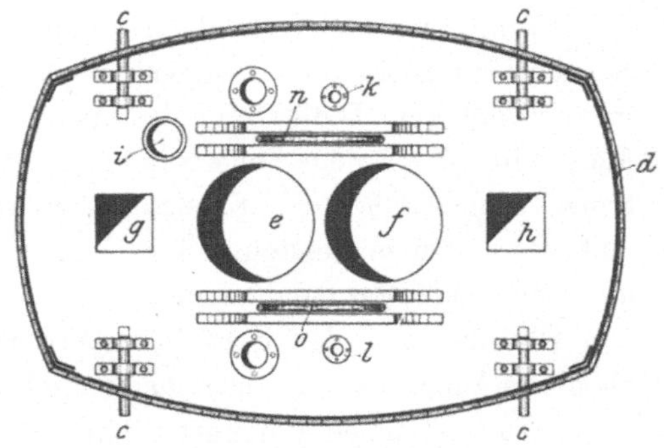

Fig. 145. Schwebebühne.

Weil die starken Wasserzuflüsse den Beton aus der Anschluſsfuge zwischen zwei Absätzen stets herausspülten, wurde diese mit Ziegelmauerwerk geschlossen, dessen Höhe 0,5 m betrug.

Die wasserführenden Klüfte wurden in derselben Weise wie bei der Mauerung mit Hilfe von Röhren entwässert.

Für die Ausbetonierung von Böerschacht I derselben Anlage war die Benutzung einer besonderen Schwebebühne vorgesehen, die auch schon im Waldenburger Reviere mit Erfolg benutzt worden war. Sie besteht aus zwei horizontalen Bühnen *a* und *b* (Fig. **145**), von denen die untere mittels Schubriegel *c* auf der schon fertigen Betonmauer festgelegt werden kann. Zwischen die den Umfang der Bühnen bildenden Rahmen kommen Bohlen *d* als Lehren für die Betonverkleidung. Die beiden Förderrohre *e* und *f* gestatten die Förderung aus dem gleichzeitig weiter betriebenen Abteufen. *g* und *h* sind Fahrlöcher, *i* ist eine Wetterlutte, bei *k* und *l* stehen zwei Pulsometer. Auf dem Bocke *m* sind zwei Seilscheiben *n* und *o* verlagert. Das die Bühne tragende Kabel geht von dem über Tage aufgestellten Haspel über die erste im Schachtturme angebrachte Seilscheibe zur Bühne hinunter und unter der Seilscheibe *n* weg nach der im Turme angebrachten zweiten Scheibe, dann wieder zur Bühne und unter *o* durch. Das freie Seilende ist schliefslich im Turme sicher befestigt. Die vier Seilstränge, die von der Bühne bis zu Tage reichen, werden als Leitungen für die Förderkübel benutzt.

Dritter Abschnitt.

Die Herstellung und der Ausbau von Schächten in festem Gebirge mit bedeutenden Wasserzuflüssen, insbesondere das Schachtabbohren nach Kind-Chaudron.

Die Herstellung von Schächten mittels Abbohrens ist dann am Platze, wenn die Wasserzuflüsse so bedeutend werden, dafs die Arbeit auf der Schachtsohle unmöglich ist. Man soll nicht zu lange damit warten, vom Abteufen auf der Sohle zum Bohren überzugehen; denn die Wasserhaltung ist oft kostspieliger als die Bohrarbeit.

Wenn man erwarten kann, dafs es unmöglich sein wird, einen Schacht mit Handarbeit fertigzustellen, so mufs man schon beim Ausbau in den höheren Teufen auf die spätere Bohrarbeit Rücksicht nehmen. Man wird dann den Schachtquerschnitt vollständig frei lassen, also keine Schachtscheider, Einstriche, Bühnen, Fahrten und dergleichen einbauen; zum mindesten richtet man es so ein, dafs diese sich schnell und bequem entfernen lassen.

Obwohl man den Schacht sofort mit seinem vollen Querschnitte abbohren kann, verfährt man namentlich im festen Gestein in der Weise, dafs man erst einen Vorschacht (Einbruch) mit geringerem Durchmesser vorbohrt und diesen dann erweitert. Nach diesem letzteren Verfahren arbeitet insbesondere die Firma Haniel & Lueg in Düsseldorf als Vertreter der Kind-Chaudron-Gesellschaft zu Brüssel.

A. Das Bohrgezähe.

1. Der kleine Bohrer.

Der kleine Bohrer (Fig. 146 und 147) hat eine Schneidenbreite bis zu 2,60 m. Die Schneide steigt nach aufsen an; die Sohle wird also trichterförmig ausgearbeitet. Zwecks besserer Bearbeitung in der Schmiede ist die Schneide aus einzelnen Zähnen zusammengesetzt. Diese werden am Bohrerschafte mit Bolzen befestigt. Das Gewicht des aus Stahlformgufs angefertigten Meifsels beläuft sich bis auf

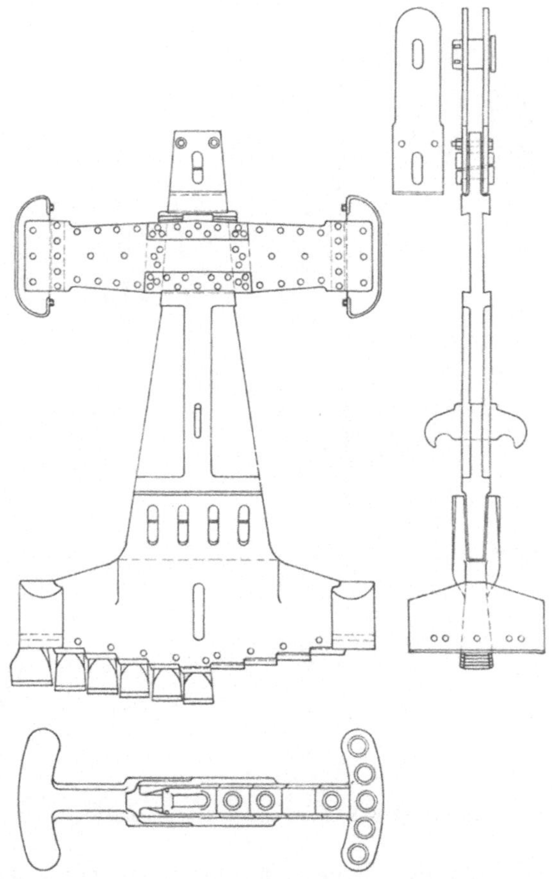

Fig. 146. Der kleine Schachtbohrer. (Aus dem „Sammelwerk", Band III.)

9800 kg. Am oberen Schaftende ist der Bohrer mit einem Führungskreuze versehen; dieses soll verhindern, dafs er sich im Schachte schief stellt.

2. Der grofse Bohrer.

Der grofse Bohrer (Fig. 148) hat bis zu 5,05 m Schneidenbreite. Sein Gewicht beträgt dann 24 600 kg. Die Schneide ist in der Mitte durch einen Bügel unterbrochen, der den Bohrer im Vorschachte führt. Zur ferneren Führung ist auch am oberen Ende ein Führungskreuz angebracht. Zwei von diesen Führungsarmen lassen sich in einem Gelenk nach unten senken, damit der Bohrer beim Aufholen und Einlassen durch einen Schlitz in der Arbeitsbühne durchkann. Die Zahl der Zähne beläuft sich auf **18—20**. Beim Vorhandensein von Füchsen werden die Kopfzähne durch Schruppzähne ersetzt; auch hat man in

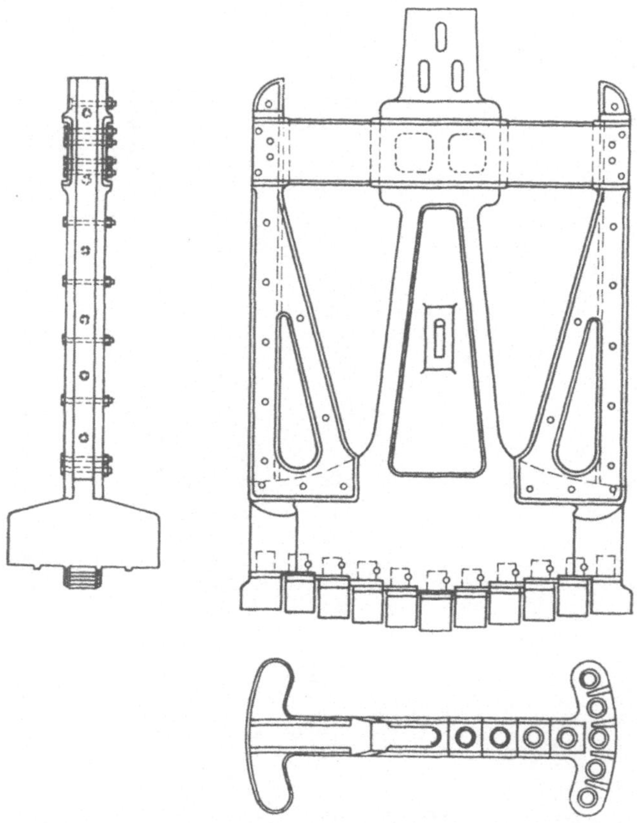

Fig. 147. **Der kleine Schachtbohrer.** (Aus dem „Sammelwerk", Band III.)

einem solchen Falle den Bohrer mit einem zylindrischen Führungsmantel vom Durchmesser des Schachtes umgeben, der am Unterrande gezahnt war.

3. Das Bohrgestänge.

Das beste Material für die Bohrstangen ist das Pitchpine-Holz. Die Stangen erhalten bei **18—20** m Länge einen Querschnitt von **22 × 22** cm. Die Verbindung der einzelnen Stangen erfolgt durch Verschraubung. Zur Anbringung der Schlösser sind sie mit einem gabelförmigen Eisenbeschlage versehen; dieser wird so schwer gemacht, dafs die Stangen im Wasser weder Auftrieb haben noch untersinken. Die Verbindung des Bohrers mit der Tagesfläche ist also vollkommen gewichtslos. Jede Stange hängt in einem besonderen Bohrwagen (Fig. 149), der auf Schienen im Bohrturme läuft.

Aufser den Hauptbohrstangen sind noch eiserne Einsatzstücke

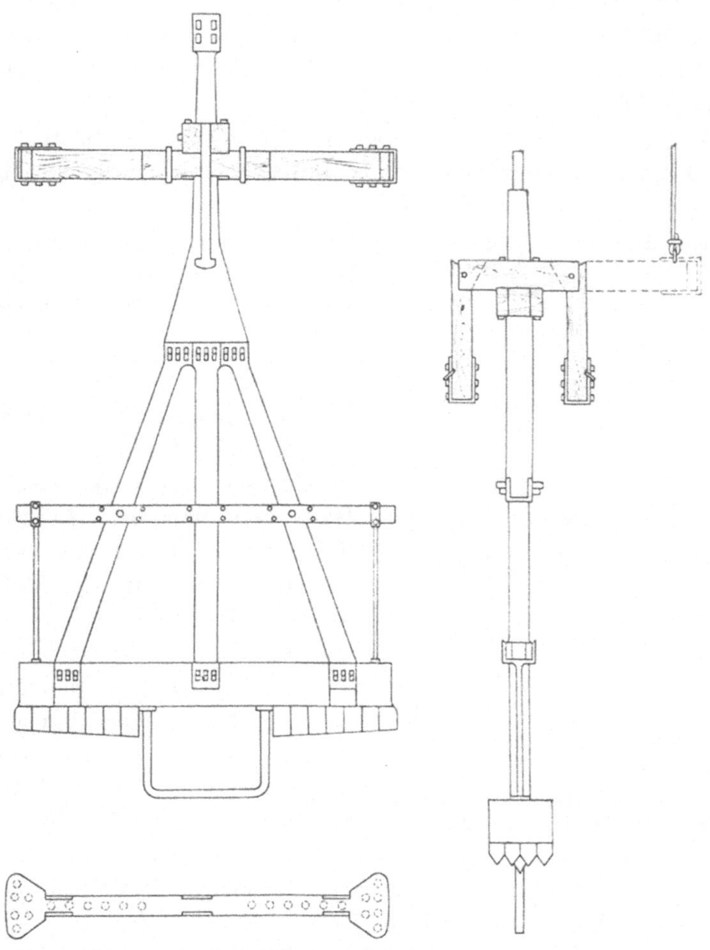

Fig. 148. Der grofse Schachtbohrer. (Aus dem „Sammelwerk“, Band III.)

vorhanden. Diese werden zwischen dem Gestänge und der Nachlafsvorrichtung so lange eingeschaltet, bis für eine neue Stange Platz da ist.

4. Die Zwischenstücke.

Als Zwischenstücke werden über dem Bohrer sowohl die Rutschschere als auch der Freifallapparat von Kind verwendet. Sie sollen das Gestänge vor Stauchungen bewahren und verhüten, dafs die vom Bohren herrührenden Erschütterungen sich auf dieses übertragen. Der Freifallapparat kommt während des Vorbohrens, die Rutschschere während der Erweiterung zur Anwendung. Dies kommt daher, daſs beim Arbeiten mit der Rutschschere der Bohrer keine groſse Wucht erhält, da er nicht frei herabfällt; dieser Mangel wird durch das bedeutendere Gewicht des groſsen Bohrers ausgeglichen. Der Freifallapparat läſst sich im Erweiterungsschachte nicht gebrauchen, weil sich der Bohrer beim Auftreffen auf Klüfte schief stellt und dann nur schwer gefaſst werden kann.

Mit der Rutschschere werden in der Minute 6—10 Schläge bei 30—40 cm Hubhöhe geführt. Beim Freifallbohren beträgt die Hubzahl 12—20 bei 25—35 cm Hubhöhe.

Der Umsetzungswinkel ist gleich $^1/_{10}$—$^1/_{20}$ des Schachtumfanges. Das Umsetzen erfolgt am Krückel, das Nachlassen an einer Stellschraube.

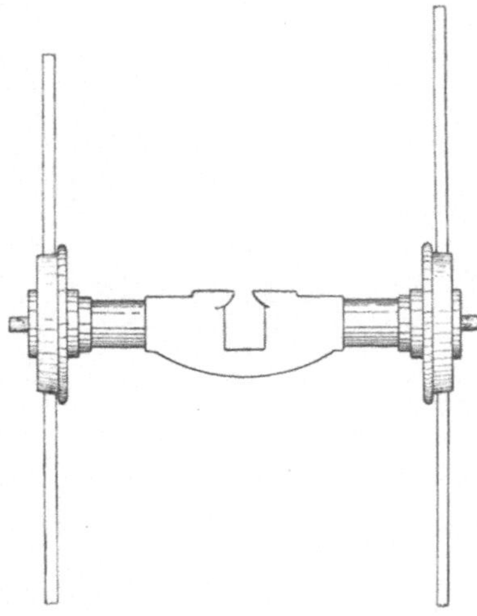

Fig. 149. Gestängewagen. (Aus Tecklenburg, Handbuch der Tiefbohrkunde, Band VI.)

5. Der Schlammlöffel.

Der Schlammlöffel ist ein 3—4 m hoher Zylinder aus Eisenblech, dessen Durchmesser etwas geringer als der des Vorschachtes ist. Er hängt in einem Bügel, der nicht am Oberrande, sondern in der Mitte der Löffelhöhe angreift. Der Löffel läſst sich dann beim Entleeren leichter kippen. Um ein vorzeitiges Kippen zu vermeiden, ist eine Feststellvorrichtung angebracht. Im Boden befinden sich zwei Klappenventile. Für den Fall, daſs das eine von diesen Ventilen undicht werden sollte, teilt man den Schlammlöffel durch eine Scheidewand in zwei Kammern. Läuft aus einer der Bohrschmand heraus, so wird der Löffel nur halb leer.

Während des Vorbohrens wird täglich mehrmals gelöffelt. Die Zeitdauer hierfür beträgt $^1/_2$—1 Stunde.

Während der Erweiterung sammelt sich der Schmand im Vorschachte an, der immer mindestens 5—10 m voraus sein muſs. Hier wird nur etwa alle acht Tage gelöffelt. Diese Arbeit beansprucht dann 3—6 Stunden.

6. Die Fanggeräte.

Die am häufigsten angewendeten Fanggeräte sind:

der Glückshaken zum Fangen von Gestänge,

der Fanghaken (Löffelhaken) zum Fangen des Schlammlöffels und der Klauenfänger oder Krätzer (ähnlich dem Eisenfänger von Zobel) zum Ergreifen von Gegenständen, die auf die Schachtsohle gefallen sind.

B. Die Einrichtungen über Tage.

1. Der Bohrturm.

Über dem Schachte ist ein ungefähr 25 m hoher Turm errichtet. Er hat eine gröfsere Anzahl von Bühnen; auf der obersten laufen die Gestängewagen auf Schienen, zwischen denen ein Schlitz für die herabhängenden Stangen offen ist. Auch die unterste Bühne ist mit Gestänge versehen; auf diesem fahren die Wagen für die beiden Bohrer und den Schlammlöffel. Bohrer- und Löffelwagen werden mittels Kurbeln und Zahnradübersetzung hin und her gefahren.

In dem gemauerten Vorschachte ist eine viereckige Bohrbühne (Fig. 150) von ungefähr 6 m Seitenlänge errichtet. In ihrer Mitte befindet sich eine etwa 2,5 m breite, ebenfalls 6 m lange Öffnung zum Fördern der Bohrer und des Löffels. Während des Bohrens ist sie überdeckt.

Zum Abfangen der Bohrstangen während der Förderung dienen zwei Abfangebalken.

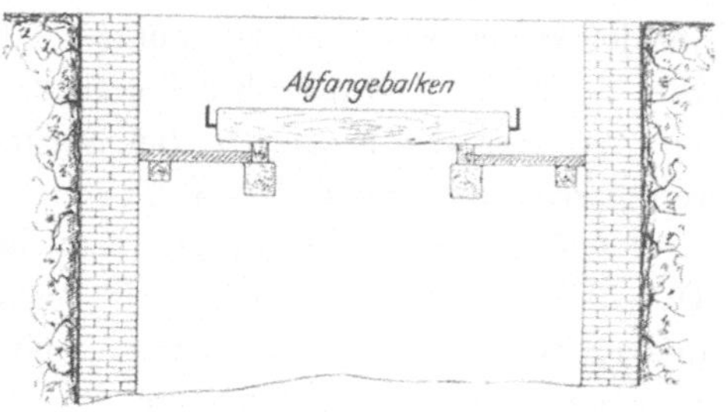

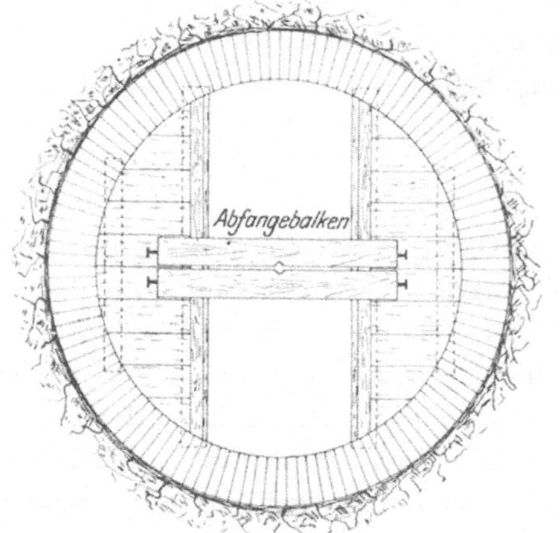

Fig. 150. Bohrbühne.

2. Die Betriebsmaschinen.

Das Gestänge wird durch einen eisernen Schwengel (Balancier) von ca. 9 m Länge und 1—1,2 m Höhe in auf und nieder gehende Bewegung versetzt. Zum Antriebe desselben dient ein stehender Dampfzylinder mit Handsteuerung.

Die Gestängeförderung wird mit Hilfe einer Zwillingsmaschine von 150—200 PS besorgt, welche doppeltes Vorgelege besitzt. Das dazugehörige Aloeflachseil erhält eine Bruchfestigkeit von 180000 kg.

Zum Löffeln dient eine zweite Maschine mit einfachem Vorgelege, die 200 – 300 PS leistet. Das Löffelseil besteht aus Tiegelgufsstahl und hat eine Bruchfestigkeit von 120 000 kg.

C. Der Ausbau.

1. Verlorener Ausbau.

Während des Abbohrens stellt sich gern Nachfall ein, der durch verlorenen Ausbau zurückgehalten werden mufs. Finden sich die Nachfallschichten unmittelbar über der Sohle vor, so senkt man einen eisernen Blechzylinder bis auf diese ein und arbeitet dann mit etwas verkleinertem Erweiterungsbohrer weiter. Es bleibt also unter dem Blechrohre eine Gesteinsbrust stehen.

Auf Schacht Kaiseroda bei Salzungen mufsten drei derartige Verrohrungen in verschiedenen Teufen eingebaut werden. Die oberste Verkleidung hatte bei 4,83 m Schachtdurchmesser einen äufseren Durchmesser von 4810 mm. Sie bestand aus 20 mm starken Blechen, die im Verbande vernietet waren. Der Unterrand war zugeschärft, der Oberrand etwas verbreitert, um den Zylinder noch durch Beschwerung mit dem grofsen Bohrer nachdrücken zu können. Ein zweiter Rohrstrang, der keinen festen Fufs finden konnte, wurde an vier Flachseilen aufgehängt, die bis zu Tage reichten.

2. Endgültiger Ausbau.

a) Die Küvelage.

Der Ausbau eines Bohrschachtes besteht immer aus gufseiserner Küvelage. Diese ist aus geschlossenen Ringen von 3650—4100 mm lichtem Durchmesser und 1,5 m Höhe zusammengesetzt. In einigen Fällen wurde der lichte Durchmesser in letzter Zeit auf 4,4 m erweitert; doch bereitet dann der Bahntransport Schwierigkeiten.

Die Wandstärke nimmt alle 10—18 m um 3—5 mm zu. Von einer Schachtbohrung seien folgende Angaben über die Wandstärken angeführt; sie betrugen:

bei 102,5 m Teufe	. . . .	48	mm
„ 244,0 „ „	. . . .	76	„
„ 301,0 „ „	. . . .	90	„
„ 368,0 „ „	. . . .	105	„

Für ihre Berechnung gilt die Formel:

$$E = \frac{R \cdot P}{S}.$$

Es bedeutet hier E = Wandstärke, R den äufseren Radius der Küvelage, P den äufseren Druck in Atmosphären, S die Materialspannung pro Quadratzentimeter (500—800 kg).

Das Gewicht der Schachtringe beträgt bei 3,65 m Durchmesser und 32—44 mm Wandstärke 5100—6700 kg. Im Durchschnitt wiegt 1 m Küvelage ohne Schrauben und Dichtungen 12 200 kg.

Der Preis beläuft sich auf 14—22 Mark für 100 kg.

Der Schachtausbau wird von Tage aus bis auf die Schachtsohle eingesenkt. Dabei muſs von vornherein dafür Sorge getragen werden, daſs beim späteren Sümpfen keine Wasser mehr aus dem wasserführenden Gebirge in das Schachtinnere eindringen können. Dies wird dadurch erreicht, daſs man noch mehrere Meter tief in das wassertragende Gebirge bohrt und dort den Küvelagefuſs verlegt; damit aber unter diesem Fuſse kein Wasser mehr durchdrückt, besteht der unterste Teil der Küvelage aus der stopfbüchsenartig gearbeiteten Moosbüchse.

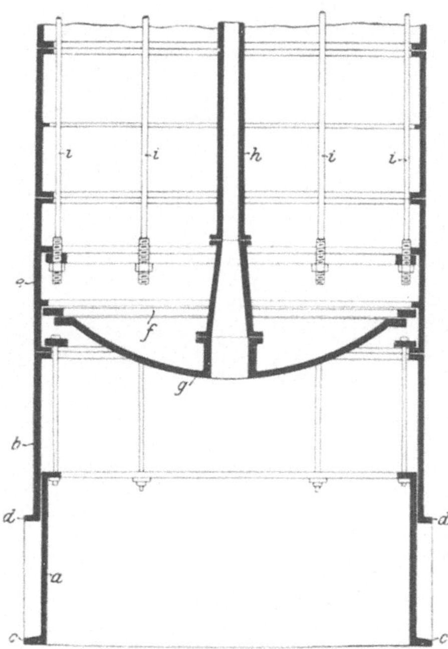

Fig. 151. Moosbüchse mit Gleichgewichtsboden und Gleichgewichtsröhre.

Die Moosbüchse besteht aus den zwei Ringen *a* und *b* (Fig. 151 und 154), die sich ineinander verschieben lassen. Der obere von beiden, der Mantelring *b*, hat

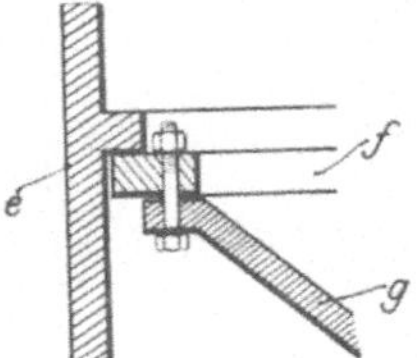

Fig. 152. Befestigung des Gleichgewichtsbodens am Mantelringe. (Aus „Handbuch der Ingenieur-Wissenschaften", Band IV.)

einen um ca. 25 cm gröſseren Durchmesser als die Tübbingsringe und wird daher aus Segmenten zusammengesetzt, falls der Durchmesser für den Bahntransport zu groſs werden sollte. Jeder Ring besitzt am unteren Ende einen nach auſsen vorspringenden Flansch *c* und *d*. Eine zwischen ihnen angebrachte Moospackung von 1,20 m Höhe wird beim Auftreffen auf die Schachtsohle bis auf eine Höhe von 20—40 cm zusammengedrückt. Da sie dadurch dicht an die Schachtstöſse gepreſst wird, bewirkt sie den Wasserabschluſs.

An der ersten wagerechten Verstärkungsrippe des auf den Mantelring folgenden Tübbingsringes *e* wird mittels des Tragringes *f* (Fig. 151 und 152) der Gleichgewichtsboden *g* befestigt. Der Tragering und der

Gleichgewichtsboden bestehen aus Gufseisen oder — bei gröfseren Teufen — aus Stahlgufs. Auf den Gleichgewichtsboden wird die Gleichgewichtsröhre *h* aufgesetzt.

An der nächsten Verstärkungsrippe über dem Gleichgewichtsboden fassen sechs bis zu Tage reichende Ankerstangen *i* (Fig. 151) an. An

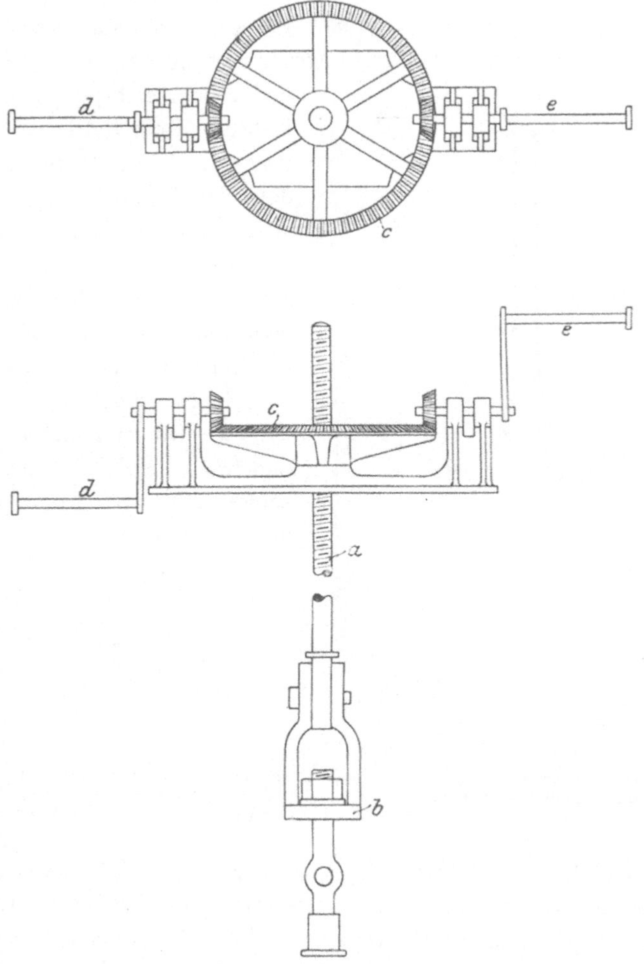

Fig. 153. Senkwinde. (Aus „Handbuch der Ingenieur-Wissenschaften“, Band IV.)

diesen Ankerstangen hängt die Küvelage während des Einlassens so lange, als sie noch nicht im Wasser zu schwimmen vermag.

Auf die Ankerstangen sind zuoberst Schraubenspindeln *a* (Fig. 153) mit Wirbeln *b* aufgesetzt. Die zugehörige Mutter ist in die Nabe des Kegelrades *c* eingekeilt und wird durch die mit Zahnrädern versehenen Kurbeln *d* und *e* gedreht.

Sobald der Ausbau im Wasser zu schwimmen beginnt, entfernt man die Senkgestänge. Beim weiteren Aufbau von Küvelageringen läſst man ins Innere der Schachtauskleidung Wasser eintreten, damit sie entsprechend dem Aufwachsen tiefer einsinkt. Sie muſs dabei immer gerade noch einige Meter über den Wasserspiegel hervorragen. Das Wasser wird von Tage her eingeleitet, oder man läſst es aus der Gleichgewichtsröhre austreten, in welcher zu diesem Zwecke Hähne in Abständen von je 10 m vorgesehen sind.

Früher lieſs man die Küvelage und die Gleichgewichtsröhre immer bis über den Wasserspiegel reichen. Stand dieser im Schachte hoch über der oberen Grenze des wasserführenden Gebirges, so brachte dies eine bedeutende Erhöhung der Kosten mit sich. Bei 100 m unnötigem Ausbau würden beispielsweise die Mehrkosten 150 000 Mark betragen. Aus diesem Grunde wird die Küvelage in neuester Zeit nur noch bis ungefähr 10 m über das wasserführende Gestein aufgeführt. Um sie leicht unter Wasser einsenken zu können, erhält die Küvelage als oberen Abschluſs einen Deckel *k* (Fig. 154). Damit man Wasser ins Innere der Küvelage einlassen und sie so zum Sinken bringen kann, befindet sich im Deckel ein von Tage aus zu öffnendes Ventil *l*. Das Gleichgewichtsrohr reicht durch die ganze Küvelage bis über den Deckel. Setzt sich der Ausbau auf die Schachtsohle auf und schiebt sich die Moosbüchse zusammen, dann entweicht das unter dem Gleichgewichtsboden befindliche Wasser durch das Gleichgewichtsrohr nach oben.

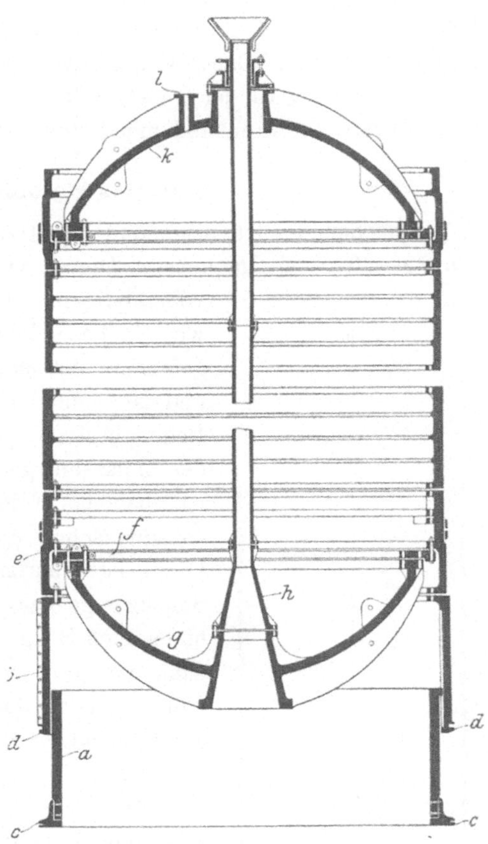

Fig. 154. Küvelage mit Deckel. (Aus dem „Sammelwerk", Band III.)

Das Einsenken dieses Ausbaues unter Wasser erfolgt am Gestänge. An diesem ist ein besonderer Hakenapparat angebracht, welcher an einem über den Deckel hinausragenden Küvelageringe angreift. Er läſst sich durch Rechts- bezw. Linksdrehen des Gestänges zum Eingriff bringen oder lösen.

Nach beendetem Einsinken läſst man die Küvelage voll Wasser laufen, damit das Moos in der Moosbüchse gut zusammengepreſst wird.

J. Riemer will seinem D. R.-P. 159522 zufolge auch ohne Gleichgewichtsboden küvelieren. Die Ringe werden einzeln oder zu mehreren am Hakenapparat eingebracht und aufeinandergesetzt. Zur Dichtung dienen elastische Dichtungsringe, die sich unter dem Druck der Tübbings zusammenpressen. Damit sich die Küvelage nicht schief auf die Schachtsohle aufsetzt, wird der unterste Ring am Gestänge über der Sohle in der Schwebe gehalten und mit Beton umgossen.

b) Das Betonieren.

Zwischen der Küvelage und dem Gebirge ist ein ringförmiger Raum von 20—30 cm freigeblieben. Dieser wird ausbetoniert, um die Wasser vollständig im Gebirge zurückzuhalten. Der Beton wird in besonderen Betonlöffeln (Fig. 155) eingelassen. Ein solcher Löffel besteht aus Blech und ist nach der Schachtrundung gebogen. Im Boden besitzt er zwei Klappen *a*, die während des Einlassens geschlossen sind. An der Stange *b* ist oben das Förderseil befestigt; unten besitzt sie eine Schere *c*, an welcher die Kette *d* hängt. Diese ist während des Einlassens infolge des Seilzuges gespannt; beim Aufsetzen auf die Sohle bildet sich Hängeseil; die Schere öffnet sich alsdann und gibt die Schere frei, so daſs bei dem nun folgenden Anheben die Bodenklappen nach unten schlagen und der Beton auf der Sohle zurückbleibt.

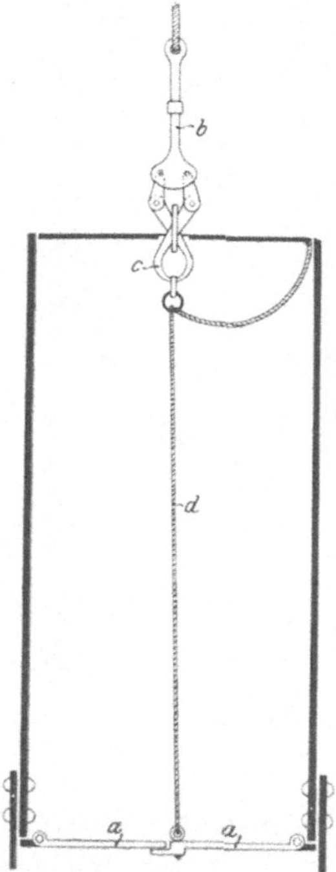

Fig. 155. Betonlöffel von Chavatte.

Es werden immer je zwei Betonlöffel von einem gemeinsamen Haspel in der Weise bedient, daſs der eine hinunter, der andere nach oben geht. Jeder wird an zwei dünnen Rundseilen geführt; diese sind unten an dem ersten Küvelageringe über der Moosbüchse befestigt; über Tage sind sie auf den Trommeln von Handkabeln aufgewickelt.

Die Gleichgewichtsröhre muſs während des Betonierens durch einen Eisenblechhut oder dergleichen bedeckt sein; denn es geht unterwegs viel Beton verloren, der sich zum Teil auf dem Deckel ansammelt, zum Teil aber in die Röhre eindringt und sie verstopft.

Die beim Betonieren erzielte tägliche Leistung beträgt im Durchschnitt 3,6 m.

Der Zementgehalt des Betons ist von der Höhe über der Moosbüchse abhängig. Nach Tecklenburg wird das 1. Fünftel mit reinem Zement, das 2. Fünftel mit 1 Zement und 1 Sand, das 3. mit 1 Zement und 2 Sand, das 4. mit 1 Zement und 1 Sand und das 5. wieder mit reinem Zement ausgefüllt.

c) Das Sümpfen.

Nachdem man dem Beton 6 Wochen Zeit zum Erhärten gelassen, sümpft man den Schacht mit zylindrischen Blechgefäfsen von ca. 5 m Höhe und bis zu 1 m Durchmesser. Diese werden an einem der Betonierhaspel zweitrümig eingelassen. Hierbei werden der Deckel, die Gleichgewichtsröhre und der Gleichgewichtsboden ausgebaut, sobald sie sichtbar werden, und mittels der Kabelmaschine herausgefördert.

Fig. 156. Schraube aus dem Gleichgewichtsboden. (Aus dem „Handbuch d. Ingenieur-Wissenschaften", Band IV.)

Um bereits vor Entfernung des Gleichgewichtsbodens feststellen zu können, ob der Wasserabschlufs gelungen ist, besitzt eine der Schrauben, die den Gleichgewichtsboden mit der Küvelage verbinden, eine Durchbohrung (Fig. 156). Diese ist durch die Schraubenmutter verschlossen; wird sie abgeschraubt und spritzt kein Wasser heraus, so hält die Moosbüchse dicht.

d) Das Unterbauen der Küvelage.

Nach Entfernung des Gleichgewichtsbodens teuft man ohne Schiefsarbeit weiter ab. Unter der Moosbüchse bleibt eine Gesteinsbrust stehen. Der dann herzustellende Unterbau besteht aus deutscher Küvelage, die auf ein oder zwei Keilkränzen aufruht. Der oberste Tübbingsring erhält nicht einen horizontalen Flansch, sondern einen solchen, der schräg nach aufsen abfällt. Diese Fuge wird mit keilförmigen Brettchen pikotiert.

Es ist gut, auch das obere Ende der Küvelage durch Keilkränze abzuschliefsen.

D. Leistungen.

Bei sämtlichen Schachtbohrungen in Westfalen konnte bis jetzt nicht wahrgenommen werden, dafs die Tiefe irgend einen ungünstigen Einflufs auf die Leistung ausübte.

Bei der Bohrarbeit beträgt die monatliche Leistung in Westfalen durchschnittlich 3,5 m. Der kleine Bohrer leistet in einem Monate 12 m, der grofse im Durchschnitt 5,5 m.

Zur Berechnung des Zeitbedarfes für das Einlassen der Küvelage kann man annehmen, daſs auf je 2 m Küvelagenhöhe ein Tag erforderlich ist.

Beim Betonieren wurden in früherer Zeit täglich 3,6 m hinterfüllt. In den letzten Jahren ist jedoch die Leistung infolge verbesserter Apparate auf 7,4 m pro Tag gestiegen.

Zur Freilegung der Schachtsohle sind je nach Höhe des Wasserspiegels 2—6 Wochen nötig.

E. Kosten.

Bei 4,40 m Durchmesser und einer mittleren Bohrteufe von 50 bis 350 m Höhe kosten

		Mk.		Mk.
1.	Einrichtungen und Apparate 50 % von 200000 bis 280000 Mk.	100000	bis	140000
2.	Küvelage, je Meter Höhe derselben . .	1200	„	2600
3.	Beton, je Meter Höhe	150	„	150
4.	Sonstige Materialien und Kosten der Dampferzeugung je Meter Bohrschacht . . .	800	„	1400
5.	Löhne und Gehälter je lfd. Meter Bohrschacht	1800	„	2800
6.	Verschiedenes, insgesamt	50000	„	100000

(aus Glückauf 1901, Nr. 36/37).

Die nachstehende Tabelle gibt die auf 1 m Bohrschacht entfallenden Kosten für mittlere Bohrteufen von 50—350 m bei einem Durchmesser von 4,40 m an.

Mittlere Bohrteufe	Kosten je lfd. Meter in Mark bei einer Höhe des abzubohrenden Schachtteils von	
m	100 m	50 m
50	6000	7000
100	6200	7300
150	6500	7600
200	7000	8200
250	7800	9000
300	8700	10000
350	9600	11000

(aus Glückauf 1901, Nr. 36/37).

F. Anwendbarkeit des Schachtbohrens.

Für die Anwendbarkeit des Schachtbohrens gelten nach L. Hoffmann folgende Regeln:

1. Beträgt die mittlere Bohrteufe nicht mehr als etwa 50 m und der Wasserzuflufs hierbei weniger als etwa 8 cbm je Minute, so stellt sich das Kind-Chaudronsche Verfahren teurer als das Abteufen auf gewöhnliche Weise.

2. Steigt die mittlere Teufe auf etwa 100 m, so ist dasselbe der Fall, solange der Wasserzuflufs etwa 4 cbm nicht überschreitet.

3. Beträgt die mittlere Teufe mehr als ungefähr 150 m, so sind die Kosten bei einem Wasserzuflusse von 4 cbm einerseits und einer Höhe des abzubohrenden Schachtteils von etwa 50 m anderseits bei beiden Verfahren nicht wesentlich verschieden, während bei gröfserer Menge der zusitzenden Wasser oder gröfserer Mächtigkeit der wasserreichen Schichten sich das Bild ganz erheblich zugunsten des Kind-Chaudron-Verfahrens verschiebt.

G. Die Küvelage von Bohrschächten in grofsen Teufen.

Mit zunehmender Schachttiefe mufs auch die Wandstärke der Tübbings vergröfsert werden. Mit Rücksicht auf fehlerfreien Gufs darf diese aber 110—125 mm nicht übersteigen. Eine Abhilfe wird hier durch die Verfahren von Tomson und von Haniel & Lueg geschaffen.

Tomson will innerhalb der Schachtscheibe vier getrennte Küvelagen absenken (Fig. 157) und die Zwischenräume ausbetonieren. Wegen des geringen Durchmessers der Senkzylinder sind geringere Wandstärken möglich.

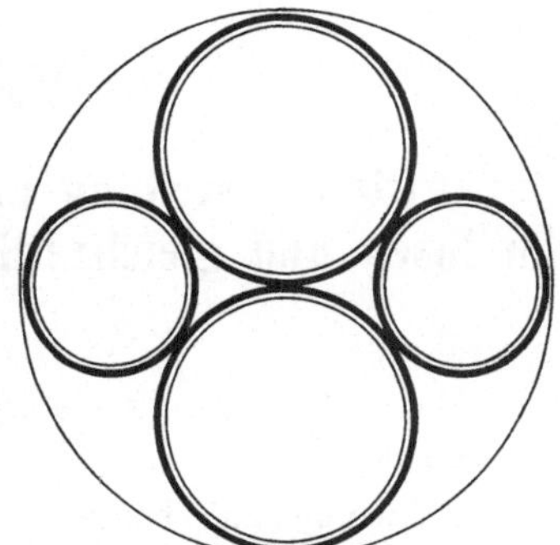

Fig. 157. Tomsonsche Küvelage für grofse Teufen.

Haniel & Lueg wenden zwei konzentrische Küvelagen an. Der ringförmige Zwischenraum zwischen beiden soll mit Beton, Prefsluft oder Druckwasser angefüllt werden. Der Druck dieser beiden letzteren Mittel mufs immer gleich der Hälfte des auf den untersten, äufseren Tübbingsring wirkenden Wasserdruckes sein. Beträgt dieser z. B. 70 Atmosphären, so ist zwischen den Küvelagen ein solcher von 35 Atm. zu halten. Alsdann ist die äufsere Tübbingssäule mit 70 — 35 = 35 Atm. und die innere ebenfalls mit 35 Atm. beansprucht.

H. Das Schachtbohren nach Mauget-Lippmann.

Aufser nach dem Verfahren von Kind-Chaudron können Schächte auch nach dem von Mauget-Lippmann abgebohrt werden. Da diese

Methode in Deutschland nur in einigen wenigen Fällen zur Anwendung gekommen ist, genügt es, wenn hier die Hauptunterschiede gegenüber Kind-Chaudron angegeben werden.

Der Schacht wird sofort mit seinem vollen Durchmesser, also ohne Vorschacht, hergestellt. Der Bohrer, dessen Schneide die in Fig. 158 angegebene Grundrifsform hat, wird durch eiserne Gestänge und mit Hilfe des Freifallapparates von Degoussée bewegt. Zum Antriebe des Schwengels dient eine liegende Maschine mit Kurbelscheibe und Pleuelstange. Der Schlammlöffel besitzt am Boden 27 Tellerventile.

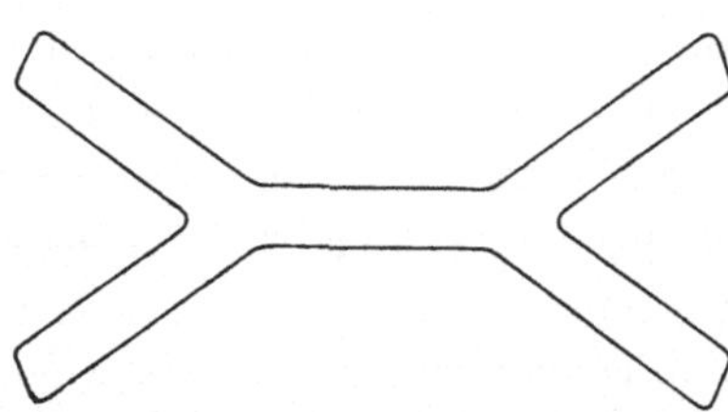

Fig. 158. Schachtbohrer nach Mauget-Lippmann (Grundrifs).

An der Küvelage fehlt die Gleichgewichtsröhre. Der Wasserballast wird während des Einsenkens durch einen als Heber wirkenden Schlauch von aufsen zugeführt.

Das Betonieren erfolgt durch Rohrleitungen, die entsprechend dem Aufgehen des Betons hochgezogen werden.

Vierter Abschnitt.

Die Herstellung und der Ausbau von Schächten im losen und gleichzeitig wasserführenden (schwimmenden) Gebirge.

Das schwimmende Gebirge ist entweder Schwimmsand (Fliefs) oder Kurzawka.

Schwimmsand besteht aus Sand mit einem mehr oder weniger grofsen Wassergehalte; von dem Wassergehalte hängt der Grad seiner Beweglichkeit (Dünnflüssigkeit) ab. Nimmt man etwas Schwimmsand in die Hand, so läuft so viel Wasser ab, dafs er gerade nur noch feucht bleibt. Wird der Rückstand auf der Hand herumgerollt, so zerfällt er.

Die Kurzawka ist eine innige Mischung von Ton oder Letten mit Wasser. Etwas Kurzawka behält, in die Hand genommen, ihren ganzen Wassergehalt und läfst sich zu einer Kugel zusammenrollen, ohne zu zerfallen.

Zwischen Schwimmsand und Kurzawka gibt es alle möglichen Mischungsverhältnisse und Übergänge. Man kann also einen mehr oder weniger tonhaltigen oder lettigen Schwimmsand finden; ebenso treten häufig sandige Kurzawkamassen im Gebirge auf.

Im schwimmenden Gebirge wechsellagern Kurzawka- und Schwimmsandschichten untereinander und mit festen, wasserarmen oder wasserfreien Einlagerungen.

Das schwimmende Gebirge findet sich meistens in geringer Teufe unter der Tagesfläche. Man wird beim Abteufen eines Schachtes von Tage aus immer wahrnehmen, daſs mit zunehmender Tiefe das Gebirge an Feuchtigkeit zunimmt. Ist der Grundwasserspiegel erreicht und das Gebirge dann noch lose, so wird es schwimmend. In je gröſsere Tiefen man vordringt, um so gröſser wird der Druck desselben, da er von der Höhe der über der Schachtsohle stehenden Wassersäule abhängt. Die Mächtigkeit des nahe der Tagesoberfläche auftretenden schwimmenden Gebirges ist sehr verschieden. Sie ist selten auf gröſsere Entfernung hin die gleiche. Dies liegt daran, daſs der Schwimmsand als Decke des festen Gebirges auftritt. Die Oberfläche des festen Gebirges ist aber selten eine gleichmäſsige Ebene, sondern wellig.

Schwimmendes Gebirge findet sich aber auch ab und zu in gröſseren Teufen. So ist beispielsweise der oberschlesische Buntsandstein, entgegen seiner sonstigen Ausbildungsweise im übrigen Deutschland, durchweg schwimmend.

Zum Durchteufen der schwimmenden Gebirgsschichten stehen dem Bergmann viele Methoden zur Verfügung. Welches Verfahren er wählt, hängt vom Wassergehalt und der Dünnflüssigkeit des Gebirges, von der Mächtigkeit desselben und vom Schachtdurchmesser ab. Das Durchteufen der Schwimmsandablagerungen ist um so schwieriger, je dünnflüssiger (treibender) das Gebirge ist, und je mehr seine Mächtigkeit und der Durchmesser des Schachtes zunehmen.

Erstes Kapitel. Die Schleiſsenzimmerung.

Die Schleiſsenzimmerung findet auf den Eisenerzförderungen der Tarnowitzer Gegend häufige Anwendung. Voraussetzung ist, daſs der Schacht nur in geringen Abmessungen gehalten wird, sowie daſs das schwimmende Gebirge keine bedeutende Mächtigkeit und einen nur geringen Wassergehalt aufweist. Dieser letztere muſs so schwach sein, daſs die freigelegten Schachtstöſse nicht sofort zu treiben beginnen, sondern noch eine kurze Zeit stehen.

Die Schleiſsenzimmerung ist ein Ausbau im ganzen Schrote, der von oben nach unten eingebracht wird. Auſser den Jöchern werden noch die Schleiſspfähle (Spleiſspfähle) gebraucht. Es sind dies mit der Axt aus Holzklötzern gespaltene Brettchen von Handbreite und 30—40 cm Länge, die an beiden Enden zugeschärft werden (Fig. 159).

Fig. 159. Schleiſspfahl.

Die Arbeiter stehen auf der unverwahrten Schachtsohle oder, bei etwas gröſserem Wassergehalte, auf einigen Brettern.

Vor dem Einbau eines neuen Geviertes liegt das unterste unmittelbar auf dem Gebirge oder auf einigen Brettunterlagen (Fig. 160). Nun wird für das erste Joch des neuen Geviertes dem einen Stoſse entlang ein Einbruch hergestellt. Dies hat natürlich unter einer Kappe zu geschehen, d. h. unter einem Joche, dessen Blattung von den beiden Nachbarjöchern getragen wird (Fig. 161). Die Herstellung des Einbruches beginnt in der einen Schachtecke und schreitet allmählich dem Stoſse entlang weiter. Jedesmal sobald während dieser Arbeit genügend Platz freigelegt ist, wird der senkrechte Stoſs des Einbruches mit einer Strohschicht bedeckt und dann durch die Schleiſspfähle verwahrt. Diese

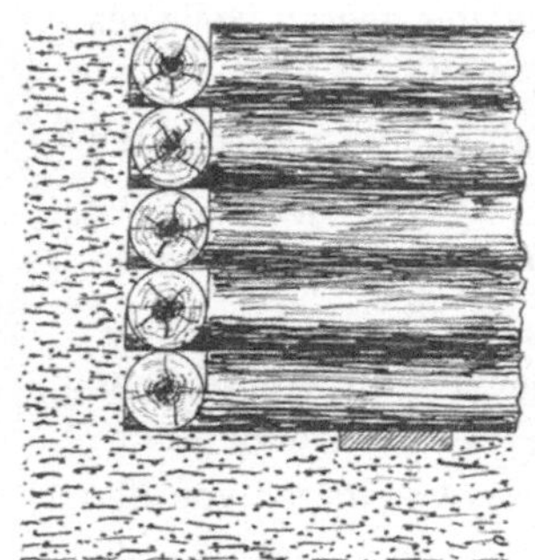
Fig. 160.

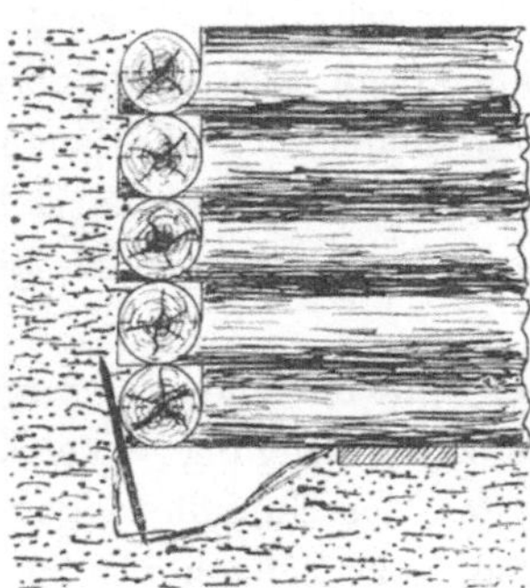
Fig. 161.

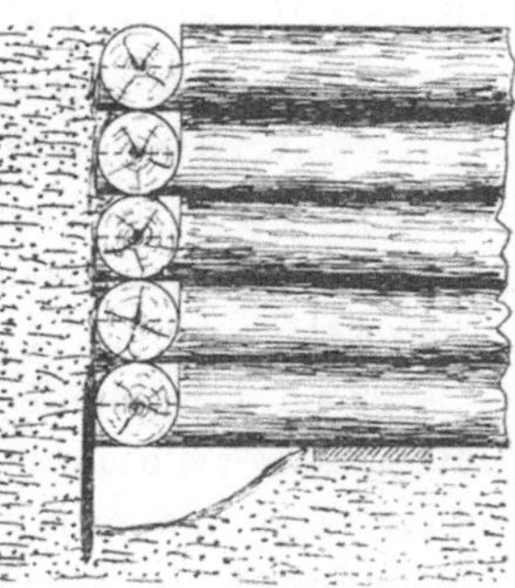
Fig. 162.

Schleiſsenzimmerung.

werden zunächst von untenher in schräger Richtung hinter das über dem Einbruche hängende Joch geschoben (Fig. 161), dann senkrecht gestellt und nun mit dem unteren Ende in die Sohle des Einbruches hineingedrückt (Fig. 162).

Ist diese Arbeit an dem einen Stoſs beendet, so schiebt man sofort das neue Joch an Ort und Stelle, ehe man an den anderen Stöſsen beginnt. Ist der Einbruch etwas zu tief, so erhält das Joch eine Brettunterlage und wird wohl auch noch durch Keile nach oben getrieben.

Die Schleiſsenzimmerung ist wesentlich billiger als die Herstellung eines Schachtes mit Getriebearbeit; denn das Ausheben eines Kubikmeters Gebirge einschlieſslich Herstellung des Ausbaues und des Lohnes für Haspelzieher und Karrenläufer stellt sich auf 12 Mark je Kubikmeter.

Zweites Kapitel. Die Getriebezimmerung.

Hat man beim Abteufen im losen Gebirge den Grundwasserspiegel erreicht, und verbietet der zu hohe Wassergehalt die Arbeit mit Schleifspfählen, dann ist die Getriebearbeit am Platze. Man hat sich durch Vorbohren davon zu überzeugen, wo das Gebirge anfängt schwimmend zu werden, und ob es Auftrieb hat. Ist solcher nicht vorhanden, so ist eine Verwahrung der Schachtsohle unnötig; höchstens werden einige Bretter gelegt, damit die Arbeiter nicht einsinken.

A. Die Abtreibearbeit.

I. Die Gevierte.

Bei der Getriebearbeit werden dicht aneinander anschliefsende Pfähle in das Gebirge vorgetrieben. Diese Pfähle müssen eine stramme Führung erhalten, damit sie nicht nach dem Schachtinnern zu gedrängt werden oder zu weit nach aufsen in das Gebirge vordringen. Diese wird den Pfählen bei Beginn der Abtreibearbeit durch das Ansteckgeviert und das Spanngeviert gegeben.

a) Das Ansteckgeviert.

Das Ansteckgeviert wird hergestellt, indem man die Pfähle des zuletzt eingebauten Feldes durch das Pfändeholz *a* und die Keile *b* (Fig. 163) von dem Joche *c* abdrängt. Dadurch wird ein Schlitz hergestellt, in welchen hernach die vorzutreibenden Pfähle *d* von obenher eingesteckt werden. Es ist gut, den Schlitz etwas breiter zu machen als die Stärke der Pfähle. Dadurch ist ausgeschlossen, dafs sich diese festklemmen, wenn der Schachtausbau in Druck kommt und sich die Breite des Schlitzes vermindert. Damit aber die Pfähle nicht schlottern, werden sie durch Keile *e* gesichert, die zwischen ihnen und dem Ansteckgeviert eingetrieben werden.

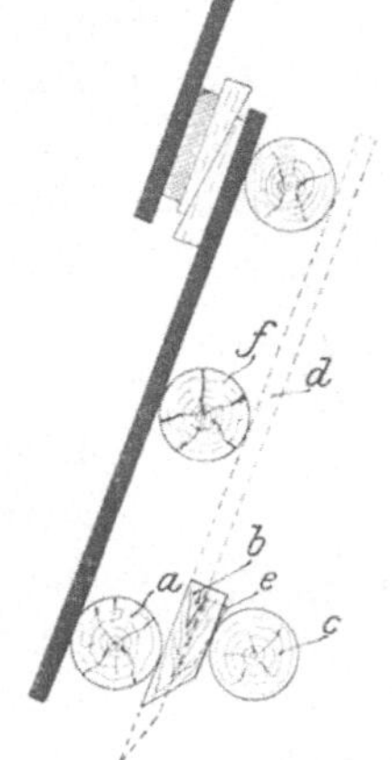

Fig. 163. Ansteckgeviert und Spanngeviert.

b) Das Spanngeviert.

Noch bevor die Pfähle angesteckt werden, baut man über dem Ansteckgevierte das Spanngeviert *f* (Fig. 163) ein. Es besitzt immer gröfsere lichte Weite als wie das Ansteckgeviert. Seine Höhenlage über diesem ist verschieden. Man baut es in der Mitte des Feldes ein (Fig. 163), aber auch im oberen oder unteren Drittel (Fig. 164).

Solange die Pfähle noch nicht angesteckt sind, wird das Spanngeviert durch daruntergestellte Bolzen *a* (Fig. 165) gehalten. Statt dessen kann man es aber auch mittels Klammern *b* an den Pfählen des vorigen Feldes befestigen. Die Bolzen oder die Klammern werden entfernt, sobald die Pfähle eingesetzt werden; denn nun wird das Spanngeviert von ihnen gehalten.

Die Jöcher der Schachtgevierte werden bei der Getriebearbeit stets miteinander verblattet.

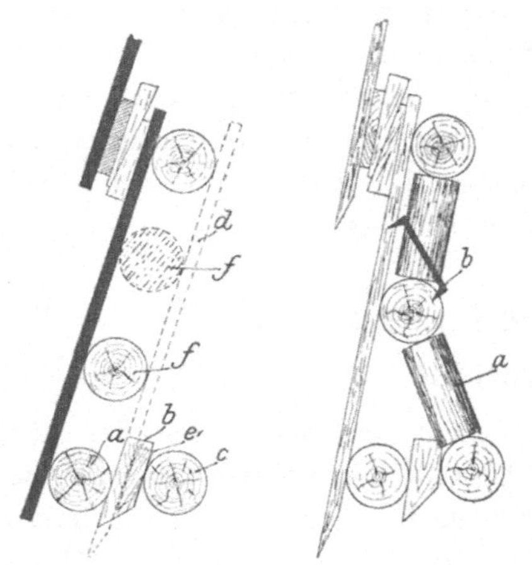

Fig. 164. Ansteckgeviert und Spanngeviert. Fig. 165. Unterbolzung des verlorenen Geviertes.

II. Die Getriebepfähle.

Zu den Pfählen nimmt man geradegewachsenes, astfreies Holz. Am besten eignet sich dazu Kiefer und Eiche, am wenigsten Tanne. Die Länge der Pfähle hängt von der Höhe des Feldes ab. Die Stärke beträgt 7—50 mm, die Breite 15—30 cm. Es ist ratsam, mit der Breite nicht über 25 cm hinauszugehen, weil sonst die Pfähle vom Treibefäustel nicht gleichmäfsig getroffen werden und dann leicht aufspalten. Um das Aufspalten zu vermeiden, werden sie gern mit Eisenband eingefafst; auch benutzt man häufig die Treibekappe, ein Stück Eisen mit einer Nut, in welche das obere Pfahlende hineinpafst.

Am unteren Ende werden die Pfähle zugeschärft. Die Abschrägung befindet sich auf der Innenseite (Fig. 166). Dadurch wird erzielt, dafs die Pfähle während des Vortreibens von selbst die gewünschte Pfändung nach aufsen annehmen; sie leisten also dem Gebirgsdrucke, der sie nach dem Schachtinnern hin zu drücken sucht, einen weit besseren Widerstand. Auch die Schneide wird gern mit einem eisernen Schuhe versehen, damit sie beim Durchgange durch härtere Schichten nicht aufsplittert.

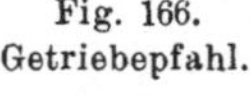

Fig. 166. Getriebepfahl.

Die Gestalt der Getriebepfähle ist ein langgezogenes Rechteck. Nur die Eckpfähle erhalten Trapezform, sie sind am unteren Ende breiter als am oberen. Dies ist darin begründet, dafs wegen der Pfändung der Pfähle jedes Getriebefeld nach untenhin gröfseren Durchmesser bekommt. Damit nun in den Ecken keine Öffnungen entstehen, gibt man den hier eingesetzten Pfählen diese abweichende Form. Damit das Einstecken besser möglich ist, sollen an jedem Stofse nicht etwa nur die beiden Endpfähle trapezförmig zugeschnitten werden, sondern je zwei bis drei (*a*, *b* und *c* in Fig. 167). Damit die Reibung mit dem

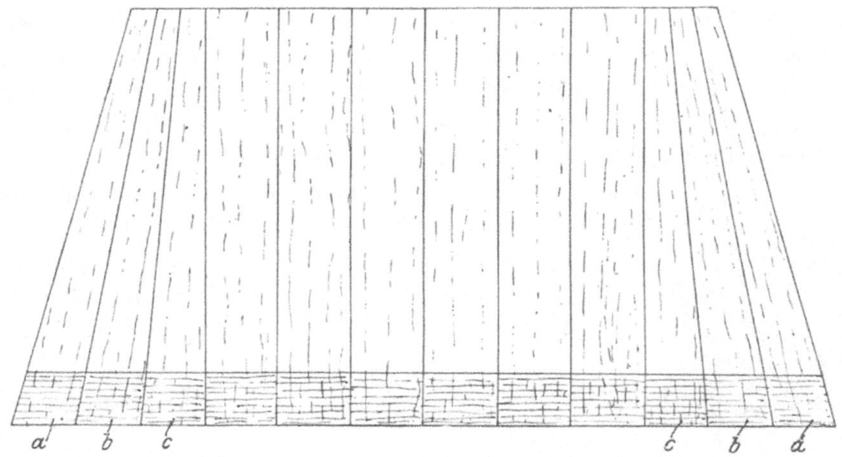

Fig. 167. Getriebepfähle von einem Schachtstofse.

Gebirge möglichst gering ist, und damit die Pfähle dicht aneinanderschliefsen, werden sie behobelt. Der Tarnowitzer Erzbergmann macht dies mit der Axt.

III. Das Vortreiben der Pfähle; das verlorene Geviert.

Die Eckpfähle werden zuerst angesteckt und schräg nach der Seite hin vorgetrieben. Würde man sie bis zuletzt lassen, so könnten sie nicht mehr in den Schlitz hinein, weil sie ja unten breiter sind, als dieser noch offen steht. Sind sie genügend weit vor, dann werden nach der Mitte zu neue Pfähle eingesetzt.

Die Pfähle werden immer so weit in das Gebirge hineingetrieben, als sie noch ziehen. Hierbei wird das Gebirge in ihrer nächsten Nähe verdichtet, die Reibung also immer gröfser.

Wenn die Pfähle nicht mehr ziehen wollen, wird so viel Gebirge aus dem Schachtinnern ausgehoben, dafs die Pfahlspitzen noch mindestens 10 cm tief in der Sohle stecken. Sie dürfen nicht vollständig freigelegt werden, weil sonst ihre unteren Enden keinen Halt mehr hätten; sie würden durch den Gebirgsdruck nach innen gebogen werden und abbrechen.

Hinter die Pfähle, die augenblicklich getrieben werden, wird mit einem Stecheisen Stroh gestopft. Am besten wird das Stroh so gedreht und zusammengewickelt, dafs es die Form einer 8 annimmt. Mit diesen Strohbüscheln mufs die ganze Fläche zwischen den Pfählen und dem Gebirge gut belegt sein. Sie dienen als Filter für das in das Schachtinnere eintretende schwimmende Gebirge, indem sie die festen Bestandteile zurückhalten und nur das Wasser durchlassen.

Sollten die Pfähle während des Vortreibens einmal auseinandergehen, so dafs also ein Schlitz im Stofse entsteht, dann mufs dieser sofort mit Strohbüscheln verstopft werden. Auch treibt man wohl in wagerechter Richtung Keile in das Gebirge hinein. Ist die entstandene Fuge sehr grofs, dann pafst man einen neuen Pfahl in sie ein.

Von Anfang an haben die Pfähle ihre Führung im Ansteckgevierte *a* (Fig. 168) und durch das Spanngeviert *b*. Im Verlaufe der Getriebearbeit kommt der Zeitpunkt, wo sie das Spanngeviert verlassen.

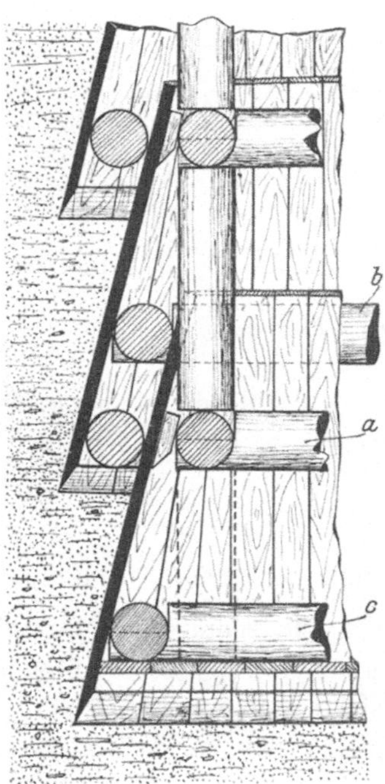

Fig. 168. Getriebeschacht mit Spanngeviert, Ansteckgeviert und verlorenem Geviert.

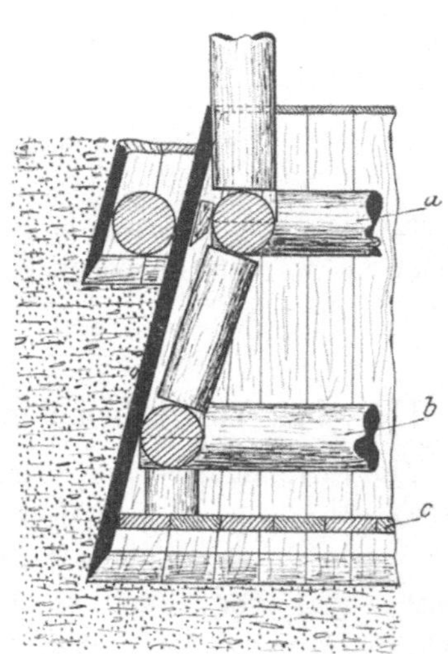

Fig. 169. Verbolzung von Ansteckgeviert und verlorenem Geviert.

Sie hätten dann nur noch eine einzige Führung, nämlich im Schlitze des Ansteckgeviertes. Um aber auch weiterhin ständig eine doppelte Führung zu haben, baut man vor den unteren Pfahlenden das verlorene Geviert *c* ein. Es wird ebenso wie das Spanngeviert in der Feldesmitte oder auch schon im oberen Drittel eingebaut. Seine lichte Weite ist gleich der des Spanngeviertes. In Oberschlesien macht man sie meistens gleich dem äufseren Durchmesser des Ansteckgeviertes, also gleich dessen lichter Weite und der doppelten Holzstärke. Der Grund hierfür liegt, wie wir später sehen werden, darin, dafs sich dann der endgültige Ausbau im ganzen Schrot bedeutend leichter einbringen läfst. Da infolgedessen die Pfähle eine sehr starke Pfändung bekommen, wird zu dem Pfändeholz des neuen Ansteckgeviertes starkes Rundholz genommen.

Solange das verlorene Geviert noch nicht eingebaut ist, wird das Ansteckgeviert durch Bolzen gegen die Schachtsohle abgestrebt. Nach dem Einbau des verlorenen Geviertes *b* (Fig. 169) verbolzt man das Ansteckgeviert *a* gegen dieses und das letztere gegen die Sohle. Diese Bolzen haben auch gleichzeitig den Zweck, die Bretter *c*, mit denen die Schachtsohle verkleidet ist, vor dem Emportreiben zu bewahren.

IV. Einbau des verlorenen Geviertes und des Ansteckgeviertes.

Der Einbau eines neuen Geviertes bereitet in Getriebeschächten bedeutende Schwierigkeiten. In jedem Falle müssen nämlich erst die Bolzen weggeschlagen werden, durch welche die untersten Gevierte getragen werden. Würde man dies ohne weiteres machen, so würde erstens einmal die gesamte Zimmerung ihren Halt verlieren; zweitens würde aber auch die Sohlenvertäfelung durch den Auftrieb des Gebirges nach oben gedrückt werden. Es gibt zwei Verfahren, um das dadurch bedingte Zubruchegehen des Schachtes zu vermeiden.

1. Die vier Jöcher des neuen Geviertes werden fertig zugeschnitten, zusammengepafst und dann jedes, z. B. *a* in Fig. 170, vor die Bolzen *b* desjenigen Stofses gelegt, an dem es eingebaut werden soll. Ist dieses geschehen, dann stellt man unter das zu stützende Joch *c* mehrere schräge Bolzen *d* (Fig. 171), schlägt die senkrechten Bolzen *b* fort (Fig. 172), schiebt das Joch bis an die Verpfählung heran (Fig. 173), stellt dann wieder die senkrechten Bolzen *b* (Fig. 174) und entfernt schliefslich die nun wieder überflüssigen schrägen Bolzen *d* (Fig. 175).

2. Bei stärkerem Treiben der Sohle ist dieses Verfahren nicht anwendbar. Der oberschlesische Bergmann verfährt dann folgendermafsen. Das Joch wird zwischen den ersten beiden Bolzen *1* und *2* (Fig. 176) hindurchgesteckt; dann wird Bolzen *2* entfernt und das Joch so weit herumgeschwenkt, dafs es am Bolzen *3* anliegt. Nun wird Bolzen *2* vor dem Joche wieder eingesetzt (Fig. 177) und Bolzen *3* entfernt. Diese Arbeit wiederholt sich, bis das Joch an der Verpfählung anliegt. Sie mufs mit grofser Vorsicht und Schnelligkeit ausgeführt werden. Das Entfernen der Bolzen, Schwenken des Joches und der Wiedereinbau des entfernten Bolzens müssen sich unmittelbar aufeinanderfolgen, damit das Gebirge unter dem nunmehr losen Sohlenbrette nicht Zeit findet, in Bewegung zu kommen.

V. Die Sicherung der Schachtsohle.

Die Schachtsohle wird, wie wir in den obigen Ausführungen schon erfahren haben, mit einer Vertäfelung versehen, wenn das Gebirge

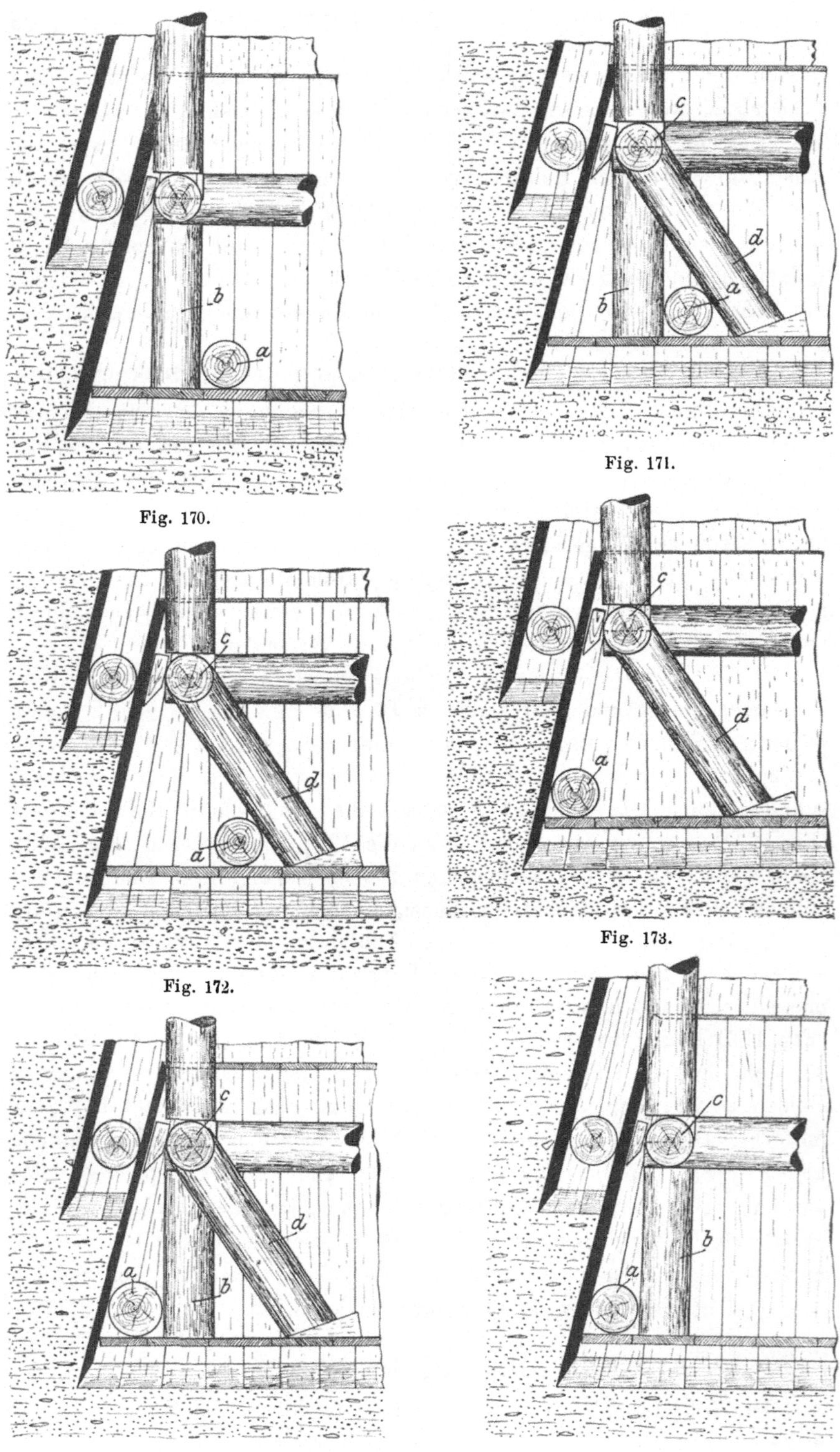

Fig. 170.

Fig. 171.

Fig. 172.

Fig. 173.

Fig. 174.

Fig. 175.

Fig. 170—175. Einbau eines verlorenen Geviertes.

Auftrieb besitzt. Es gibt drei Arten von Sohlenvertäfelung: die mit einzelnen Zumachebrettern, die mit einer zusammenhängenden Platte und die Klötzelvertäfelung.

a) Die Zumachebretter.

Die Sohle wird mit starken Bohlen bedeckt, die dem kurzen Stofse parallel gehen. Liefse man sie den langen Jöchern parallel laufen, so würden sie zu lang werden und sich leicht nach oben ausbiegen.

Fig. 176.

Fig. 177.

Fig. 176 u. 177. Einbau eines verlorenen Geviertes.

Unter die Zumachebretter kommt eine Schicht Heu, Stroh, Pferdemist oder dergleichen. Der stark strohige Pferdemist wird als Filter für die durchtretenden Wasser ganz besonders empfohlen, weil er weich und gut durchgearbeitet ist.

Mit dem Tieferrücken der Schachtsohle werden auch die Zumachebretter nach unten verschoben. Es müssen also immer Bolzen von verschiedener Länge im Schachte vorrätig gehalten werden, um das

Abbolzen sofort vornehmen zu können. Die Verbolzung erfolgt nur gegen die langen Jöcher. Aus diesem Grunde mufs bei ihnen das Gesicht der Blattung nach oben gerichtet sein; die kurzen Jöcher werden also von den langen getragen.

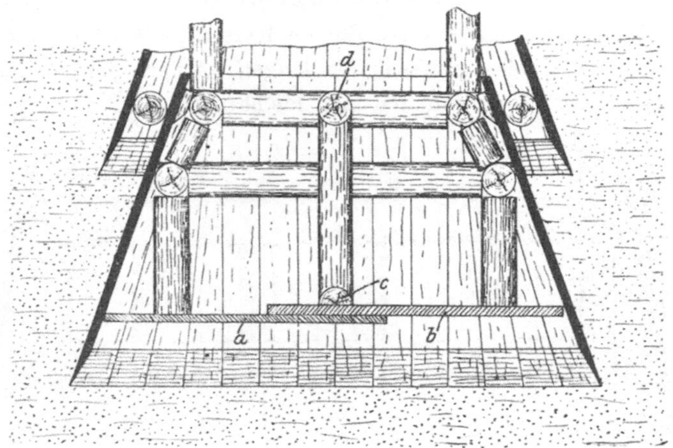

Fig. 178. Vertäfelung der Schachtsohle (Schnitt parallel dem kurzen Stofse).

Zwischen den einzelnen Ansteckgevierten nimmt die Schachtsohle immer an Länge und Breite zu, weil ja die Pfähle mit Pfändung vorgetrieben werden. Es würden also in der Vertäfelung Fugen entstehen,

Fig. 179. Einteilung der Sohlenvertäfelung in Felder.

wenn man sie nur aus solchen Brettern herstellen würde, die von dem einen langen Stofse bis an den anderen reichen. Diese gefährlichen Fugen werden dadurch vermieden, dafs man zwei Zumachebretter *a* und *b* nimmt, die sich in der Mitte übergreifen (Fig. 178). Sie werden auseinandergeschoben, wenn die Schachtsohle tiefergelegt wird. Damit sie in der Mitte der Sohle nicht nach obenhin auseinandergetrieben werden können, legt man über die Deckungsstelle ein Halbholz *c*, die Bremse, und verbolzt es gegen eine darüber eingebaute Spreize *d*.

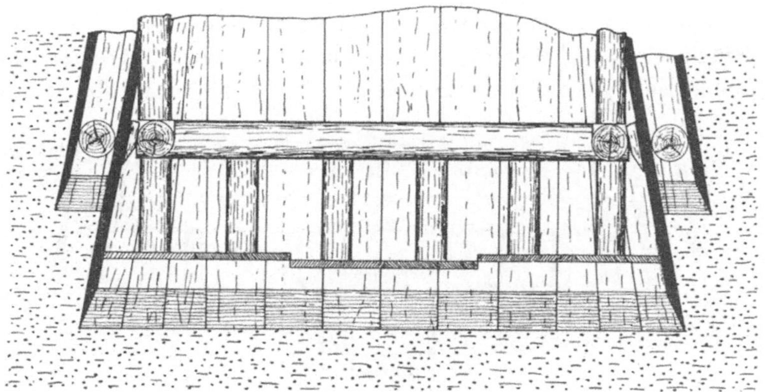

Fig. 180. Tieferlegen der Sohlenvertäfelung (Schnitt parallel dem langen Stoſse).

Bei der starken Pfändung, die man den Pfählen im oberschlesischen Eisenerzbergbaue gibt, wird in Schächten von geringem Durchmesser (1,5—2 m) ein besonderes Bremsholz nicht eingebaut. Die unter den langen Jöchern stehenden Bolzen genügen vollständig, weil sie immer auf oder nahe der Mitte der „Zubretter“ stehen (Fig. 185).

Bei gröſserem Schachtquerschnitte wird die Sohle in eine verschieden groſse Anzahl von Feldern geteilt, deren jedes für sich „verzubrettet“ ist und unabhängig von den Nachbarfeldern bearbeitet werden kann (Fig. 179).

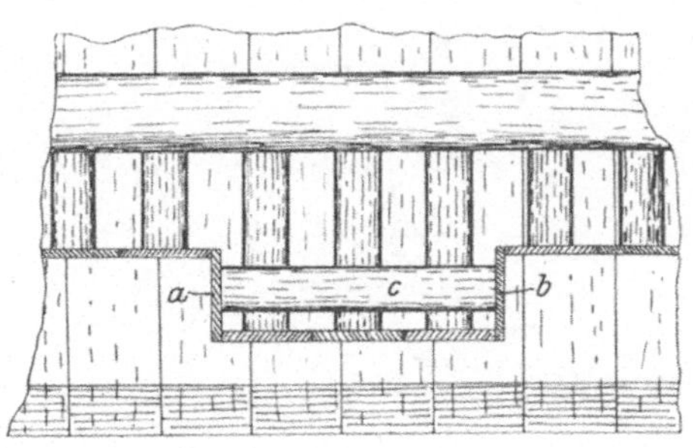

Fig. 181. Tieferlegen der Sohlenvertäfelung (Schnitt parallel dem langen Stoſse).

Das Tieferlegen der Vertäfelung beginnt in der Mitte der Sohle von dem dort angebrachten Sumpfe aus. Es wird ein Zumachebrett entfernt, das Stroh mit der Axt abgehackt, mit der Schaufel oder dergleichen etwas Gebirge herausgehoben, in die entstandene Grube Stroh und das Brett wieder eingesetzt und letzteres durch längere Bolzen nach obenhin verstrebt.

Das Gebirge muſs während dieser ganzen Arbeit genau beobachtet werden. So lange klares Wasser abläuft, kann die Sohle offen bleiben;

sowie es sich aber zu trüben beginnt, mufs alsbald das Zumachebrett nebst der Strohunterlage eingesetzt werden.

In sehr treibendem Gebirge wird immer nur um eine Bohlenstärke ausgeschachtet, damit zwischen den Zumachebrettern keine Fugen entstehen (Fig. 180). Ferner wird im sehr treibenden Gebirge manchmal auch nicht einmal ein ganzes Zubrett herausgenommen, sondern nur ein Stück eines solchen mit der Axt herausgehauen und unter diesem die Sohle tiefergelegt. Der Rest des Brettes bleibt abgebolzt und wird

Fig. 182. Hölzerner Sumpf.

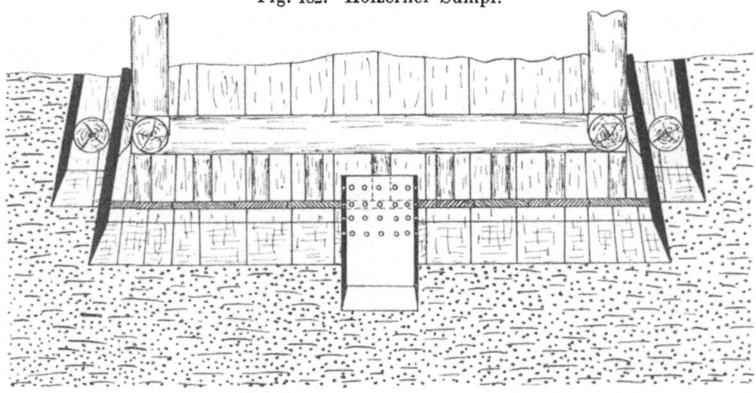

Fig. 183. Eiserner Sumpfkasten.

nachher auch in einzelnen Teilen herausgeraubt. Zuletzt werden dann die einzelnen „Teilzubretter" wieder durch ein ganzes ersetzt. Wenn das Gebirge verhältnismäfsig gut steht, kann man auch auf einmal mehr Gebirge ausheben. Die Sohle wird dann in der aus Fig. 181 ersichtlichen Weise gesichert. Die senkrechten Setzbretter *a* und *b* müssen dabei durch Spreizen *c* gehalten werden.

Der in einer Schicht erzielte Fortschritt beträgt oft nur 3—5 cm.

In der Mitte der Schachtsohle ist, wie schon kurz vorher erwähnt, der Sumpf angebracht. Ist das Gebirge sehr wasserführend, dann mufs man wohl auch zwei Sümpfe herstellen. Sie haben dann ihren Platz in der Nähe der beiden kurzen Stöſse.

Der Sumpf wird durch vorgetriebene Pfähle gebildet, die schräg oder senkrecht angesteckt werden (Fig. 182). Seine Sohle ist ebenfalls vertäfelt. Bei geringer Neigung des Gebirges zum Treiben genügt es, wenn man sie mit einer starken Strohschicht bedeckt.

Auch eiserne Sumpfkästen werden häufig verwendet. Es sind dies oben und unten offene Behälter von rundem oder viereckigem Querschnitt (Fig. 183). Sie werden mit dem Groſsfäustel oder mit Wagenwinden in das Gebirge vorgetrieben. Die Wagenwinden werden paarweise auf den Oberrand aufgesetzt und drücken gegen zwei Spreizen, die quer durch den Schacht eingebaut sind.

In den oberen zwei Dritteln sind die Wandungen des Sumpfkastens siebartig durchlöchert, um die auf der Schachtsohle angesammelten Wasser in den Sumpf flieſsen zu lassen.

Die Wasser werden, solange es geht, mit dem Kübel zutage gehoben. Bei gröſseren Zuflüssen hebt man sie am besten mit Hilfe eines an einem Flaschenzuge senkbar aufgehängten Pulsometers.

Ist der Schacht bereits mit einer Strecke unterfahren, so läſst man die Wasser in einem Bohrloche nach dort ablaufen. Da die Futterröhren des Bohrloches nicht immer gerade mit der Sohle abschneiden, sondern oft über diese emporragen, zieht man die Wasser mittels eines Hebers aus dem Sumpfe ab.

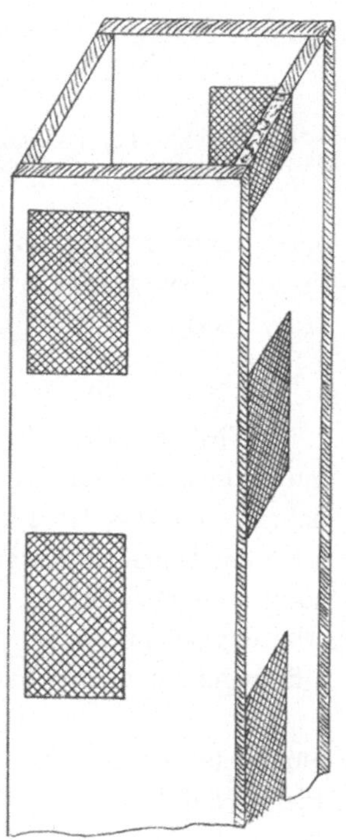

Fig. 184. Wasserlutte von Kubuschok.

Kubuschok entwässert das Gebirge ebenfalls durch Bohrlöcher. Er ersetzt aber die eisernen Futterröhren durch Holzlutten (Fig. 184), die wechselständig angebrachte Öffnungen besitzen. Diese sind innen und auſsen mit Blechsieben bedeckt, zwischen die trockenes Moos als Filter gestopft wird.

Trotz dieser Lutten gelingt es nicht immer, das Gebirge vollständig zu entwässern; dagegen wird immer erreicht, daſs es nicht mehr so stark treibt. Die Sohlenvertäfelung braucht dann auch nicht mehr vollständig dicht zu schlieſsen. Das von den Stöſsen herabkommende Wasser läuft über die Sohle nach den Wasserlutten, die jedesmal in der Höhe der Sohle abgeschnitten werden. Damit nun das Wasser infolge seiner manchmal noch ziemlich starken Strömung den Schwimm-

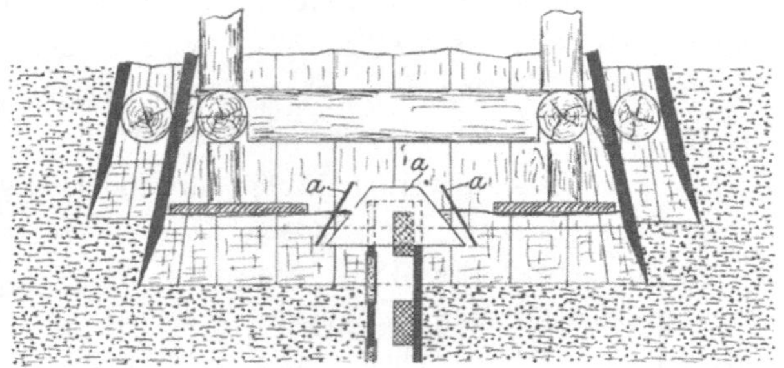

Fig. 135. Ableitung der Sumpfwasser durch ein Bohrloch (Schnitt parallel dem kurzen Stoſse).

sand nicht nach dem Bohrloche mitreiſst, treibt man rund um dieses herum vier trapezförmige Eisenblechplatten *a* in die Sohle hinein (Fig. 185).

b) Die Verwahrung mit einer Platte.

Wird die Schachtsohle mit einer starren Holzplatte bedeckt, so muſs diese in der Mitte und an den Stöſsen Öffnungen mit Schiebern haben, um das Gebirge ausheben zu können. Die Platte ist ebenso wie die Zumachebretter nach oben verspreizt. Will man die Schachtsohle tiefer verlegen, dann öffnet man die Schieber und belastet die Platte oder preſst sie nieder. Das überflüssige Gebirge tritt durch die Öffnungen in den Schacht oder wird mit kleinen Spaten ausgehoben.

Das Verfahren eignet sich nur für ein gleichmäſsig feines und dünnflüssiges Gebirge ohne gröſsere Einlagerungen. Denn trifft die Platte auf Geschiebeblöcke oder auf festere Schichten, so kann man diese nur an den Stellen bearbeiten, wo sich die Öffnungen befinden.

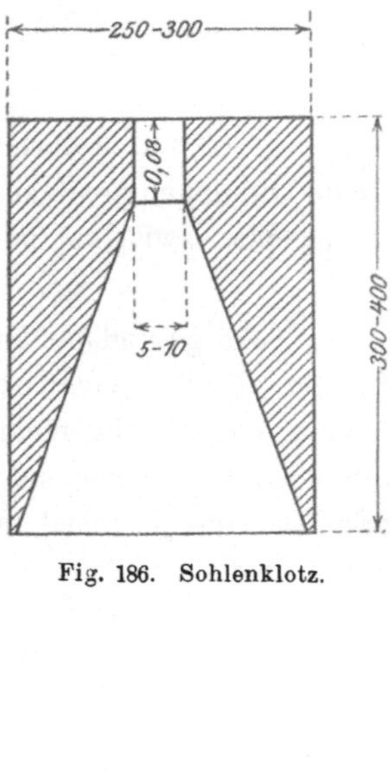

Fig. 186. Sohlenklotz.

c) Die Klötzelvertäfelung.

Die Klötzelvertäfelung läſst sich ebenfalls nur unter denselben Verhältnissen anwenden wie die zusammenhängende Platte.

Die Schachtsohle wird mit Klötzeln aus Eichen- oder Fichtenholz bedeckt. Die Abmessungen der Klötzer sind aus Fig. 186 zu ersehen. Die nach unten sich trichterähnlich erweiternde Durchbohrung wird mit Strohpfropfen verschlossen.

Die Klötze stehen in Reihen nebeneinander und werden durch Bolzen gegen Spreizen verstrebt, die über ihnen quer durch den Schacht laufen.

Das Vortreiben erfolgt mit Handrammen von der Schachtmitte aus, so daſs diese also am tiefsten liegt und so eine Art Sumpf bildet.

Die an der Verpfählung anliegenden Klötze werden auf der Auſsenseite dem Pfändungswinkel entsprechend abgeschrägt. Die offenen Fugen, die sich beim Tieferlegen der Schachtsohle zwischen den äuſsersten Klotzreihen und der Verpfählung bilden, werden durch Keile geschlossen.

VI. Das Abteufen runder oder vieleckiger Getriebeschächte.

Schächte werden rund oder in Vielecksform mit Getriebearbeit abgeteuft, wenn sie groſsen Durchmesser besitzen und nachher rund aus-

Fig. 187. Sohlenvertäfelung in runden Getriebeschächten.

gemauert werden sollen. Wegen des groſsen Durchmessers, den solche Schächte namentlich mit Rücksicht auf die bedeutenden Mauerstärken erhalten müssen, äuſsert sich bald ein derartiger Stoſsdruck, daſs die stärksten Spreizen ihm nicht zu widerstehen vermögen. Es ist darum in solchen Fällen die Getriebearbeit nur bei sehr geringer Mächtigkeit der schwimmenden Schichten am Platze. In jedem anderen Falle soll man diese nicht erst versuchen, sondern sofort zu einem der weiter unten beschriebenen Verfahren greifen.

Die Getriebearbeit selbst unterscheidet sich in nichts von der in viereckigen Schächten. Es mufs nur auf eine sehr starke Zimmerung Bedacht genommen werden; desgleichen wird die Sohle gut verwahrt, indem man sie in einzelne Felder einteilt. Als Muster einer guten Sohlenvertäfelung ist in Fig. 187 die in Schacht II der fiskalischen Anlage zu Makoschau angewendete abgebildet.

B. Der endgültige Ausbau eines Getriebeschachtes.

a) Der Ausbau im ganzen Schrot.

Eine fertige Getriebezimmerung gleicht auf den ersten Blick vollständig dem Ausbau im Bolzenschrote. Die einzelnen Ansteckgevierte sind untereinander verbolzt. Hinter den Gevierten steht die Verpfählung. Höchstens findet man als Unterschied, dafs in halber Feldeshöhe hinter den Bolzen noch die verlorenen Gevierte zu sehen sind.

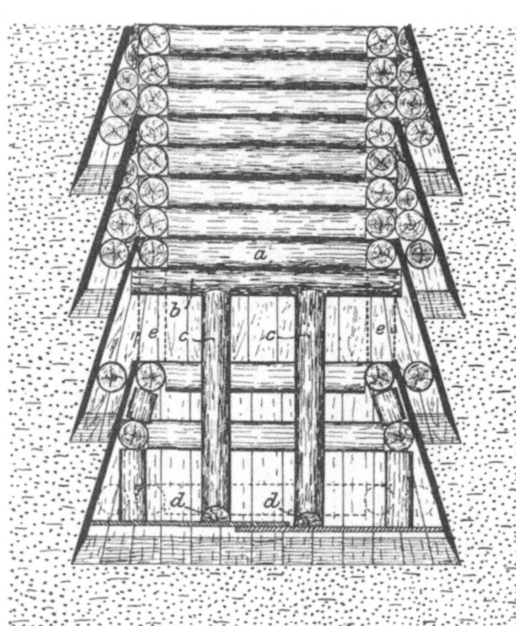

Fig. 188. Abbremsen der Sohlenvertäfelung (Schnitt parallel dem kurzen Stofse).

Um den Schachtausbau standhafter zu machen, ist es nötig, ihn in ganze Schrotzimmerung umzuwandeln. Diese Arbeit liefse sich am einfachsten in der Weise ausführen, dafs im Schachtlichten ein ganzer Schrotausbau hochgeführt wird. Dies hat aber den Nachteil, dafs der Schachtquerschnitt zu sehr verengt wird. Aufserdem müfste man damit warten, bis die Getriebearbeit beendet ist. Nun soll aber jedes neuhergestellte Feld möglichst bald mit diesem Ausbaue versehen werden, damit der Schacht nicht zu sehr in Druck kommt.

Das unterste, eben erst fertig vorgetriebene Feld darf nicht sofort in ganzen Schrot gesetzt werden, weil dadurch der Schlitz für die neu anzusteckenden Pfähle verbaut werden würde. Es bleibt also nur das zweite Feld von unten übrig.

Will man das Feld zwischen den zwei Ansteckgevierten in ganzen Schrot setzen, so mufs man die Bolzen zwischen ihnen wegschlagen. Dadurch würde aber die gesamte Zimmerung ihren Halt verlieren; das unterste Feld würde nach oben treiben und die obere Zimmerung nach unten ins Rutschen kommen.

Es werden vor Entfernung der Bolzen zwei oder mehrere „Türstöcke" (Fig. 188) eingebaut. Unter das Ansteckgeviert *a* kommen so viel Kappen *b*, als man Türstöcke herstellt. Sie gehen parallel den kurzen Stöfsen, greifen unter die langen Jöcher und reichen somit bis an die Verpfählung heran. Die Türstockbeine *c* stehen auf Grundsohlen (Bremsen) *d*, mittels deren die Sohlenvertäfelung gehalten wird. Nun können die Bolzen *e*, die in Fig. 188 punktiert gezeichnet sind, herausgeschlagen und die Gevierte bis an die Kappen *b* heran eingebaut werden. Beim Einbau des letzten Geviertes wären die Kappen der Türstöcke im Wege. Darum werden diese entfernt und durch kurze Bolzen *b* (Fig. 189) ersetzt, die man zwischen die langen Jöcher des zuletzt eingebauten Geviertes *f* und des Ansteckgeviertes *a* treibt. Jedes der langen Jöcher wird nun in der Weise eingebracht, dafs man es z. B. rechts in die Ecke einsetzt, den nächsten Bolzen *b* herausschlägt und dann das Joch so weit auf den Stofs zu schwenkt, dafs es am zweiten Bolzen *b* anliegt. Der beschränkte Raum gestattet meistens nicht, auch diesen herauszuholen. Darum treibt man das Joch mit aller Gewalt mittels des Grofsfäustels an seinen Platz; dabei mufs der Bolzen die Verpfählung durchbrechen und in das Gebirge ausweichen. Man kann ihm dies erleichtern, indem man vorher die Pfähle seinen Umrissen

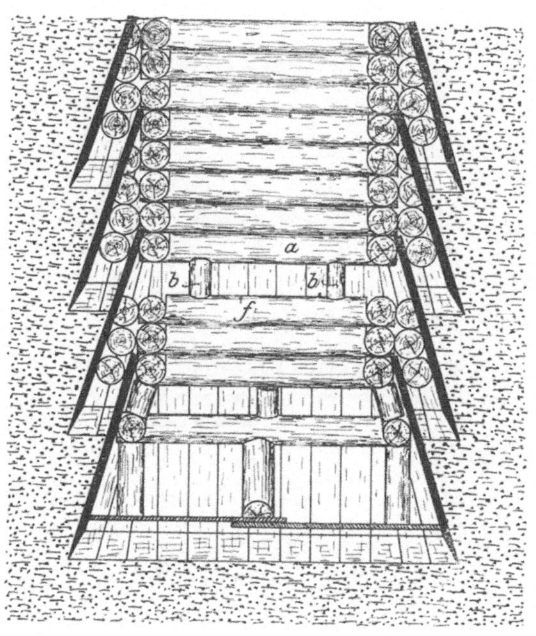

Fig. 189. Einbau des Schlufsgeviertes in einem Getriebefelde.

gemäfs mit der Axt durchhaut. Sollte schwimmendes Gebirge durchtreten, so wird in die Fugen zwischen den Jöchern etwas Stroh gestopft.

Nachdem das eine kurze Joch und die beiden langen Jöcher eingebaut worden sind, wird auch das letzte kurze Joch mit keilförmiger Blattung (Fig. 47) eingetrieben.

Auf der königlichen Friedrichsgrube in Oberschlesien wird bei mittlerem Drucke der endgültige Schrotausbau aus hochkantig gestelltem Halbholze angefertigt, dessen Rundung dem Schachtinnern zugekehrt wird. Der Hauptvorteil dieses Verfahrens ist, dafs die zwischen den Ansteckgevierten stehenden Bolzen nicht entfernt zu werden brauchen; sie werden blofs um halbe Holzstärke nach aufsen getrieben, so dafs der Halbholzschrot vor ihnen Platz erhält (Fig. 190).

Fig. 190. Ausbau eines Getriebefeldes mit Halbholzschrot.

Zur Verstärkung des Schrotausbaues wird der Schacht sofort verwandrutet, sobald für ein Wandrutenpaar Platz vorhanden ist. Die einzelnen Wandruten eines Stranges dürfen sich nicht unmittelbar berühren; es mufs vielmehr zwischen ihnen immer etwas Spielraum bleiben. Dies ist namentlich dann der Fall, wenn sich das Gebirge infolge von Abtrocknung setzt. Auf Florasglückgrube bei Bibiella hat man beispielsweise beobachtet, dafs die damit zusammenhängende Senkung der Tagesoberfläche rund um den Schacht herum bis über ein Meter beträgt. Mit dem Gebirge mufs sich auch die Zimmerung setzen können. Dies ist aber nur dann möglich, wenn zwischen den Wandruten etwas Luft bleibt.

b) Die Ausmauerung.

Bei der Ausmauerung eines Getriebeschachtes mufs man grofse Vorsicht anwenden, damit er nicht zu Bruche geht. Bevor ein Ansteckgeviert bezw. Ansteckjochkranz geraubt wird, um der aufrückenden Mauer Platz zu machen, mufs das nächstobere verlorene Geviert daraufhin geprüft werden, ob es noch unverminderte Haltbarkeit besitzt.

Es dürfen niemals mehrere Gevierte oder Jochkränze auf einmal herausgeraubt werden. Im Gegenteil ist es gut, aus einem Geviert zunächst nur ein einziges Joch zu entfernen und an dieser Stelle bis an das obere Geviert hochzumauern. Oft wird es sogar unmöglich sein, ein ganzes Joch auf einmal herauszuholen. Dann wird ein Teil desselben mit der Axt abgehauen und das noch vor dem Stofse stehende Stück nach dem gegenüberliegenden Stofse abgestrebt.

Ist das Gebirge sehr druckhaft, dann wird die gesamte Zimmerung im Schachte bleiben müssen, während man im anderen Falle nur die Getriebepfähle zurückläfst.

C. Das Senkrechtanstecken.

Die Getriebearbeit mit senkrecht angesteckten Pfählen geht in derselben Weise vor sich wie beim schrägen Anstecken. Dieses Verfahren wird jedoch für gewöhnlich nur dann angewendet, wenn die Mächtigkeit des schwimmenden Gebirges so gering ist, dafs man mit einem einzigen Felde durchkommt. Die Höhe eines solchen Feldes wird aber gemäfs der Mächtigkeit der zu durchteufenden Gebirgsschicht gröfser genommen als beim schrägen Anstecken. Die Länge der Getriebepfähle kann bis zu 6 m und mehr betragen.

Sollte die Mächtigkeit der schwimmenden Schicht so grofs sein, dafs man mit einem Felde nicht bis auf das Liegende der Schwimmsandmassen kommt, dann kann man auch mehrere Anstecken herstellen. Es mufs dann jedoch berücksichtigt werden, dafs sich der Schachtdurchmesser mit jedem Felde verringert. Man mufs daher mit möglichst grofsem Anfangsdurchmesser beginnen.

Drittes Kapitel. Die Spundwände.

A. Spundwandformen.

Bei den Spundwänden werden ähnlich wie beim Senkrechtanstecken Pfähle in lotrechter Richtung in das Gebirge eingetrieben. Die zur Verwendung kommenden Pfähle gleichen nur noch selten denen von Getriebeschächten, nämlich dann, wenn es starke Bohlen sind, die durch Feder und Nut verbunden werden; in der Mehrzahl der Fälle nimmt man hierzu Röhren oder Profileisen, oder man stellt die Spundwände aus Profileisen in Verbindung mit Eisenplatten oder starken Bohlen her.

Aus Röhren sind beispielsweise die Haaseschen Spundwände angefertigt. Entsprechend der Feder und Nut bei den Bohlen werden auch die Haaseschen Röhren mit angenieteten Führungseisen versehen.

Die in Fig. **191** dargestellte Verbindungsweise hat den Nachteil, daſs die Spundwand leicht durch Auseinandergehen der Rohre Risse bekommt; dies tritt bei dem Zangenprofil (Fig. **192** a und b) nicht so

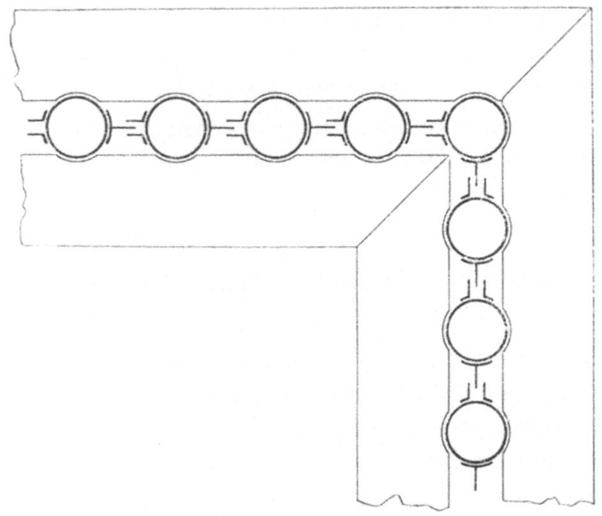

Fig. 191. Spundwand von Haase.

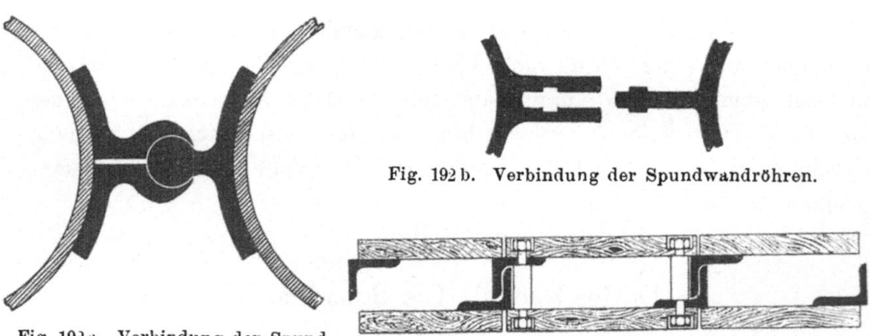

Fig. 192 a. Verbindung der Spundwandröhren.

Fig. 192 b. Verbindung der Spundwandröhren.

Fig. 193. Hölzerne Spundwand von Eichler.

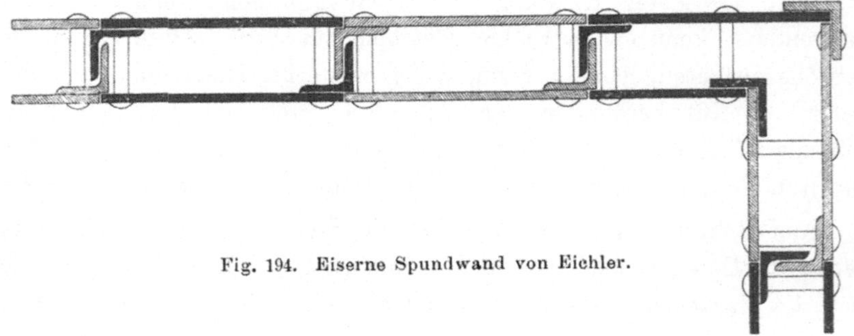

Fig. 194. Eiserne Spundwand von Eichler.

leicht ein; dagegen wird bei diesem das schwimmende Gebirge nicht so schnell und gründlich abgetrocknet als bei ersterem. Die lichte Weite der Rohre beträgt meistens 105 mm, ihre Baulänge 4 m. Sollten wegen gröfserer Mächtigkeit des schwimmenden Gebirges gröfsere Rohrlängen erforderlich werden, so setzt man die entsprechende Zahl von Röhren aufeinander.

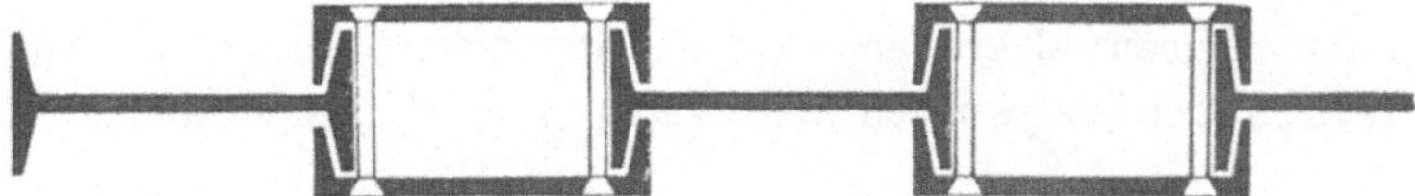

Fig. 195. Spundwand von Simon.

Eichler benutzt hölzerne und eiserne Spundwände, deren Bauart aus Fig. 193 und 194 ohne weiteres ersichtlich ist. Ein Auseinandergehen der Pfähle kann hier nicht eintreten.

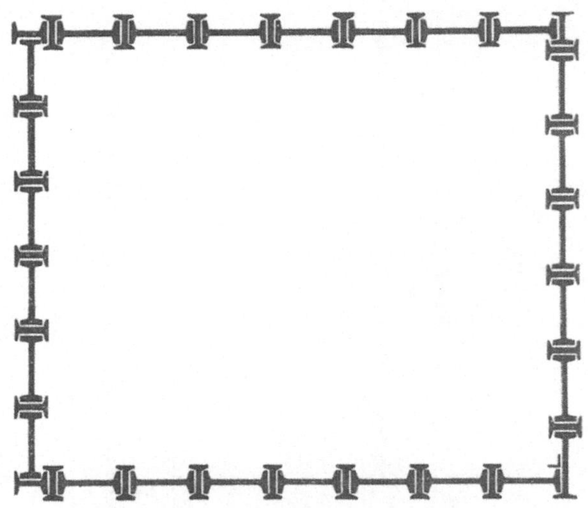

Fig. 196. Spundwand von Jänicke.
(Aus der „Zeitschrift f. d. Berg-, Hütten- und Salinenwesen im Preufs. Staate", 1891.)

Aus Profileisen sind die Spundwände von Simon (Fig. 195) und Jänicke (Fig. 196) hergestellt, und zwar die erstere aus U- und I-Eisen, die letztere nur aus I-Eisen.

B. Die Abtreibearbeit.

Die einzelnen Spundwandglieder werden rundherum immer um je ein Meter vorgetrieben. Zum Eintreiben dienen Wagenwinden oder Rammen. Auf den Ramsdorfer Braunkohlenbergwerken bei Borna wurden anfangs Wagenwinden von 400 Ztr. Prefskraft, nachher Handrammen von 1,5 Ztr. Gewicht bei 0,8 m Fallhöhe, zuletzt solche von

6 Ztr. Gewicht und 3 m Fallhöhe angewendet. Diese letzteren wurden mit Hilfe von Vorlegehaspeln bewegt. Fig. 197 zeigt die Einrichtung der dortselbst benutzten Rammen: *a* und *b* sind zwei Führungen für den Bär *c*; sie sind in zwei Getrieberöhren *d* und *e* eingesetzt und werden mittels der Schellen *f* und *g* und der Halter *h* und *i* in ihrer Lage gesichert. Der Freifall des Rammbären wird durch die Ausklinkvorrichtung Fig. 198 erzielt.

Beim Einbau einer Jänickeschen Spundwand auf Grube Anna im Bergreviere Cottbus wurden die ersten 4 m der 8 m langen Träger mit Dampframmen von 100 kg Bärgewicht, die letzten 4 m mit solchen von 500 bezw. 750 kg Bärgewicht eingerammt.

Damit die Nachbarrohre nicht beschädigt werden, benutzt man beim Eintreiben Aufsatzstücke von 20, 30, 50 und 100 cm Länge. Auf die Köpfe dieser Aufsatzstücke kommen massive stählerne Schlagstücke *k* (Fig. 197).

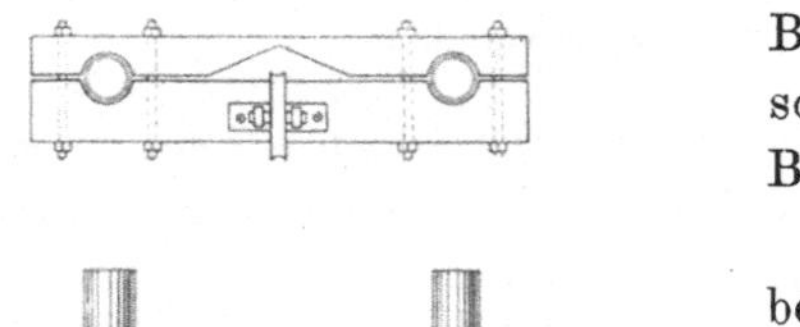

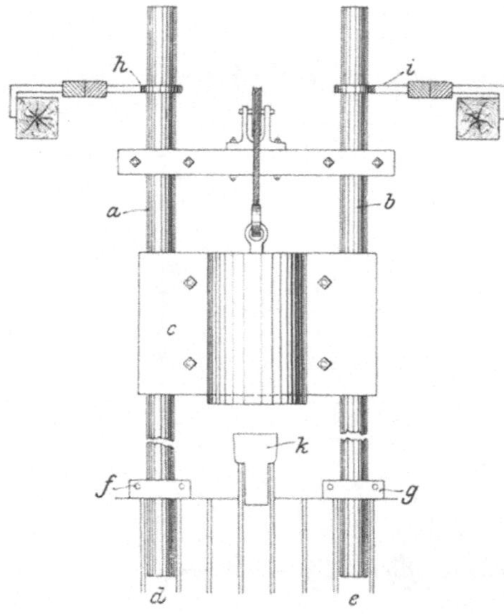

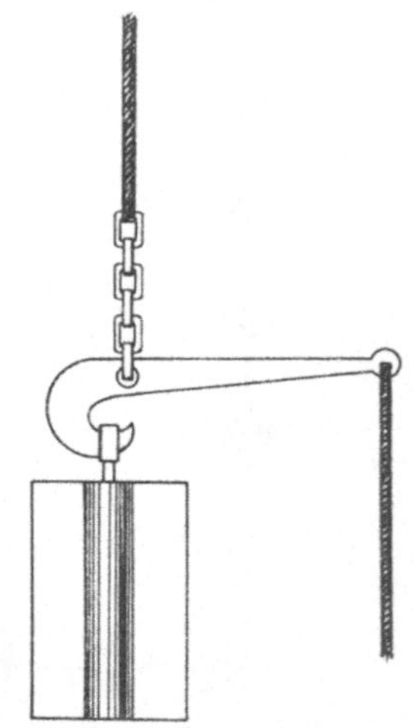

Fig. 197. Spundwandramme. Fig. 198. Rammklotz mit Ausklinkvorrichtung.
(Aus dem „Jahrbuche f. d. Berg- und Hüttenwesen im Königreich Sachsen“, 1901.)

Damit die Rohre sicher im Lote niedergehen, erhalten sie auf der Innen- und Aufsenseite Führungen in entsprechenden Rahmen (Fig. 191). In diesen Kränzen können für jedes Rohr noch halbkreisförmige Ausschnitte angebracht werden. Infolge ungleicher Stärke der Spundwandrohre kamen auf den Ramsdorfer Werken Klemmungen vor. Deshalb liefs man hier nicht nur die Ausschnitte, sondern auch die äufseren

Führungsrahmen fort und ersetzte die letzteren einzig und allein durch eine Kiesschicht.

Stofsen die Rohre auf härtere Gebirgsschichten, so wird in diesen mit stofsendem oder drehendem Bohren Platz gemacht. Die Bohrarbeit wird überhaupt schon dann angewendet, wenn die Rohre beim Niedergange einigen Widerstand finden.

Die Schachtsohle wird während des Abteufens in derselben Weise wie bei der Getriebearbeit vertäfelt.

C. Der endgültige Ausbau.

Die Spundwand wird nur bei geringen Mächtigkeiten des schwimmenden Gebirges als alleiniger Schachtausbau behalten werden können. Ist sie aus Profileisen hergestellt, und soll sie wasserdicht abschliefsen, so wird dies mit Beton erreicht, den man mit besonderen Betonlöffeln in die einzelnen Kästen einläfst.

In allen anderen Fällen führt man innerhalb der Spundwand noch einen besonderen Ausbau aus Holz, Eisen oder Mauerung auf.

D. Leistungen und Kosten.

In 24 Stunden werden meistens 30—60 m Rohrlänge, je nach der Beschaffenheit der zu durchsinkenden Gebirgsschichten, niedergetrieben.

Die Kosten belaufen sich für 1 m Schacht auf rund 700—1900 Mark. 1 qm Schachtwand kostet 60—133 Mark.

Viertes Kapitel. Die Senkschächte.

A. Allgemeines.

In der Regel sind Senkschächte hauptsächlich dann anzuwenden, wenn die zu durchteufenden Schwimmsandmassen grofse Mächtigkeit besitzen, wenn sie beträchtliche Dünnflüssigkeit aufweisen, oder wenn der Schacht gröfseren Durchmesser erhalten soll.

Bevor man das schwimmende Gebirge erreicht hat, wird der Senkzylinder in möglichster Länge zusammengesetzt. Er wird entsprechend dem Fortschritt der Senkarbeit durch Aufbauen so lange verlängert, bis das Liegende des schwimmenden Gebirges erreicht ist, vorausgesetzt, dafs der Senkschacht nicht etwa stecken bleibt.

Am häufigsten werden die Senkschächte aus Mauerwerk oder aus gufseisernen Tübbings hergestellt, während Schmiedeeisen verhältnismäfsig selten, Holz so gut wie gar nicht verwendet wird. In letzter Zeit sind auch Versuche mit Compoundschächten gemacht worden;

diese besitzen einen Mantel von Gufseisen und sind mit Mauerwerk ausgefuttert.

Die Hauptteile eines jeden Senkschachtes sind der Schneidschuh, der das Eindringen in das Gebirge erleichtern soll, und der eigentliche Schachtkörper; nur bei den gemauerten Senkschächten wird zwischen dem Schneidschuhe und dem Mauerkörper noch ein aus starken Bohlen bestehendes Zwischenglied, der Rost, eingeschaltet.

B. Senkschachtkonstruktionen.

I. Hölzerne Senkschächte.

Wie schon erwähnt, werden hölzerne Senkschächte so gut wie gar nicht mehr benutzt. Dies kommt daher, dafs das Holz zu schnell fault, und dafs es sich weder für grofsen Schachtdurchmesser noch für gröfsere Mächtigkeiten des schwimmenden Gebirges eignet.

Die Senkschächte werden ähnlich wie ein Fafs aus Holzdauben von 0,2 m Stärke, verschiedener Breite und bis zu 6 m Länge hergestellt. Zum Zusammenhalten der Dauben dienen eiserne Bänder, die durch senkrechte eiserne Zugstangen verbunden werden. Der unterste Eisenring endigt in eine Schneide.

II. Gemauerte Senkschächte.

a) Der Schneidschuh.

Der Schneidschuh braucht nur aus Holz angefertigt zu werden, wenn die zu durchsinkenden Massen verhältnismäfsig nachgiebig sind und nur geringe Mächtigkeit besitzen. Solche Schneidschuhe müssen aber mit Eisen beschlagen werden (Fig. 199, 200, 203, 204), damit sie haltbarer sind.

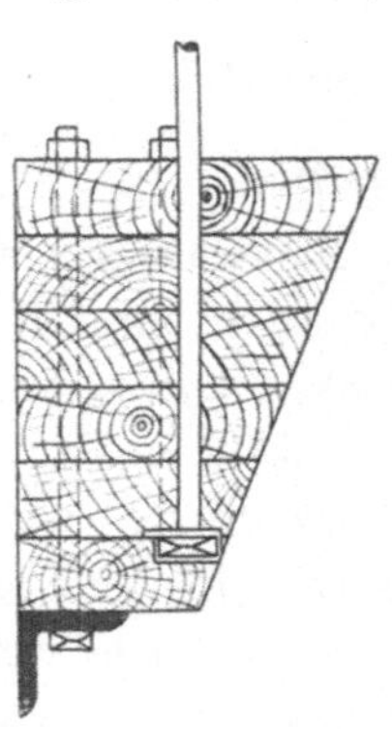

Fig. 199. Schneidschuh.
(Aus dem „Sammelwerk“, Bd. III.)

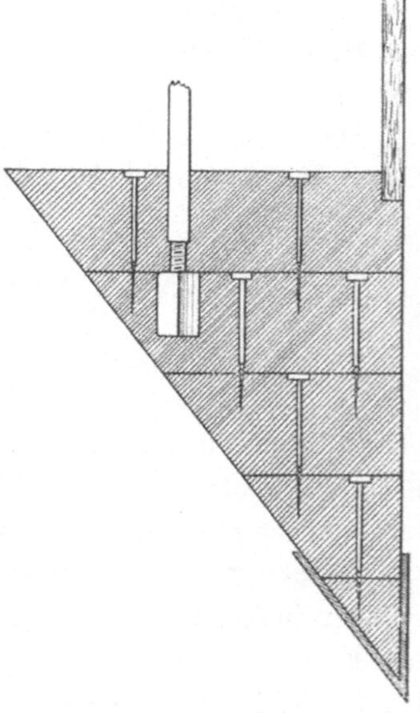

Fig. 200. Schneidschuh.
(Aus Köhler, Lehrbuch d. Bergbaukunde.)

Die gufseisernen Schneidschuhe werden am besten aus mehreren Segmenten zusammengesetzt, die miteinander verschraubt werden. So bestand beispielsweise der in Fig. 201 a—c abgebildete Schneidschuh von Schacht II der Grube Neumühl aus 20 Teilen. Zur Verbindung der einzelnen Stücke dienten je zehn starke Schrauben. Die Fugen wurden mit 3 mm starkem Bleiblech ausgelegt, welches nach erfolgter Verschraubung verstemmt wurde.

Die einzelnen Schneidschuhsegmente werden ebenso, wie es bei den gufseisernen Tübbings geschieht, mit Längs- und Querrippen

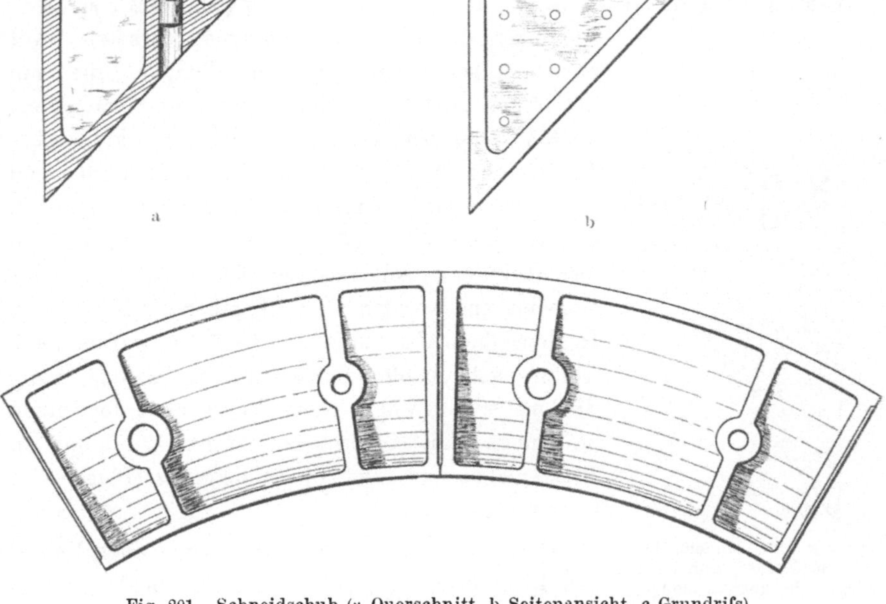

Fig. 201. Schneidschuh (a Querschnitt, b Seitenansicht, c Grundrifs). (Aus dem „Handbuch der Ingenieur-Wissenschaften", Band IV.)

versehen, die zur Verstärkung dienen. Dadurch entstehen einzelne Kammern, die offen bleiben oder aber ausgefüllt werden können. Danach unterscheidet man offene und geschlossene Schneidschuhformen. Die letztere Art ist stets vorzuziehen. Das Ausfüllen der Kammern erfolgt mit Holz, Mauerung oder Zementvergufs.

Der Winkel, den die beiden Schneideflächen bilden, mufs um so schlanker sein, je zäher das schwimmende Gebirge ist. Der üblichste Winkel ist ein solcher von 40—50°.

b) Der Rost und der Mauerschacht.

Da Mauerschächte meist bedeutende Wandstärken erhalten, Schneidschuhe von einer der Mauerstärke entsprechenden Breite aber sehr teuer wären, behilft man sich in der Mehrzahl der Fälle mit Schuhen von geringerer Breite. Es wird dann aber zwischen Senkschuh und Mauerkörper ein Zwischenglied, der Rost, eingeschaltet. Man hat den Rost in einigen Fällen fortgelassen (Fig. 201 a). Bei gröſseren Arbeiten soll dies jedoch nie geschehen; denn er hält die einzelnen Segmente des Schneidschuhes besser zusammen und erleichtert späterhin, falls dies nach Beendigung des Abteufens erwünscht sein sollte, die Entfernung des Senkschuhes.

Der Rost besteht aus starken Pfostenlagen, die untereinander verschraubt werden. Seine senkrechte Auſsenwand liegt nicht genau in der Verlängerung der Auſsenwand des Schneidschuhes *a* (Fig. 202), sondern ist gegen diese etwas nach innen versetzt. Auf diesem Absatze stehen buchene Bohlen *b*, die man unten am Roste, mit dem oberen Ende an einem 2—3,5 m darüber befindlichen Eichenholzkranze befestigt. Sie dienen als Lehre für die Mauerung und sollen während des Einsinkens die Reibung zwischen dem Senkschachte und dem Gebirge verringern. Zu diesem Zwecke sind sie auf der Auſsenseite glatt gehobelt und werden auch oft mit Seife bestrichen. In denselben Abständen von 2—3,5 m werden auch weiter nach obenhin immer neue Holzkränze in die Senkmauer eingefügt, um die Verschalung fortsetzen zu können. Die Holzkränze bestehen aus doppelten Pfostenlagen und gehen durch die ganze Mauerbreite hindurch.

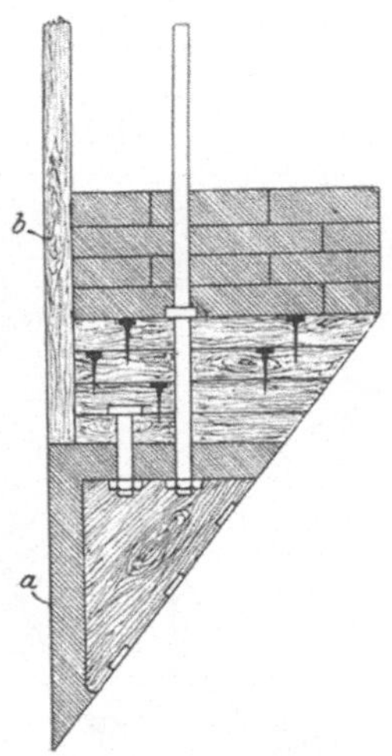

Fig. 202. Schneidschuh. (Aus Köhler, Lehrbuch d. Bergbaukunde.)

Die Holzschablone kann auch durch einen Mantel aus Eisenblech ersetzt werden. In beiden Fällen läſst man sie, besonders bei starken Mauern, nach oben sich verjüngen. Die Verjüngung beträgt auf 1 m Höhe 2—40 mm. Sie ist dadurch bedingt, daſs die Schachtmauer in gröſseren Tiefen wegen der Zunahme des Wasserdruckes gröſsere Wandstärke besitzen muſs. Ferner soll dadurch auch erzielt werden, daſs der Schacht, dessen äuſserer Durchmesser nun von unten nach oben abnimmt, leichter einsinkt.

Die gemauerten Senkschächte werden aus dem allerbesten Material hergestellt, also aus Klinkerziegeln und schnell abbindendem Zement. Die Mauerstärke soll zwei Steine betragen, wenn das schwimmende Gebirge bis zu 5 m mächtig ist. Für jede weiteren 5 m Senkschacht ist mindestens je $^1/_2$ Steinstärke zuzugeben. Der Durchmesser darf 8 m nicht übersteigen, weil sonst die Reibung mit dem Gebirge zu grofs würde.

Um zu verhüten, dafs ein Senkschacht schief niedergeht, sowie um die Geschwindigkeit des Niedersinkens jederzeit regeln zu können, werden die Mauerschächte an Ankerstangen *a* (Fig. 203 u. 204) aufgehängt,

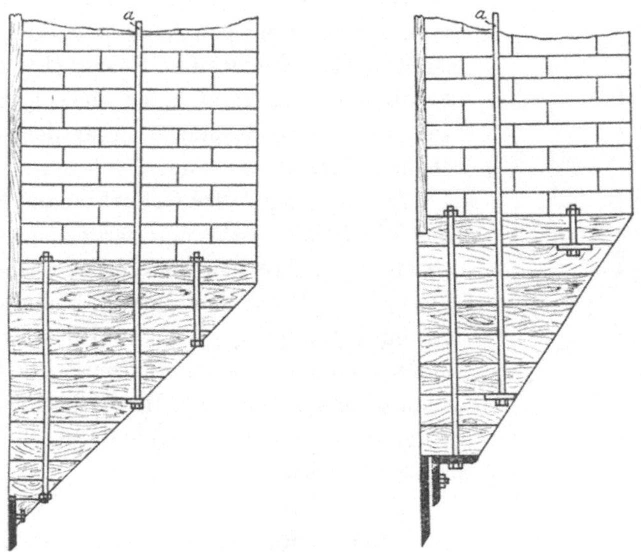

Fig. 203 u. 204. Schneidschuh. (Aus dem „Sammelwerk", Band III.)

die bis zutage reichen. Sie gehen vom Schneidschuhe aus und sind in ein oder auch in zwei konzentrischen Reihen angeordnet. Jedes Schneidschuhsegment wird mindestens an zwei Ankerstangen aufgehängt, deren

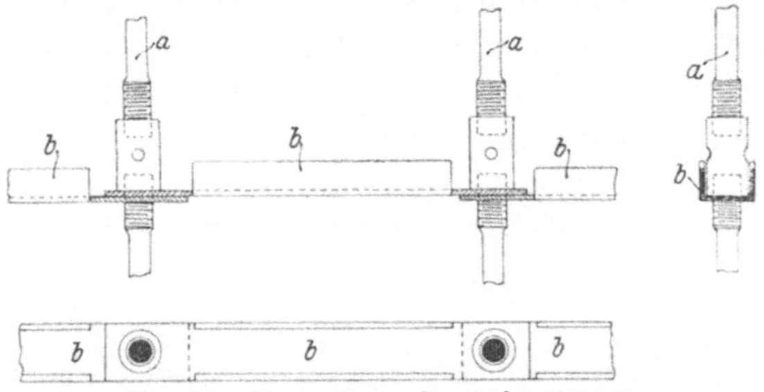

Fig. 205. Verlaschung der Ankerstangen.

Stärke von ihrer Anzahl und von der Gröfse der zu tragenden Last abhängt. Sie beträgt meistens 60—80 mm. Jede Ankerstange ist wiederum aus einzelnen Stücken von etwa 3 m Länge zusammengesetzt. Die zweckmäfsigste Verbindungsweise dieser einzelnen Stücke ist die Verschraubung.

Dem Senkschachte kann dadurch eine noch gröfsere Steifigkeit verliehen werden, dafs man die Ankerstangen *a* untereinander durch wagerechte Laschen *b* von Flacheisen oder U-Eisen verbindet (Fig. 205). Am oberen Ende sind die Ankerstangen mit Schraubenspindeln versehen und werden mit Hilfe von Senkwinden (Fig. 153) gleichmäfsig niedergelassen.

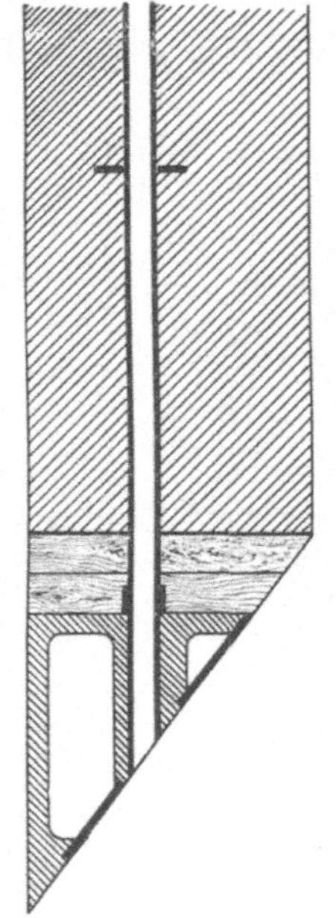

Fig. 206. Senkmauer mit hohlen Ankerstangen. (Aus der „Zeitschrift f. d. Berg-, Hütten- u. Salinenwesen im Preufs. Staate“, 1891.)

Auf Grube Neue Hoffnung bei Pömmelte wurden statt der massiven Ankerstangen schmiedeeiserne, patentgeschweifste Röhren (Fig. 206) eingebaut, um beim Durchteufen eines 12 m mächtigen Kieslagers Geschiebe unter dem Schneidschuhe entfernen zu können.

Im Schachte V der Gewerkschaft Deutscher Kaiser bei Hamborn erhielt der gemauerte Senkschacht Spülrohre von 38 mm Durchmesser, die ganz durch den Schneidschuh hindurchgingen. Mit einer Spülpumpe von 40 PS wurde durch sie ein kräftiger Wasserstrahl unter den Schneidschuh geschickt, der alle Hindernisse nach dem in der Mitte der Schachtsohle befindlichen Einbruche hinschaffte.

III. Gufseiserne Senkschächte.

Die gufseisernen Senkschächte bestehen nur aus dem Senkschuhe und dem eigentlichen Schachtkörper; es fehlt also bei ihnen der bei gemauerten Senkschächten fast unbedingt erforderliche Rost. Der Schneidschuh und die Ringe sind entweder geschlossen oder bestehen aus einzelnen Segmenten. Man wählt ganze Ringe bei kleinerem Schachtdurchmesser; dadurch gewinnt man noch den Vorteil, dafs man nicht so viele Fugen zu dichten braucht.

a) Der Schneidschuh.

Die Höhe des Schneidschuhes beträgt 0,6—1,0 m, seine Wandstärke bei 4—7 m Schachtdurchmesser und bei einer Teufe bis zu 50 m 50—75 mm. Sein Gewicht beläuft sich alsdann auf 6000—10 000 kg. Der Schneidenwinkel schwankt zwischen 30—45 °.

Das am häufigsten zur Herstellung von Schneidschuhen verwendete Material ist Gufseisen. Doch ist es gut, den Schuh noch mit einem warm aufgezogenen schmiedeeisernen Ringe *a* zu versehen (Fig. 207), weil er dadurch widerstandsfähiger wird. Neuerdings wird er auch ab und zu aus Stahlgufs hergestellt; denn bei schiefem Niedergehen des

Senkschachtes wird er auf Biegung beansprucht; dieser Beanspruchung wäre aber ein gufseiserner Schneidschuh nicht gewachsen.

Ist zu erwarten, dafs der Senkschacht grofsen Widerstand im Gebirge findet, so kann man wohl auch dem Schneidschuhe keine durchlaufenden senkrechten Fugen geben, sondern überblattet die einzelnen Segmente miteinander (Fig. 208). Durch eine derartige Anordnung der Fugen will man vermeiden, dafs die Schraubenbolzen zu stark auf Abscherung beansprucht werden.

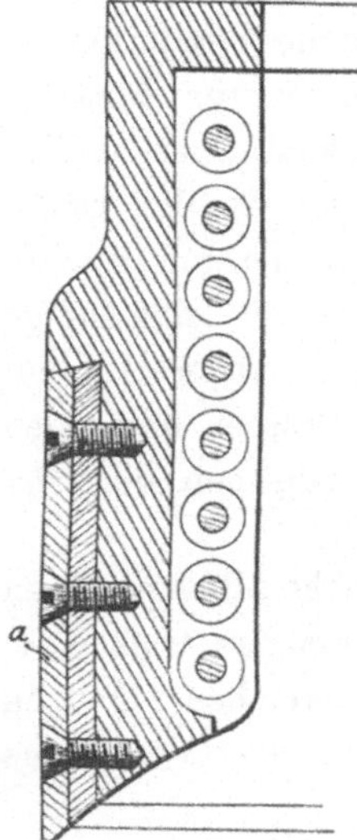

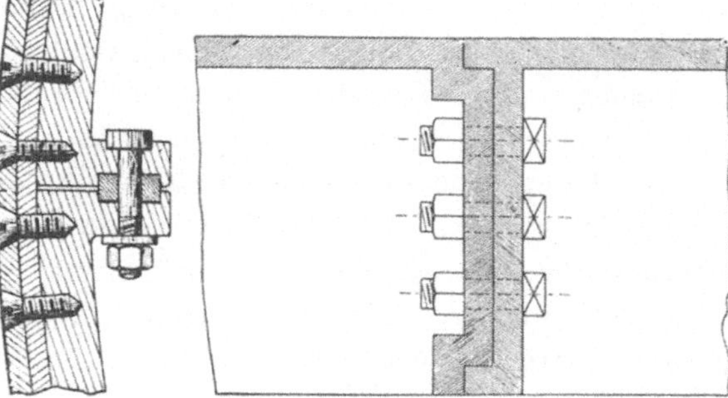

a Querschnitt. b Grundrifs.
Fig. 207. Schneidschuh mit Verstärkungsring. (Aus dem „Handbuch der Ingenieur-Wissenschaften", Band IV.)

Fig. 208. Verblattete Schneidschuhsegmente. (Aus der „Zeitschrift f. d. Berg-, Hütten- und Salinenwesen im Preufs. Staate", 1892.)

b) Der Gufseisenschacht.

Der auf dem Schneidschuh aufgebaute Senkkörper besteht immer aus deutschen Tübbings, deren Flanschen meistens bearbeitet sind. Die Fugen werden mit Bleistreifen gedichtet. Bei kleinen Schächten kann diese Abdichtung auch aus pikotierten Holzeinlagen bestehen. Bleiben die Flanschen unbearbeitet, so lassen sich die Fugen auch mit Zementkitt ausfüllen.

Die Wandstärke der Tübbings ist von der Tiefe und dem Drucke abhängig, mit dem der Schacht niedergeprefst wird. Auch bei geringen Tiefen soll man nicht unter 40 mm Stärke der Tübbings gehen. Die höchste zulässige Stärke beträgt 90 mm. Dafs man hier nicht bis zu 110 mm geht, wie bei Schächten, die nach System Kind-Chaudron abgebohrt werden, kommt daher, dafs die gufseisernen Senkschächte in das Gebirge eingeprefst werden. Tübbings von mehr als 90 mm Wandstärke würden aber hierfür kein geeignetes Material mehr besitzen. Bei Berechnung der Wandstärke ist der spezifische Druck mit 1,9 anzusetzen, weil der Wasserdruck noch durch den des Gebirges vergröfsert wird.

IV. Compoundschächte.

Die von Direktor Pattberg erfundenen Compoundschächte sind aus dem Bestreben heraus entstanden, die Gufseisenschächte gegen das Eingedrücktwerden möglichst widerstandsfähig zu machen. Zu diesem Zwecke werden zwischen den Tübbingsringen breite, steife Verstärkungsringe *a* (Fig. 222) eingeschaltet. Diese erhalten im unteren Schachtteile 3 m, weiter oben 4 1/2, 6 und 9 m Abstand. Sie sind untereinander durch Ankerstangen *b* verbunden und dienen als Träger für Mauerwerk oder Beton, mit dem der Zwischenraum zwischen ihnen ausgefüllt wird. Die dadurch hervorgerufene Gewichtsvermehrung soll das selbständige Niedergehen des Senkschachtes günstig beeinflussen; anderseits behält man auch den Vorteil der Gufseisenschächte, Pressen anwenden zu können. Die Wandstärke steht in der Mitte zwischen der von gufseisernen und gemauerten Senkschächten.

Die Compoundschächte sind u. a. bereits auf Zeche Rheinpreufsen angewendet worden. Gröfsere Tiefen als wie mit einfachen Gufseisenschächten liefsen sich dort auch mit ihnen nicht erreichen. Jedoch steht zu erwarten, dafs bei ferneren Anwendungen des Verfahrens günstigere Ergebnisse erzielt werden.

V. Stahlschächte.

Um die Tübbingsschächte widerstandsfähiger zu machen, ist von verschiedenen Seiten vorgeschlagen worden, statt Gufseisen Stahl zu verwenden. Hiergegen wendet Riemer mit Recht ein, dafs dies die Kosten auf das Dreifache erhöhen würde, ohne sonst etwas zu nützen; denn es kommt hier in erster Reihe die relative Festigkeit in Frage; diese ist aber bei Stahl nur wenig gröfser als bei Gufseisen.

Wenn es also auch überflüssig ist, ganze Senkschächte aus Gufsstahl herzustellen, so kann man dieses Material doch mit Vorteil im unteren Teile von solchen Senkschächten anwenden, die eine grofse Tiefe erhalten sollen. Es ist eine alte Tatsache, dafs fast kein Senkschacht im Lote niedergeht. Wenn nun hierzu ein ruckweises, von starken Stöfsen begleitetes Sinken kommt, werden in den meisten Fällen die untersten Tübbingsringe beschädigt werden. Stahltübbings werden dagegen an dieser Stelle haltbarer sein.

VI. Eisenblechschächte.

Weil Gufseisenschächte bei stofsweisem Einsinken leicht zertrümmert werden, suchte man die Stofswirkung auch dadurch zu verringern, dafs man das Gewicht der Senkschächte verringerte. Hierzu war Schmiedeeisen das beste Material.

Schmiedeeiserne Schächte haben bis jetzt nur geringen Durchmesser bekommen, nämlich rund 1,3—3,5 m. Die Wandstärke beträgt bis zu 26 mm. Die Senkzylinder werden aus einzelnen Ringen von 0,78—1,25 m Höhe zusammengesetzt, die aus mehreren Schüssen bestehen. Der unterste Ring erhält am besten doppelte Wandstärke. Aufserdem ist der ganze Schacht sowohl in der Längsrichtung als auch rundherum durch Flacheisen- oder U-Eisenschienen zu verstärken. Als Schuh dient ein am untersten Ringe angenieteter Stahlring von 16 mm Wandstärke.

Weil die Blechzylinder gegen Druck nicht hinreichend sicher sind, hatte man auf Rheinpreufsen II im Jahre 1872 gleich von Anfang an einen Tübbingsausbau als Auskleidung des schmiedeeisernen Senkschachtes gewählt.

C. Vergleich der verschiedenen Senkschachtarten.

Da in der Hauptsache nur gemauerte und gufseiserne Senkschächte angewendet werden, kommen bei einem Vergleiche der einzelnen Senkschachtarten untereinander nur diese beiden in Betracht.

Die gemauerten Senkschächte sind schwerer als die gufseisernen von gleicher Höhe und gleichem lichten Durchmesser. Berechnet man jedoch das Gewicht auf 1 qm Grundfläche, so sind die gufseisernen schwerer.

Bei den gemauerten Senkschächten mufs man mehr Gebirge entfernen als bei gufseisernen Schächten von gleicher Höhe und gleichem lichten Durchmesser, nämlich um den Unterschied des Rauminhaltes.

Gemauerte Senkschächte sinken erfahrungsgemäfs nicht tiefer als durchschnittlich 40 m. Will aber ein gemauerter Senkschacht nicht mehr sinken, so darf man ihn nicht etwa einpressen, sondern nur durch Belastung tiefer zu bringen suchen. Ein gufseiserner Schacht kann dagegen noch geprefst werden. Der von den Pressen ausgeübte Druck darf hier bis zu 1,5—2 Millionen Kilogramm auf 1 qm gehen. Zudem sinken eiserne Senkschächte wegen des kleineren Querschnittes besser.

D. Die Abteufarbeiten.

I. Vorarbeiten (Herstellung der Führung für den Senkschacht).

a) Die Senkarbeit erfolgt von Tage aus.

Jeder Senkschacht mufs in seinem oberen Teile eine stramme Führung erhalten, damit er möglichst lotrecht niedergeht. Diese Führung mufs hergestellt werden, ehe man an die Abteufarbeit herangehen kann.

Der Fall, dafs das schwimmende Gebirge sich bereits **1—2** m unter der Tagesfläche einstellt, wird sehr selten vorkommen. In diesem Falle errichtet man über dem Schachte ein starkes Gerüst, in dessen Innerem eine gröfsere Anzahl senkrecht stehender Leitungsbäume angebracht ist. Diese geben dem Senkschachte die erforderliche lotrechte Richtung.

Ist es möglich, von Tage aus erst **10—12** m auf der Sohle abzuteufen, ehe man das schwimmende Gebirge erreicht, dann stellt man einen Vorschacht von solchem Durchmesser her, dafs der Senkschacht in dessen Lichtem gut Platz hat. Als Ausbau des Vorschachtes genügt Holzzimmerung mit einer entsprechenden Anzahl gleichmäfsig rundherum verteilter, senkrechter Leitungsbäume, wenn man sicher weifs, dafs der Schacht nicht geprefst zu werden braucht. Mufs jedoch der Senkschacht geprefst werden, dann ist es erforderlich, dafs der Vorschacht ausgemauert wird.

In diesem Falle teuft man den Vorschacht je nach der Beschaffenheit des Gebirges so tief ab, dafs über dem schwimmenden Gebirge noch eine Schwebe von **1—3** m bleibt. Darauf verlegt man auf einem Zementvergusse vollständig horizontal einen gufseisernen Ring *a* (Fig. 209), den Sohlenring oder Zugring. Er besteht je nach seinem Durchmesser und Gewichte aus mehr oder weniger Segmenten; seine Breite ist gleich der unteren Mauerstärke des Führungsschachtes. Durch Längs- und Querrippen wird er in Kammern eingeteilt. Der Ring hängt an ein oder zwei Reihen von Ankerstangen *b*, die bis zu Tage reichen und am besten im Schachtturme endigen. Dadurch soll vermieden werden, dafs die nun zu errichtende Führungsmauer in das schwimmende Gebirge einsinkt. Um den Verband des Führungsschachtes mit dem Gebirge zu erhöhen, ist es sehr zweckmäfsig, ihm auf der Aufsenseite mehrere Verstärkungsrippen zu geben (Fig. 210).

Es genügt vollständig, wenn der Führungsschacht eine Länge von 10—14 m erhält. In diesem Abstande vom Zugring wird, wenn es sich um gufseiserne Senkschächte handelt, der Prefsring (Druckring) *c* (Fig. 209) eingebaut. Er ragt soweit in das Schachtlichte hinein, dafs die auf dem Senkschachte *d* stehenden Pressen gegen ihn drücken können. Es ist gut, der über dem Druckringe aufzuführenden Schachtmauer solchen Durchmesser zu geben, dafs er von ihr voll bedeckt wird; anderenfalls könnte er beim Pressen leicht nach oben gedrückt werden.

In dem Prefsringe wird ein Teil der Ankerstangen befestigt (Fig. 210 links); der Rest geht bis zu Tage (Fig. 210 rechts) und endigt dort in starken Eisenplatten oder in einem besonderen Ringe, der auf der Oberfläche des Führungsschachtes aufliegt.

Ist der Führungsschacht nur kurz, so dafs der Prefsring in die Rasenfläche zu liegen kommt, dann mufs man die Mauer auf ihm noch

2—4 m hoch über die Tagesfläche hinaus aufführen und ihr nach aufsen hin grofse Stärke geben. Denn der Führungsschacht mufs so schwer sein, dafs die Pressen an ihm ein sicheres und vor allem feststehendes Widerlager finden.

Zwischen dem Senkschachte und den Stöfsen des Führungsschachtes bleibt ein kleiner Spielraum, damit der Senkschacht nicht infolge der Reibung zu stark gebremst wird. Um ihm jedoch trotzdem die nötige Führung zu geben, werden an den Wandungen des Vorschachtes rundherum hölzerne oder eiserne Leitungen in senkrechter Richtung angebracht (Fig. 211, 226). In Oberschlesien baut man keine besonderen Leitungen ein, sondern

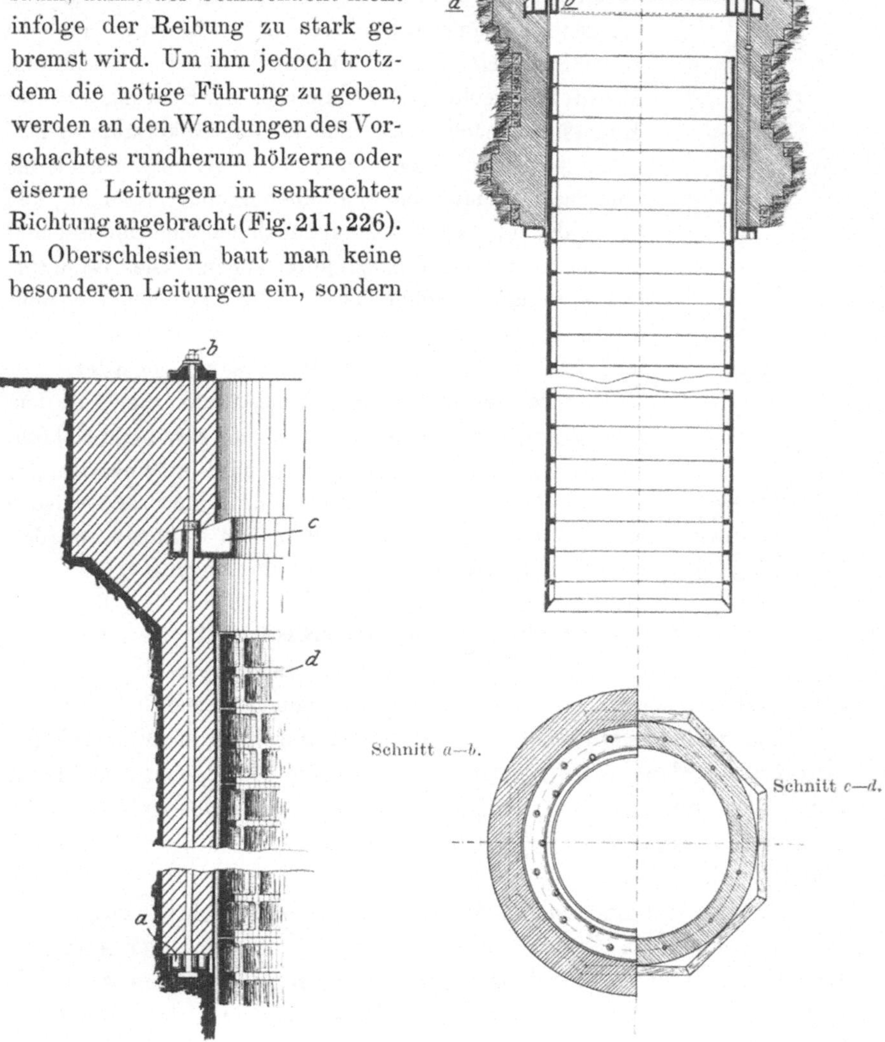

Fig. 209. Führungsschacht mit Zug- und Druckring. (Aus dem „Handbuch der Ingenieur-Wissenschaften“, Band IV.)

Fig. 210. Führungsschacht mit äufseren Verstärkungsrippen.

verlegt die innere Reihe von Ankerstangen vor die Stirnwand des Führungsschachtes (Fig. 210).

Der erste Senkschacht, den man von Tage aus niederbringt, ist in der Regel ein gemauerter. Man läſst ihn so tief einsinken, als er infolge des Eigengewichtes niedergeht. Bleibt er stecken, so soll man nicht versuchen, ihn mit Gewalt weiter vorzutreiben, weil er dann fast durchweg beschädigt wird. Das ratsamste Verfahren ist, in ihm einen neuen Schacht abzusenken, der dann aus Guſseisen hergestellt wird, weil ein neuer gemauerter Senkschacht den freien Querschnitt zu sehr einengen würde. Für diesen neuen Schacht dient der steckengebliebene Senkkörper als Führung. Dieser Mauersenkschacht muſs also an den Ankerstangen aufgehängt bleiben, damit er nicht etwa später noch ins Rutschen kommt. Aus demselben Grunde ist es gut, den Schneidschuh nebst Rost abzunehmen und den Schacht durch einen Mauerfuſs zu unterfangen. Dies ist natürlich nur dann möglich, wenn der Schneidschuh in einer festen, wasserfreien Schicht steht oder wenn es das Abteufverfahren (Arbeiten unter Preſsluft) gestattet.

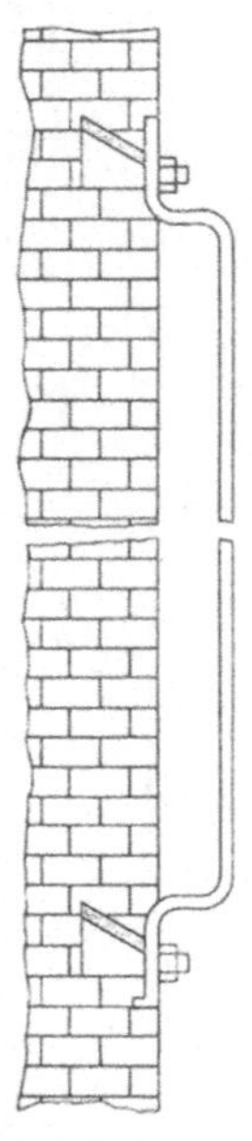

Fig. 211. Eiserne Führung für den Senkschacht. (Aus dem „Sammelwerk“, Band III.)

Sollte der steckengebliebene Senkkörper aus dem Lote gekommen sein, so ist er vorher gerade zu richten. Ist dies nicht durchführbar, dann wird in seinem Innern so viel Mauerwerk weggespitzt, daſs die Stöſse wieder im Lote stehen, oder aber die neuen Leitungen werden im schiefen Senkschachte lotrecht eingebaut.

b) Die Senkarbeit erfolgt in gröſserer Teufe.

Der Fall, daſs man einen Schacht erst im festen Gestein abteuft und dann erst auf schwimmendes Gebirge stöſst, kommt namentlich in Oberschlesien nicht selten vor. Die Schächte, die hier im Muschelkalke angesetzt werden, müssen, bevor sie das Steinkohlengebirge anfahren, durch den Buntsandstein hindurch; dieser ist in Oberschlesien fast allenthalben schwimmend. Die Tiefe, in der er bis jetzt immer erreicht wurde, beträgt 60—120 m.

Es ist selbstverständlich, daſs erst der obere Schachtteil vollständig in den endgültigen Ausbau gesetzt werden muſs, ehe man zum Absenken schreiten darf. Dieser Ausbau muſs ferner vor dem Abreiſsen und Abrutschen gesichert werden. Dies geschieht mit Hilfe von häufigen Mauerfüſsen, äuſseren gemauerten Verstärkungsringen, die auch weiter nichts als einen Mauerfuſs darstellen, durch Aufhängen an Ankerstangen, Drahtseilen usw.

Die untersten 10—14 m werden als Führungsschacht mit etwas gröfserem Durchmesser ausgemauert als der darüberstehende Teil, damit der Schacht im schwimmenden Gebirge keine Verengerung erleidet. Die lichte Weite des Führungsschachtes berechnet sich aus dem erforderten Durchmesser des Senkschachtes + dessen doppelter Wandstärke + der doppelten Stärke der im Führungsschachte eingebauten Leitungen. Besser ist es jedoch, den Durchmesser des Führungsschachtes und des Senkschachtes noch gröfser zu nehmen, weil man immer damit rechnen mufs, dafs man mit nur einem Senkschachte nicht auskommt, sondern möglicherweise noch einen zweiten oder dritten innerhalb des ersten abteufen mufs. Man wird in diesen Tiefen natürlich immer nur gufseiserne Senkschächte anwenden; denn bleibt ein solcher stecken, so ist die Querschnittsverminderung nicht so bedeutend wie bei Anwendung eines gemauerten Senkschachtes.

II. Das Abteufen.

a) Der Zusammenbau und die Aufstellung des Senkschachtes.

Nach Fertigstellung des Führungsschachtes wird der Senkschacht zusammengesetzt. Dies geschieht nicht unmittelbar auf der Sohle des Führungsschachtes, sondern auf einer Aufschüttung, die aus Kies, Sand, Lehm oder Kesselasche besteht. Kies hat den Nachteil, dafs er sich hinter dem Senkschachte festsackt und Klemmungen verursacht. Das beste Material ist Sand, den man weiter oben durch Ziegelbrocken ersetzen kann. Auf Donnersmarckgrube bei Rybnik wurde Kesselschlacke als recht brauchbares Material erprobt, dies besonders aus dem Grunde, weil sie kein Wasser ansaugt.

Fig. 212. Schneidschuh mit Strebe.

Die Höhe des Pfropfens soll nicht unter 2—4 m betragen. Als allgemeiner Anhaltepunkt hierfür kann gelten, dafs sie mit $^1/_8$—$^2/_3$ des Abstandes von der Schachtsohle bis zum Grundwasserspiegel zu bemessen ist, und zwar $^1/_3$ bei festem Ton, $^1/_2$ bei weichem Ton und $^2/_3$ bei Schwimmsand.

Ist der Pfropfen fertig, so wird er eingeebnet und auf ihm eine genau söhlig liegende Bohlenbühne zusammengesetzt. Auf dieser wird nun der Schneidschuh aufgestellt. Die einzelnen Segmente desselben werden durch schräge Bolzen, die unter die wagerechten Flanschen greifen, nach innen hin abgestrebt (Fig. 212). Dieses Abstreben verhindert, dafs die zunächst noch einzeln stehenden Segmente umfallen, und verteilt den Druck des Senkschachtes auf die ganze Bühne.

Während des Zusammensetzens werden die einzelnen Segmente nach einem Mittellote eingerichtet, so daſs der fertige Schneidschuh schlieſslich auf dem richtigen Kreisumfange steht.

Auf dem Schneidschuhe wird nun der übrige Teil des Senkschachtes aufgeführt. Sobald dieser eine Mindesthöhe von 4 m erreicht hat, wird die Bühne durchgehauen, worauf der Schacht zu sinken beginnt. Die Abwärtsbewegung erfolgt anfangs schneller, wird aber infolge der gröſseren Reibung immer langsamer, je tiefer der Schacht in das Gebirge eindringt.

b) Die Absenkarbeiten.

Während der nun folgenden Abteufarbeiten ist stets darauf zu halten, daſs der Schneidschuh vollständig im Gebirge steckt. Die Gewinnung der losen Massen darf also nur innerhalb des Senkschachtes und oberhalb seiner Schneide erfolgen. Nur wenn der Senkschacht auf sehr harten Gesteinseinlagerungen im schwimmenden Gebirge aufsitzt und nicht weiter vordringen will, wird in der Praxis häufig der Senkschuh mit geeigneten Werkzeugen unterschnitten und auf diese Weise unter ihm ein Einbruch hergestellt, in den man dann den Schacht nachsinken läſst. Dies ist jedoch ein sehr gewagtes Unternehmen; denn es können sich hierbei auſserhalb der Schachtwandungen Hohlräume bilden, die schlieſslich einmal zusammenbrechen. Die stürzenden Massen üben auf den Schacht einen Stoſs aus, der einer Kraftäuſserung von vielen tausend Pferdestärken gleichkommt. Daſs hierbei der Schacht zerdrückt werden muſs, liegt klar auf der Hand.

Um gegen den Auftrieb des schwimmenden Gebirges während des Abteufens einen Gegendruck auszuüben, behilft man sich in zahlreichen Fällen in der Weise, daſs während des Abteufens im Senkschachte eine hinreichend hohe Wassersäule stehen bleibt. Diese muſs im Schachte mindestens ebenso hoch stehen als wie der Wasserspiegel im Gebirge. Besser ist es jedoch, sie noch etwas höher zu halten. Denn es muſs berücksichtigt werden, daſs das Wasser im Schachte nur ein spezifisches Gewicht von 1 besitzt, während das des schwimmenden Gebirges nahe an 2 heranreicht. Von diesem Überdrucke wird ein Teil durch die gröſsere Reibung im Gebirge, die gröſsere Zähflüssigkeit usw. wieder aufgehoben.

Das „Abteufen im toten Wasser“, wie man diese Arbeitsweise nennt, findet immer Anwendung bei groſser Mächtigkeit der schwimmenden Gebirgsschichten sowie bei verhältnismäſsig hoher Dünnflüssigkeit derselben.

Wenn es aber erwünscht ist, die Arbeiter auf der Schachtsohle arbeiten zu lassen, muſs der Gegendruck auf andere Weise hervorgerufen werden. Dies wird dann entweder durch eine Sohlenvertäfelung erzielt oder durch Preſsluft, die man unter eine im Senkschachte eingebaute luftdicht abschlieſsende Bühne pumpt.

1. Das Abteufen auf der Sohle.

Wird auf der Sohle abgeteuft, so wird eine Vertäfelung angewendet, die sich in nichts von der in Getriebeschächten üblichen unterscheidet. Diese Vertäfelung kann ebenso wie in Getriebeschächten fortbleiben, wenn man genau weiſs, daſs das Gebirge nicht treiben wird.

Wird mit Benutzung von Preſsluft abgeteuft, dann ist eine Sohlenverwahrung überflüssig, weil hier der Gegendruck gegen den Auftrieb des Gebirges von der verdichteten Luft ausgeübt wird. Es ist zu berücksichtigen, daſs dieser Luftdruck nach allen Richtungen hin gleichmäſsig wirkt. Von diesen verschiedenen Richtungen darf die nach oben gehende nicht unberücksichtigt bleiben. Der senkrecht nach oben wirkende Druck sucht nämlich den Senkschacht anzuheben: er wächst mit der Spannung der Preſsluft und mit dem Durchmesser des Schachtes.

Eine recht zweckmäſsige Einrichtung für das Arbeiten unter erhöhtem Luftdrucke ist die in Fig. 213 dargestellte Luftschleuse von Sterkrade I. Der Deckel *a* war in einer Höhe von 2,2 m über dem Schneidschuhe mit dem Mauerwerke luftdicht verbunden. Das Förder- und Fahrrohr *b* hatte 0,9 m Durchmesser; es ging vom Deckel aus bis zu Tage und wurde in demselben Maſse nach oben verlängert, als der Senkschacht in das Gebirge einsank. Auf dem Förderrohre saſs die Kammer *c* auf, in welche man durch die Vorkammer *d* gelangte. Zwei Förderhosen *e* gestatteten, das mit dem Haspel *f* in die Kammer *c* gezogene Fördergut von Tage aus abzuziehen.

Beim Einfahren begab sich die Belegschaft in die Vorkammer *d*, die gegen den übrigen Teil der Luftschleusen, den Arbeitsraum, dicht verschlossen war. Nun wurde in den Vorraum so lange Druckluft eingelassen, bis in ihr derselbe Atmosphärendruck herrschte wie im Arbeitsraume. Nun konnte sich die Belegschaft auf die Schachtsohle begeben. Die in die Kammer *c* aufgezogenen Massen wurden abwechselnd in die eine, dann in die andere Hose *e* verstürzt, so, daſs immer eine gefüllt, die andere entladen wurde. Damit an diesen Stellen keine Druckluft aus dem Arbeitsraume entweichen konnte, hatte jede Förderhose am oberen und unteren Ende je eine Verschluſsklappe. Diejenige Hose, welche gerade gefüllt wurde, war unten geschlossen und oben offen, die in der Entladung begriffene war dagegen oben geschlossen und unten offen.

Bei der Ausfahrt mufste die Belegschaft wieder so lange in der nach allen Seiten hin abgesperrten Vorkammer warten, bis die Spannung daselbst auf den gewöhnlichen Atmosphärendruck gesunken war.

Zum Arbeiten in der Prefsluft dürfen nur vollständig gesunde Leute herangezogen werden; insbesondere müssen sich bei ihnen Herz und Lungen in gutem Zustande befinden. Namentlich während des Ein- und Ausschleusens machen sich Kopf- und Gliederschmerzen sowie Ohrensausen bemerkbar. Die in dem Arbeitsraume herrschende hohe Wärme macht die Arbeiter leicht zu Erkältungen geneigt.

Im allgemeinen soll man bei Arbeiten mit der Luftschleuse nicht über einen Druck von 2,5 bis 3 Atmosphären hinausgehen. Dadurch ist ohne weiteres die Grenze für die Anwendbarkeit des Verfahrens gezogen; denn der Luftdruck im Schachte mufs dem Auftriebe des Gebirges das Gleichgewicht bieten. Nimmt nun die Mächtigkeit des schwimmenden Gebirges zu, so steigt der

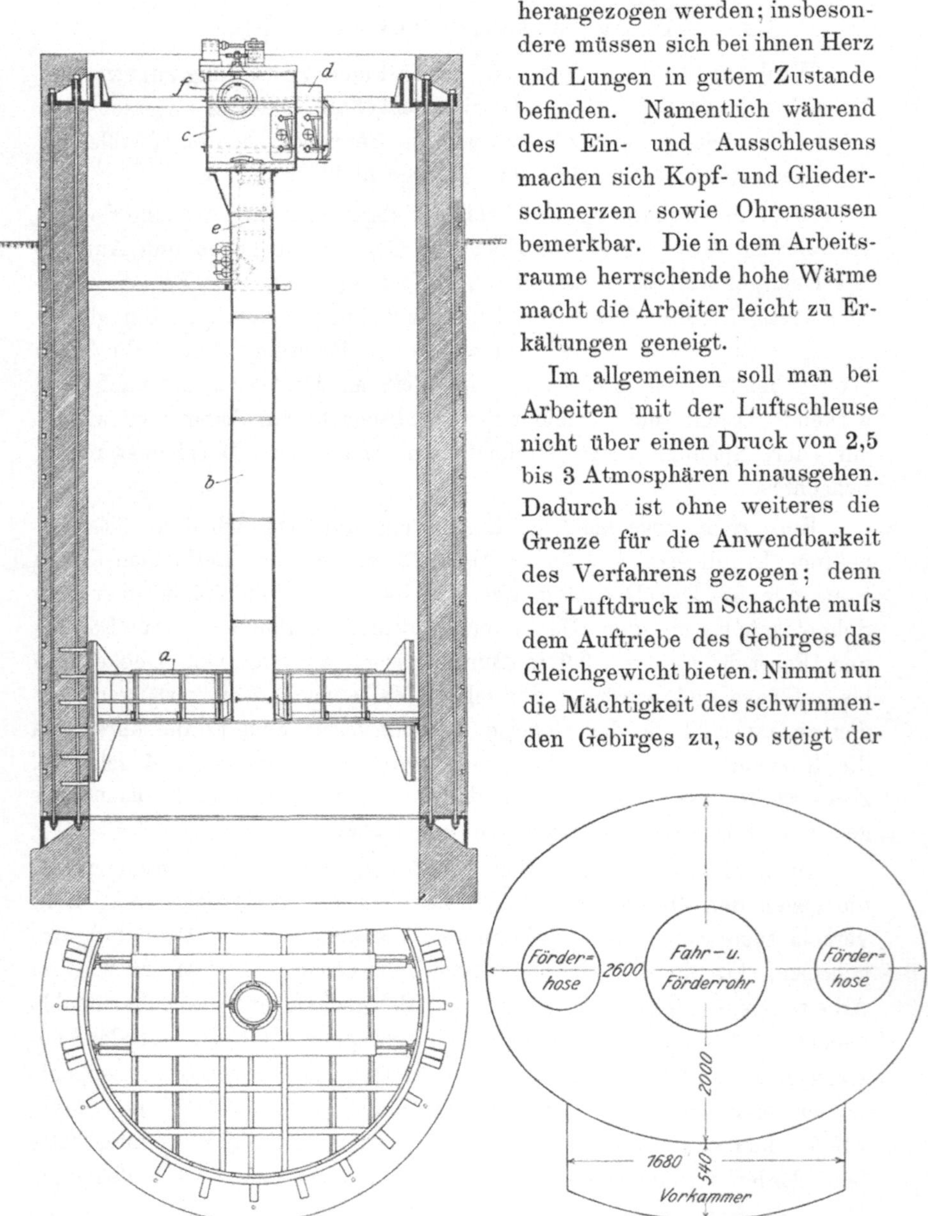

Fig. 213. Luftschleuse. (Aus „Glückauf“ 1898, Nr. 10.)

Wasserdruck nach der Tiefe hin so weit, daſs in dem entsprechenden Luftdrucke nicht mehr gearbeitet werden kann.

In den wenigen Fällen, in welchen bisher Preſsluft bei den Abteufarbeiten verwendet wurde, hat sich als gröſste Gefahr gezeigt, daſs die Luftschleusen leicht explodieren können. Diese Explosionen können auf zweierlei Weise entstehen. Das eine Mal kann das Gebirge plötzlich in Bewegung geraten; es dringt mit groſser Gewalt in das Schachtinnere ein und verdichtet die Preſsluft mit einem Rucke so stark, daſs die Abschluſsbühne herausgeschleudert wird (Zeche Rheinpreuſsen). In einem anderen Falle lieſs sich eine Explosion nur in der Weise erklären, daſs sich plötzlich im Gebirge Risse bildeten, die bis zu Tage reichten. Auf diesen Kanälen entwich die Preſsluft aus dem Schachte. Darauf drang natürlich das schwimmende Gebirge mit groſser Gewalt in den Arbeitsraum und zerstörte die Schleuse vollständig.

2. Das Abteufen im toten Wasser.

Beim Schachtabsenken im toten Wasser sind die vorbereitenden Arbeiten dieselben, als wenn auf der Schachtsohle abgeteuft werden sollte. Erst nachdem der Senkschacht so hoch aufgeführt worden ist, daſs er über den während des Abteufens zu haltenden Wasserspiegel emporragt, läſst man die Schachtwasser ansteigen. Reicht das Wasser nicht bis zu der gewünschten Höhe, so muſs noch welches zugeleitet werden. Sind die Wasserzuflüsse aber zu stark, namentlich wenn aus höheren Stellen des Schachtes Wasser zuströmt, so wird der Überfluſs mit schwebenden oder fest verlagerten Pumpen gehoben. Damit der Wasserspiegel immer auf gleicher Höhe gehalten werden kann, bringt man an der Schachtwandung unmittelbar über dem Preſsringe einen Wasserstandszeiger an, der mit einem Schwimmer in Verbindung steht.

α) Die Arbeitsbühne.

Für die Arbeiter muſs im Schachte eine Bühne hergerichtet werden. Es kann dies eine schwebende Bühne sein. Da eine solche ständig dieselbe Teufe unter dem Preſsringe beibehält, wird durch ihren Abstand vom Wasserspiegel ohne weiteres dessen Steigen und Fallen festgestellt.

Bei Tübbingsschächten kann die Bühne auf den wagerechten Verstärkungsrippen verlagert werden. Sie sinkt dann mit dem Schachte tiefer und wird jedesmal höher nach oben verlegt, wenn sie den Wasserspiegel erreicht hat oder wenn ein neuer Tübbingsring eingebaut worden ist.

In gemauerten Senkschächten verlegt man eine solche Bühne auf Trägern, die in die Stöſse des Mauerschachtes eingelassen sind. Beim

Höherlegen der Bühne werden diese Träger ausgebaut und die Bühnlöcher vermauert.

Auf dem Versuchsschachte im Nordfelde der Königsgrube O.-S. stand s. Zt. eine schwimmende Bühne in Anwendung. Sie wurde mit Vorschubsriegeln auf die wagerechten Rippen der Tübbings aufgesetzt, um bei einseitiger Belastung nicht zu kippen. Sanken diese Rippen unter den Wasserspiegel, so wurden zwischen sie und die Riegel kurze Bolzen gestellt.

Die Arbeitsbühnen besitzen in der Mitte eine Öffnung, um dem Bohrer den Durchgang zu gestatten. Diese Öffnung ist entweder mit einem Geländer umwehrt oder besser durch Klappen verschlossen.

β) Die Preſsvorrichtungen.

Zum gewaltsamen Niederpressen darf man nur bei guſseisernen Senkschächten schreiten. Dies geschieht mit Schraubenwinden oder hydraulischen Pressen, die man meistens auf den Oberrand des Senkschachtes aufsetzt und gegen den Preſsring drücken läſst. Seltener stellt man die Pressen *a*, wie in Fig. 214 abgebildet, auſserhalb der Schachtscheibe auf und drückt den Senkkörper mittels Hebebäumen *b* nach unten, die ihren Stützpunkt auf dem Führungsschachte *c* finden.

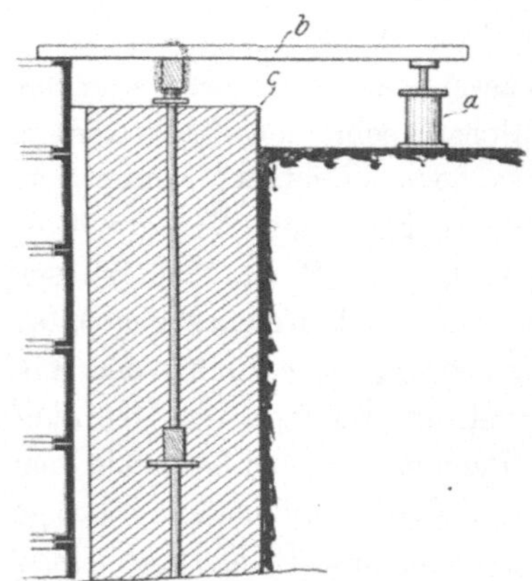

Fig. 214. Schachtpreſsvorrichtung. (Aus dem „Handbuch der Ingenieur-Wissenschaften", Band IV.)

Die Anzahl der Pressen hängt von ihrer Leistungsfähigkeit und dem Widerstande des Gebirges ab. Schraubenpressen leisten 20—30 t, hydraulische Pressen 60—100 t.

Die letzteren können Handantrieb haben oder für maschinelle Bedienung eingerichtet sein, in welchem Falle noch eine Dampfpumpe und ein Akkumulator aufgestellt werden müssen.

Der mechanische Antrieb der Schachtpressen bietet die Vorteile,

1. daſs alle Pressen gleichzeitig mit vollem Druck wirken,
2. daſs der Senkschacht beständig in Bewegung erhalten wird und
3. daſs er bei längerer Dauer des Pressens sich billiger als Handbetrieb stellt.

γ) Die Gewinnung des Gebirges.

1. Sackbohrer.

Der Sackbohrer ist das beim Schachtabsenken am häufigsten angewendete Werkzeug. In seiner einfachsten Form besteht er aus an dem Arbeitsgestänge *a* (Fig. 215) befestigten Rahmen *b*, an denen die Ledersäcke *c* angeschraubt sind. Der obere Teil der Säcke, welcher der Öffnung gegenüberliegt, wird am besten aus starker Sackleinwand gearbeitet, um während der Drehung und beim Aufholen das Wasser durchfliefsen zu lassen. Dadurch wird die Handhabung des Bohrers wesentlich erleichtert. Häufig wird die auf der Schachtsohle gleitende Unterseite des Rahmens mit Messern und Reifsern besetzt, namentlich wenn es sich um die Arbeit in harten Einlagerungen handelt. Die Breite des Sackbohrers ist bei kleinem Schachtdurchmesser gleich der lichten Weite des Schachtes. Bei gröfserem Durchmesser beträgt die Rahmenbreite 2—2,5 m. Man stellt zuerst in der Mitte der Schachtsohle einen Einbruch her und erweitert diesen allmählich nach den Stöfsen hin.

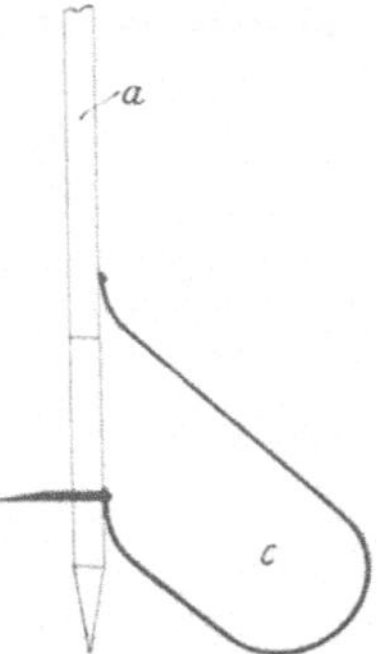

a Vorderansicht. b Seitenansicht.

Fig. 215. Sackbohrer. (Aus Tecklenburg, Handbuch der Tiefbohrkunde, Band VI.)

Die Drehung des Bohrers erfolgt mit Menschen oder Maschinen; ab und zu werden zu dieser Arbeit auch Tiere, am besten Ochsen, verwendet. Das Gestänge ist massives Quadrateisen von 5—12 cm Stärke, oder es besteht aus schmiedeeisernen Röhren. Das Hohlgestänge kommt in neuester Zeit immer mehr in Aufnahme, weil es namentlich bei grofsen Tiefen gegen Biegung und Verdrehung widerstandsfähiger ist. Diese Hohlgestänge bestehen aus Stücken von ca. 10 m Länge, die aus einzelnen, miteinander vernieteten Schüssen zusammengesetzt sind. Jedes Rohrstück besitzt am Kopfende eine angenietete Innenmuffe *a* (Fig. 216 a und b); über diese wird das neue Gestängestück *b* geschoben und alsdann mittels eines bei *c* durchgesteckten Kreuzkeiles befestigt. Zum Abfangen während der Gestängeförderung dienen die aus Winkeleisen bestehenden Bunde *d*. Das oberste Gestängestück wird mit Hilfe des in Fig. 217a und b dargestellten Gestängehutes an

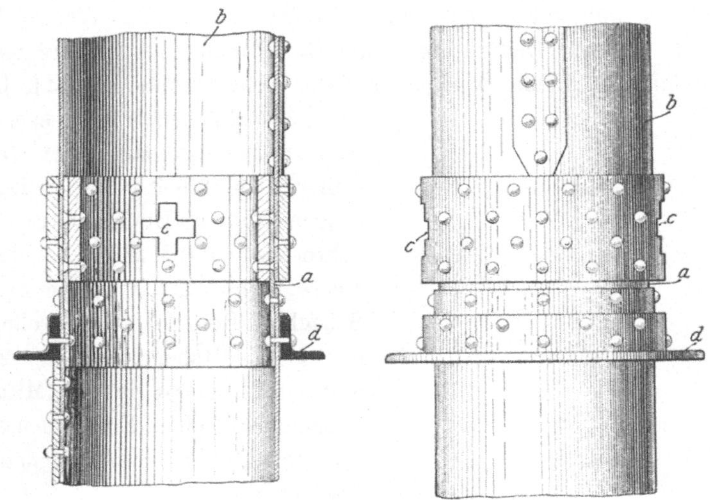

a Schnitt. b Ansicht.

Fig. 216. Hohlgestänge. (Aus dem „Handbuch der Ingenieur-Wissenschaften", Band IV.)

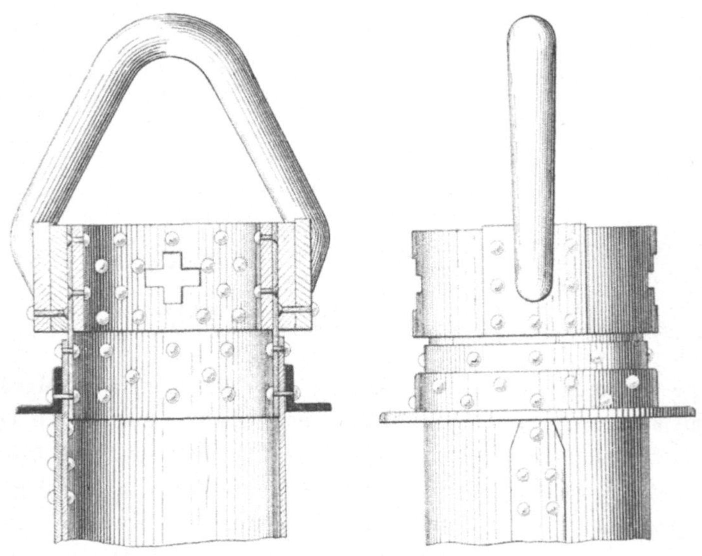

a Schnitt. b Ansicht.

Fig. 217. Gestängehut. (Aus dem „Handbuch der Ingenieur-Wissenschaften", Band IV.)

das Förderseil angeschlagen. Auch hier erfolgt die Befestigung mittels eines Kreuzkeiles.

Wird der Senkschacht von Tage aus niedergebracht, dann mufs

das Gestänge beim Aufholen auseinandergenommen werden. Dies ist aber überflüssig, wenn das Absinken in gröfserer Teufe unter Tage vorgenommen wird. In diesem Falle wird das Gestänge an das Förderseil angeschlagen und so lange hochgezogen, bis der Sackbohrer auf der Arbeitsbühne angekommen ist. Dieser wird nun noch so weit angehoben, dafs er mit dem Unterrande auf dem auf der Bühne stehenden Förderkübel aufsitzt. In den meisten Fällen sind die Säcke zu schwer, als dafs sie mit der Hand angehoben und entleert werden könnten. Die Entleerung erfolgt dann mit Hilfe eines Flaschenzuges, der an einem am untersten Ende eines jeden Sackes angebrachten Ringe angreift.

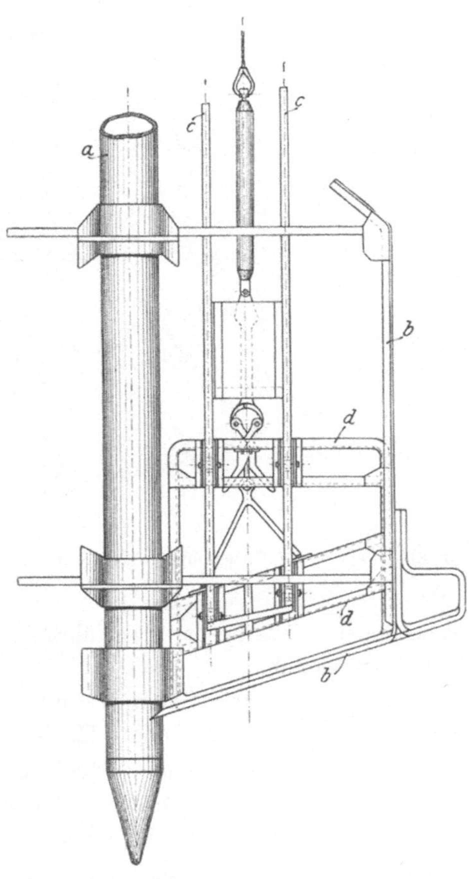

Fig. 218. Sackbohrer von Sassenberg-Clermont. (Aus Riemer, Das Schachtabteufen.)

Dieser nämliche Flaschenzug wird auch benutzt, während der Sackbohrer auf der Schachtsohle arbeitet, um den Druck desselben auf das Gebirge zu regeln. Zu diesem Zwecke ist das Gestänge mittels eines Drehwirbels an ihm aufgehängt, während ein Arbeiter beständig den Flaschenzug nachläfst oder anzieht, je nachdem wie es die Arbeit erfordert.

Bei grofser Mächtigkeit der Schwimmsandmassen sind der Bohrer und das Gestänge für einen Flaschenzug zu schwer. Zum Nachlassen dient dann eine Kabelwinde oder ein Haspel nebst einem Seil, an dem das Rohrgestänge hängt.

Zur Entleerung der Säcke mufs jedesmal der ganze Sackbohrer emporgezogen werden. Dies ist besonders dann eine sehr zeitraubende Arbeit, wenn das Gestänge auseinandergenommen werden mufs. Um die dadurch entstehenden Pausen abzukürzen, haben Sassenberg und Clermont mit grofsem Erfolge eine Verbesserung vorgenommen, die es gestattet, dafs nur die Säcke allein aufgezogen werden, das Rohrgestänge dagegen im Schachte belassen werden kann. Bei dieser Konstruktion (Fig. 218) besitzt das Gestänge *a* unten einen Rahmen *b*, an welchem die Leitungen *c* für die Säcke *d* angebracht sind. An dem

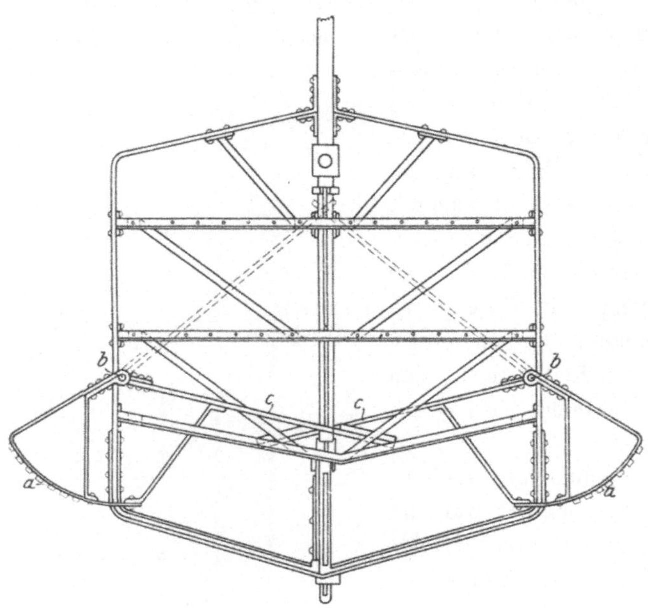

Fig. 219. Bohrer mit Unterschneide-Messern. (Aus Tecklenburg, Handbuch der Tiefbohrkunde, Band VI.)

Sackrahmen sind besondere Führungsschlitten befestigt, die in den Leitungen gleiten.

Zum Lösen des Gebirges unter dem Schneidschuhe diente auf Zeche Rheinpreuſsen II ein Sackbohrer, der an den Bügeln *a* (Fig. 219) Unterschneidemesser besaſs. Die Bügel drehten sich um Gelenke *b*. Die Hebel *c* waren am Ende mit Gewichten belastet, so daſs die Bügel mit den Messern nach auſsen gedrückt wurden. Beim Aufholen und Einlassen des Bohrers schoben sie sich von selbst zurück.

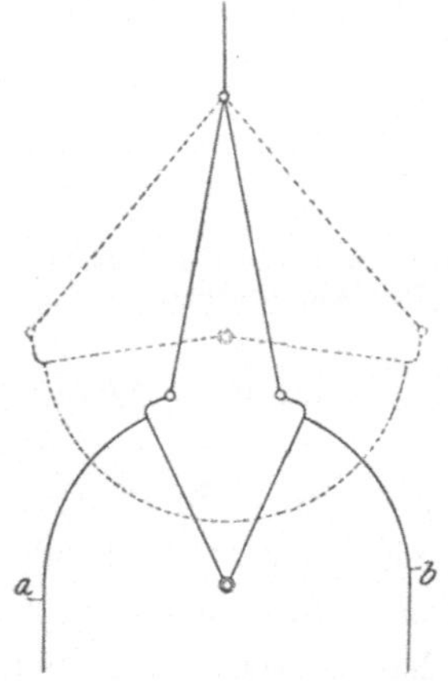

Fig. 220. Greifbagger. (Aus dem „Handbuch der Ingenieur-Wissenschaften", Band IV.)

2. Rührbohrer.

Groſse Geschiebeblöcke, Tonklumpen und dergleichen werden vom Sackbohrer nur schwer oder gar nicht gefaſst. In diesem Falle lockert man das Gebirge mit dem Rührbohrer auf, einem mit Messern und Reiſsern besetzten Rahmen, der dem eines Sackbohrers entspricht, und fördert dann das Gebirge mit einem Priestmannschen Greifer (Fig. 220 u. 224 d) zu Tage. Die ausgezogenen Linien zeigen letzteren im geöffneten, die punktierten im ge-

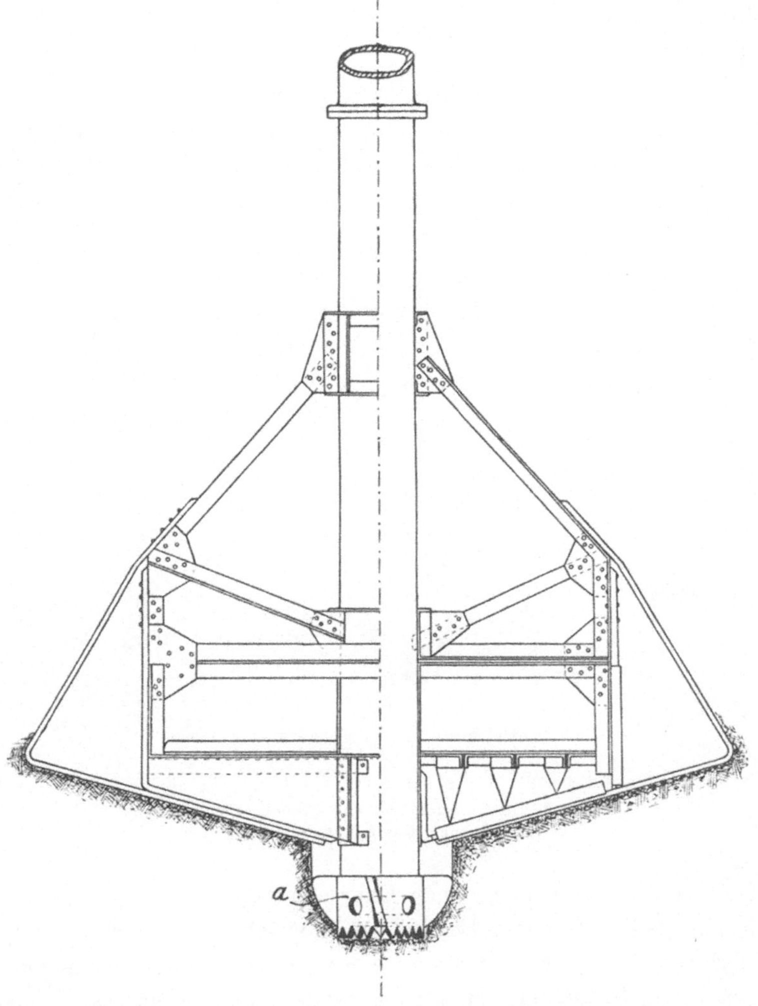

Fig. 221 a. Drehbohrer von Jakobi. (Vorderansicht.) (Aus Riemer, Das Schachtabteufen.)

schlossenen Zustande. Das Schliefsen der beiden Schaufeln *a* und *b* wird durch einen besonderen Auslösemechanismus bewirkt.

In anderer Weise ist die Aufgabe, den Fortschritt der Bohrarbeit zu beschleunigen, von Jakobi gelöst worden. Das Gestänge trägt unten eine Zahnkrone *a* (Fig. 221), die in der Mitte der Schachtsohle einen Einbruch herstellt. Von diesem aus steigt die Sohle nach den Stöfsen hin trichterförmig an. Das Gebirge wird durch verschieden gestaltete Messer und Reifser *b*, *c*, *d* losgeschnitten und nach dem Einbruche hin geschoben. Das Hohlgestänge ist so weit, dafs in ihm ein Schlammlöffel bequem eingelassen werden kann. Dieser holt das losgelöste Gebirge zu Tage, so dafs eine Unterbrechung der Bohrarbeit überflüssig ist.

3. Stofsbohrer.

Dieselbe Erscheinung, die sich beim Herstellen von Bohrlöchern mit drehenden Bohrwerkzeugen zeigt, dafs nämlich das Loch leicht aus dem Lote kommt, ist auch bei abgebohrten Senkschächten bemerkt

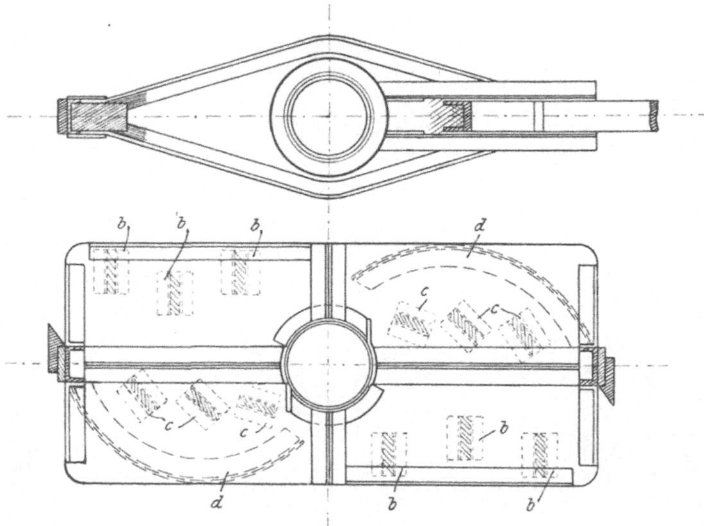

Fig. 221 b u. c. Drehbohrer von Jakobi. (Grundrifs.)
(Aus Riemer, Das Schachtabteufen.)

worden. Damit sind u. a. auch Querschnittsverengerungen verknüpft. Weil nun bei stofsendem Bohren ein Abweichen von der Senkrechten seltener vorkommt, hat Pattberg dieses Bohrverfahren auch für das Abteufen von Schächten im schwimmenden Gebirge nutzbar gemacht. Der Pattbergsche Stofsbohrer (Fig. 222) stellt eine trichterförmige Sohle her. Er ist ähnlich wie bei dem Bohrverfahren nach Kind-Chaudron mit Zähnen besetzt; aus diesen tritt beständig ein Spülwasserstrom aus, welcher ihnen durch das hohle Gestänge *c* zugeleitet wird. Die Wasserspülung schafft allen Bohrschmand nach der Mitte der Sohle. An dieser Stelle endigen die Steigerohre *d*, *e* von zwei Mammutpumpen, die an dem Bohrgestänge angebracht sind und das losgelöste Gebirge zu Tage heben.

Die Mammutpumpen besitzen ein Steigerohr *b* (Fig. 228), welches bis zu einer bestimmten Tiefe voll Wasser steht. In diesem Rohre hängt ein bis unter den Wasserspiegel reichendes Rohr *c* von geringerem Durchmesser, durch welches beständig Prefsluft eingeblasen wird. Die Prefsluft vermischt sich mit dem Wasser; dieses wird infolgedessen spezifisch leichter, strömt in dem Steigerohre empor und zieht neues Wasser von der Schachtsohle nach. Mit diesem Wasser wird naturgemäfs auch der im Einbruche angesammelte Bohrschmand zu Tage gehoben.

4. Baggerwerke.

In verschiedenen Fällen sind zur Loslösung und Förderung des Gebirges Baggerwerke beim

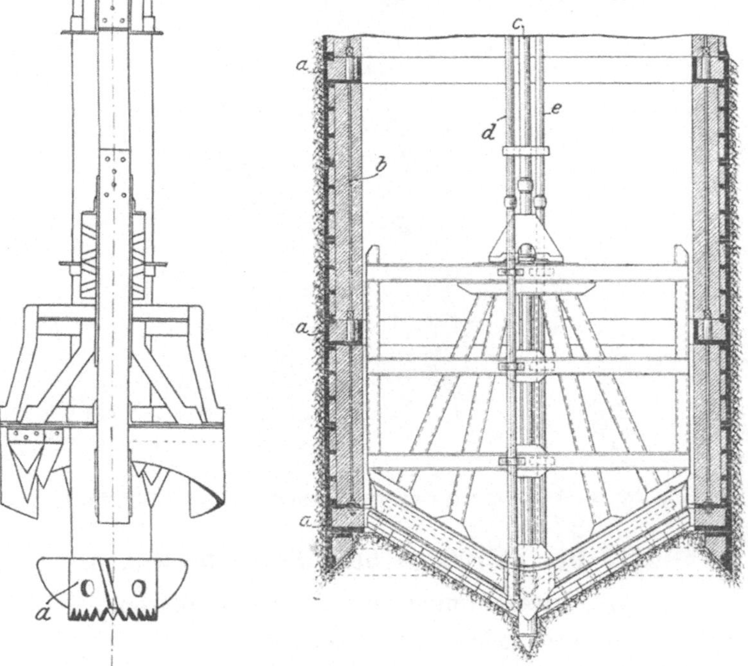

Fig. 221 d. Drehbohrer von Jakobi. (Seitenansicht.) Fig. 222. Stofsbohrer von Pattberg. (Aus Riemer, Das Schachtabteufen.)

Senkschachtabteufen in Gebrauch genommen worden. Eine für das Arbeiten im toten Wasser geeignete Anordnung ist in Fig. 223 abgebildet; sie kam auf Wilhelmine Viktoria III zur Anwendung. Die Eimerleiter hängt an zwei Kabelseilen *a* und *b*, so dafs sie jederzeit ohne Unterbrechung des Betriebes nachgelassen werden kann. Die Antriebsmaschine *c*, durch welche die Eimerkette in Bewegung gesetzt wird, ist auf der Leiter selbst angebracht.

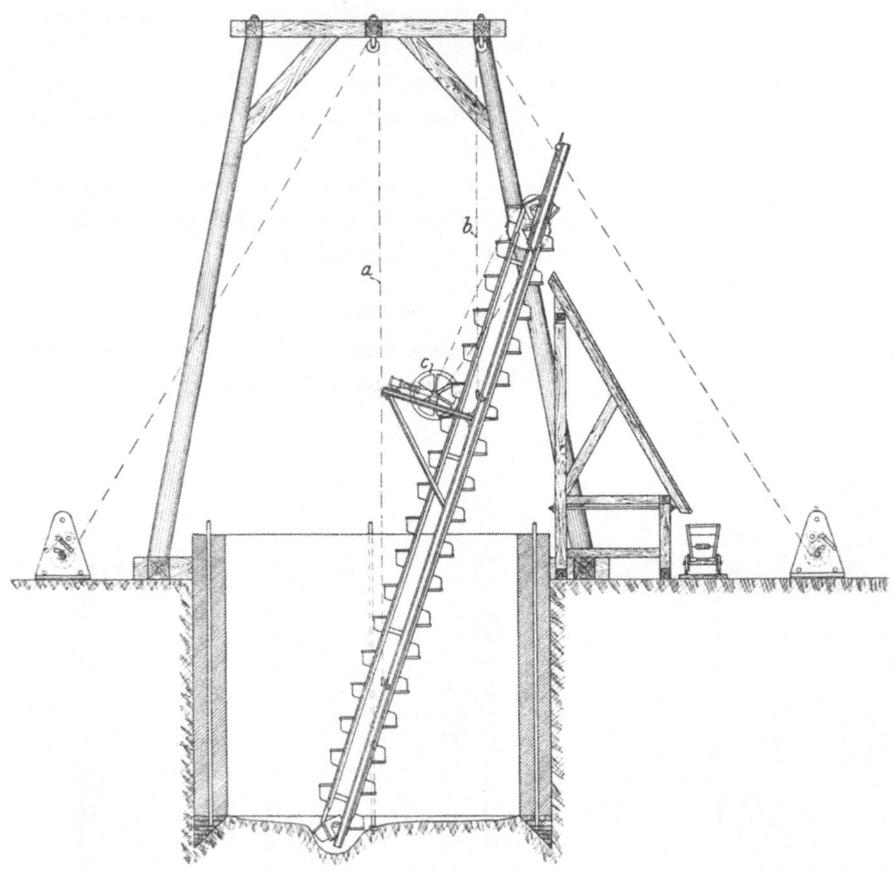

Fig. 223. Senkschacht mit Baggerwerk. (Aus „Glückauf" 1892, Nr. 2.)

III. Die Störungen beim Schachtabsenken.

a) Abweichungen von der Senkrechten.

Das schiefe Niedergehen der Senkschächte ist, wie schon oben erwähnt, eine sehr häufige Erscheinung. Es ist oft eine Folge des Arbeitens mit Drehbohrern; ebenso oft kommt es aber daher, daſs der Schneidschuh einseitig auf Geschiebeblöcke oder härtere Schichten auftrifft.

Muſs in einem schief gewordenen Schachte ein neuer Senkschacht niedergebracht werden, so ist der Verlust an Querschnittsfläche gleich ein recht bedeutender. Aus diesem Grunde werden solche Schächte sofort, wenn man ein ungleiches Niedergehen bemerkt, gerade gerichtet.

Sind die Senkschächte nur kurz, so geschieht dies mit eisernen Keilen, die man zwischen sie und den Führungsschacht eintreibt, wie z. B. auf Neue Abwehrgrube bei Mikultschütz.

Das Geraderichten kann auch dadurch erfolgen, dafs der Schacht auf der zurückgebliebenen Seite stärker geprefst wird. Da dies natürlich nur bei gufseisernen Senkzylindern möglich ist, begnügt man sich bei Mauerschächten mit einer stärkeren Belastung. Diese Arbeit

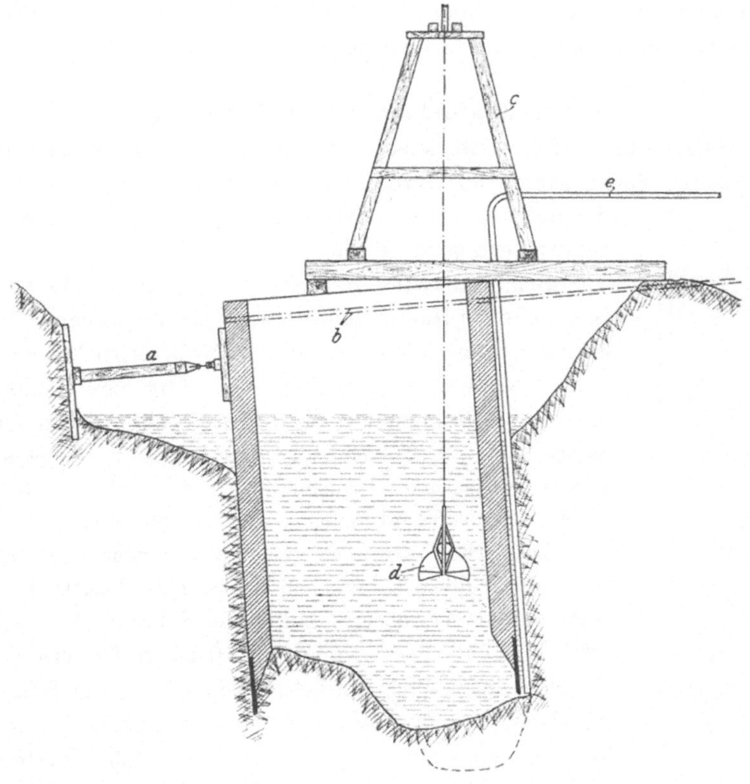

Fig. 224. Geraderichten eines Senkschachtes. (Aus dem „Sammelwerk", Band III.)

wird dadurch unterstützt, dafs man auf derselben Seite mehr Gebirge von der Schachtsohle wegfördert, wobei man so weit gehen kann, dafs man auch unter dem Schneidschuhe Gebirge wegnimmt. Mit Rücksicht auf die Gefahr eines Durchbruches oder ruckweisen Sinkens ist dieses Verfahren jedoch nicht ratsam.

In Fig. 224 ist ein Verfahren abgebildet, welches auf Zeche Trier II angewendet wurde, um den Senkschacht wieder ins Lot zu bringen. Der Senkzylinder wurde am Kopfe mit Pressen *a* und Spannseilen *b* in die richtige Lage zurückgezogen und zurückgedrückt und mit dem Gerüste *c* einseitig belastet. Gleichzeitig wurde dem Schneidschuhe mit Hilfe eines Greifbaggers *d* Luft gemacht und unter ihm mittels einer Wasserleitung *e* gespült.

Um festzustellen, ob ein Senkschacht aus dem Lote abweicht, hat man auf Zeche Minister Achenbach über dem Schneidschuhe einen Ring aus Gasrohren genau horizontal verlegt. Von diesem aus gingen vier mit Wasser gefüllte Glasröhren senkrecht nach oben. Solange der Schacht senkrecht einsank, stand das Wasser in ihnen gleich hoch. Beim Schiefwerden aber sank es in dem einen unter die vorher angebrachte Marke und stieg in dem anderen darüber.

b) Steckenbleiben der Senkschächte.

Gemauerte Senkschächte sinken erfahrungsgemäfs höchstens 40 m, gufseiserne Senkschächte im Durchschnitt 50 m tief ein; alsdann wird die Reibung mit dem Gebirge so grofs, dafs ein weiteres Sinken unmöglich wird.

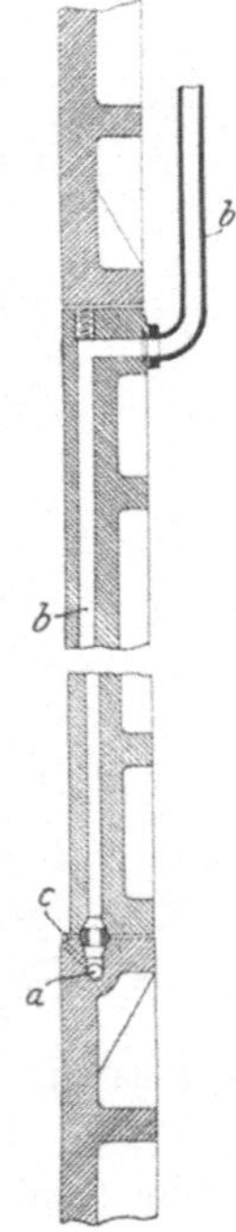

Fig. 225. Tübbings mit Spülkanälen. (Aus Riemer, Das Schachtabteufen.)

Beim Abteufen der Schächte Hugo I und II und Sterkrade bei Holten und Sterkrade gelang es nach Riemer ausnahmsweise mit einem einzigen Senkkörper, Senkteufen von 90—110 m zu erreichen. Dies lag daran, dafs aus einer wasserführenden Schicht Wasser unter hohem Druck aufsen um den Senkschacht herum bis zu Tage stieg. Dieser Wassermantel verhinderte, dafs sich das Gebirge an den Senkschacht anlegte und ihn abbremste.

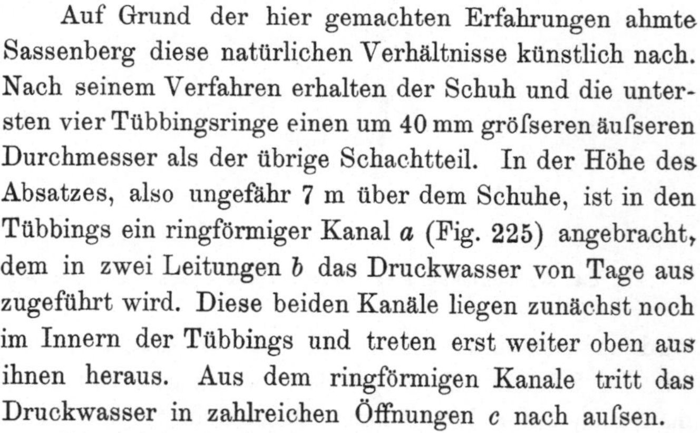

Auf Grund der hier gemachten Erfahrungen ahmte Sassenberg diese natürlichen Verhältnisse künstlich nach. Nach seinem Verfahren erhalten der Schuh und die untersten vier Tübbingsringe einen um 40 mm gröfseren äufseren Durchmesser als der übrige Schachtteil. In der Höhe des Absatzes, also ungefähr 7 m über dem Schuhe, ist in den Tübbings ein ringförmiger Kanal *a* (Fig. 225) angebracht, dem in zwei Leitungen *b* das Druckwasser von Tage aus zugeführt wird. Diese beiden Kanäle liegen zunächst noch im Innern der Tübbings und treten erst weiter oben aus ihnen heraus. Aus dem ringförmigen Kanale tritt das Druckwasser in zahlreichen Öffnungen *c* nach aufsen.

Beim Niederbringen eines gufseisernen Senkschachtes im Buntsandstein auf Adolfschacht der Neue Abwehrgrube bei Mikultschütz O.-S. wollte der Senkkörper auf einer Gebirgsschicht stehen bleiben, die im Trocknen, wie dies der oberschlesische Buntsandstein fast allgemein macht, zu einer sandsteinharten Konglomeratmasse erhärtete. Als der Sackbohrer hier versagte, wurde ein Taucher auf die Schachtsohle geschickt. Dieser spritzte aus einer Schlauchleitung einen äufserst kräftigen Wasserstrahl von 20 Atmosphären Druck gegen die Sohle, besonders aber dem Schneidschuhe entlang. Diesem Wasserstrahle wurde zuletzt noch scharfer Sand beigemengt. Unter seiner Einwirkung löste sich das Gebirge „wie Zucker“ auf und konnte mit einem Sackbohrer leicht gefafst werden. Infolgedessen gelang es, den Schacht noch vier Meter tiefer bis auf das Steinkohlengebirge zu bringen.

Hier sowie auch in vielen anderen Fällen mufste der Taucher grofse feste Blöcke von vielen Zentnern Gewicht von der Schachtsohle entfernen. In der Mitte des Schachtes ist es wohl möglich, sie mittels Sprengarbeit zu zerkleinern. Dies darf aber in der Nähe des Schneidschuhes und unter ihm niemals vorgenommen werden. Geschiebeblöcke, die an dieser Stelle auftreten, müssen ringsum freigelegt und dann herausgewuchtet oder mit Winden herausgezogen werden. Diese Arbeit ist auch schon ohne Taucher vorgenommen worden; die Geschiebeblöcke wurden mit hakenförmig gekrümmten Messern, die an langen Stangen angebracht waren, freigelegt und unter dem Schneidschuhe weg nach der Schachtmitte gezogen.

Fig. 226. Schachtleitungen i. Tübbingsschachte. (Aus dem „Sammelwerk“, Bd. III.)

Auf Ernst August-Schacht der Gräfin Laura-Grube bei Königshütte wurde ein gufseiserner Senkschacht im Buntsandstein unter Vertäfelung der Schachtsohle abgeteuft. Die Vertäfelung lag 1 m über der Schneide. Als der Senkschacht trotz allen Pressens nicht tiefer einsank, wurde in der Mitte der Sohle ein Eisenblechzylinder (Flammrohr) bis auf das Steinkohlengebirge vorgetrieben und zunächst das Gebirge nur aus diesem Vorschachte herausgeholt. Darauf bohrte man den Zylinder in der Höhe des Schneidschuhes an und liefs so viel Gebirge herauslaufen, bis der Schuh hinreichend Luft bekommen hatte und der Senkschacht wieder in Bewegung kam. Diesen Vorgang wiederholte man jedesmal, wenn der Schacht hängen blieb, und brachte ihn auch glücklich zum Anschlusse an das Gebirge.

Ist es auf keinerlei Weise möglich, einen steckengebliebenen Senkschacht weiter in das Gebirge vorzutreiben, so bleibt nichts weiter übrig, als zum Zusammenbau eines neuen Senkkörpers überzugehen. Für diesen dient der alte Senkschacht als Führungsschacht. In Tübbingsschächten bringt man die erforderlichen Leitungen so an, wie es Fig. 226 zeigt.

Um den neuen Senkschacht auf der Schachtsohle aufbauen zu können, mufs beim Arbeiten im toten Wasser zunächst alles Wasser gesümpft werden. Dies darf aber nicht ohne weiteres geschehen, weil ja dadurch jeder Gegendruck gegen den Auftrieb des schwimmenden Gebirges aufgehoben werden würde. Darum wird erst auf der Schachtsohle ein Pfropfen aus Kies aufgeschüttet, dessen Höhe dem Wasser- und Gebirgsdrucke gewachsen ist. Darauf werden erst die Wasser gesümpft. Der Einbau des neuen Senkschachtes vollzieht sich dann in der bekannten Weise.

Die Zwischenräume zwischen dem Senkschachte und seinem Führungsschachte oder zwischen mehreren steckengebliebenen Senkschächten werden nach beendetem Abteufen ausbetoniert, um zu verhüten, daſs diese nachträglich noch zu sinken anfangen.

c) Rissigwerden der Senkschächte.

Mit dem zu starken Pressen oder mit einseitigem Hängenbleiben des Senkschachtes auf harten Einlagerungen ist fast immer der Übelstand verbunden, daſs die Schachtwandung Risse bekommt oder daſs der Senkschuh zerbricht. Zerbrochene Senkschuhsegmente werden von Tauchern gegen neue ausgewechselt. Wird der Schacht im toten Wasser abgesenkt, so müssen Risse der Schachtwandung ebenfalls durch Taucher ausgebessert werden. Dies kommt aber fast nur bei gemauerten Senkschächten vor. Kleinere Risse werden auspikotiert, gröſsere mit Ziegeln und kleinen Säcken voll Zement auf der Innenseite zugesetzt. Darauf leitet man Zement in Röhrenleitungen hinter diese Ausfüllung und zerschlägt die Säcke mit einem spitzen Hammer.

E. Der Anschluſs des Fuſses von Senkschächten an das feste Gebirge.

Nachdem es gelungen ist, einen Senkschacht durch das schwimmende Gebirge hindurch bis auf dessen Liegendes zu bringen, beginnt eine neue, mitunter recht schwierige Arbeit. Denn mit dem Erreichen des festen Gebirges ist das Schachtabteufen noch nicht beendet; es handelt sich nun vielmehr darum, zu erzielen, daſs man ohne Gefahr vor Durchbrüchen im festen Gesteine abteufen kann. Damit dies möglich ist, muſs der Senkschacht mit einem Unterbaue abgefangen werden, der an keiner Stelle wasserdurchlässig ist.

Die bei Herstellung dieses Anschlusses zu wählende Arbeitsweise ist davon abhängig, ob das Liegende der Schwimmsandmassen milde oder fest ist, in beiden Fällen auch wieder, ob es eine söhlige oder geneigte Oberfläche besitzt.

I. Anschlufs an mildes Gebirge.

a) Söhlige Oberfläche.

Bei söhliger Oberfläche des unter dem schwimmenden Gebirge abgelagerten Gesteins sitzt der Senkschacht sofort mit seinem vollen Umfange auf. Es ist nun nur nötig, ihn noch einige Meter tief in das wassertragende Gebirge einzulassen.

Ist es erforderlich, diese Arbeit ebenfalls im toten Wasser vorzunehmen, dann gewinnt man das Gebirge mit denselben Bohrwerkzeugen, die in den zähen schwimmenden Massen zur Anwendung gelangten. Hier wird man es auch eher einmal wagen dürfen, den Senkschuh zu unterschneiden, das Abteufen also dem Absenken vorausgehen zu lassen.

Wo es geht, versucht man jedoch, den Anschlufs durch Abteufen auf der Sohle zu erreichen. Auch wenn der Schacht im toten Wasser abgesenkt wurde, läfst sich dies immer nur dann ermöglichen, wenn das schwimmende Gebirge entwässert werden kann. In dieser Weise wurde z. B. Schacht I der neuen fiskalischen Anlage bei Makoschau O.-S. abgeteuft. Die Schachtsohle wurde dort mit einer Kiesschüttung von ungefähr 10 m Höhe bedeckt. Die Wasser wurden in Absätzen gesümpft und bei jedem Absatze die Tübbings angebohrt, um auch aus dem Gebirge die Wasser abziehen zu können. Dies geschah in Teufen von 35, 45, 48 und 54 m unter Tage. Es wurde immer erst weiter gesümpft, wenn aus den Tübbings kein Wasser mehr heraustrat, ein Zeichen, dafs das Gebirge abgetrocknet war. Darauf konnte der Kiespfropfen entfernt und ohne Gefahr vor Durchbrüchen auf der Sohle abgeteuft werden.

b) Geneigte Oberfläche.

Hat das Liegende des Schwimmsandes eine geneigte oder unebene Oberfläche, so sitzt der Schneidschuh nur auf einer Seite auf, während er im übrigen sich noch im schwimmenden Gebirge befindet. Auch in diesem Falle wird die Herstellung des Anschlusses nicht allzu schwierig sein. Man braucht in der Hauptsache nur dort, wo der Schacht bereits aufsitzt, etwas Luft zu schaffen und achtet gleichzeitig darauf, dafs er auch zuletzt noch im Lote niedergeht.

II. Anschlufs an festes Gestein.

Der Fall, dafs der Senkschacht nach Beendigung der Arbeit im schwimmenden Gebirge auf mildem Gestein aufsitzt, kommt in der Regel nur im Braunkohlenbergbau vor, wo unter dem Schwimmsande in der Regel Tone, Lettenschichten und dergleichen auftreten. Auch bei Herstellung des Anschlusses an festes Gestein ist zu unterscheiden, ob dieses eine wagerechte oder geneigte bezw. unebene Oberfläche besitzt.

a) Söhlige Oberfläche.

Ist es möglich, das Gebirge zu entwässern, so wird man ebenso verfahren wie schon oben geschildert wurde; die Schachtsohle wird also mit einem Kiespfropfen bedeckt; dann werden die im Schachte stehenden Wasser unter Anbohrung der Senkschachtwände langsam gehoben, bis man auf der Sohle angekommen ist.

Ist die Entwässerung nicht durchführbar, dann kann man bei geringem Wasserdrucke die Anschlufsarbeiten in der Luftschleuse vornehmen.

Indessen ist es auch sehr wohl möglich, den Anschlufs im toten Wasser vorzunehmen. So kann man beispielsweise zunächst in der Mitte der Sohle mit Hilfe eines Stofsbohrers von grofser Breite einen etwa ein Meter tiefen Einbruch herstellen. In diesen senkt man einen Eisenblechzylinder von gleichem Durchmesser ein und bedeckt darauf die Schachtsohle rund um ihn herum mit einem Betonpfropfen. Damit dieser mit dem Liegenden des schwimmenden Gebirges gut abbindet, mufs die Sohle vorher von Schmand und Schlamm gesäubert worden sein. Ist der Beton erhärtet, dann werden die Wasser gesümpft, und man beginnt mit dem ferneren Abteufen in dem Zylinder, der natürlich über den Betonpfropfen hinausragen mufs. Von Anfang an erhält das Abteufen den Durchmesser des Blechzylinders; erst in angemessener Teufe unter dem wasserführenden Gebirge erweitert man den Schacht bis auf den erforderlichen Querschnitt. Die Loslösung des Gebirges darf im Anfang nur mit Spitzarbeit erfolgen, um die Bildung von Rissen im Gestein zu verhüten, auf denen Wasser in den Schacht eindringen könnte. In der ersten geeigneten Schicht wird dann mit dem Abteufen Halt gemacht und der Unterbau für den vorläufig nur auf der Gesteinsbrust stehenden Senkschacht in Angriff genommen.

Ein Verfahren, welches ebenfalls in mehreren Fällen von Erfolg begleitet war, ist folgendes. Man stellt mit stofsendem Bohren dem Schneidschuh entlang auf dessen Innenseite eine oder zwei Reihen von Bohrlöchern her. Die Arbeitsbühne befindet sich dabei über dem Wasserspiegel im Schachte. Der Meifsel und das Gestänge werden in Röhren von gleichem Durchmesser wie der der Bohrlöcher geführt. Die Führungsrohre (Bohrtäucher) reichen von der Arbeitsbühne bis auf die Schachtsohle und werden so gestellt, dafs die Bohrlöcher nach unten auseinandergehen (divergieren). Dadurch wird erreicht, dafs der Schneidschuh gleichsam unterschrämt ist; denn er steht nun nur noch auf den zwischen den einzelnen Bohrlöchern verbleibenden, dünnen Trennungswänden. Wird nun der Senkschacht nach beendeter Bohrarbeit von neuem gepreſst, dann durchschneidet er diese Zwischenwände und gelangt so in das feste Gestein.

b) Geneigte Oberfläche.

Der Anschluſs an Gestein mit geneigter Oberfläche ist bedeutend schwieriger herzustellen als in den eben beschriebenen Fällen. Es ist eigentlich jedes der schon erwähnten Anschluſsverfahren anwendbar. Nur muſs bei der Arbeit beinahe noch mehr Sorgfalt aufgewendet werden.

Ein gutes Hilfsmittel sind in diesem Falle die Spundwände. Man darf nicht eher im festen Gebirge abteufen, als bis der Schacht rundherum auf diesem aufsitzt. Darum wird, wenn der Schneidschuh nur auf einer Seite festes Gebirge erreicht hat, rundherum eine Spundwand eingetrieben. Darauf kann man mit Hilfe eines Betonpfropfens nebst Eisenblechzylinder oder auf irgendeine andere Weise weiter abteufen.

Auf dem bereits weiter oben erwähnten Ernst August-Schachte der Gräfin Laura-Grube erzielte man den Anschluſs an das Steinkohlengebirge mit Hilfe von Getriebepfählen. Der Senkschuh saſs auf der Südseite auf, darum teilte man die Schachtscheibe in eine nördliche und eine südliche Hälfte. Auf dem Umfange des südlichen Trumes, also auf einem halbkreisförmigen Bogen und dem dazugehörigen Durchmesser, wurden die Pfähle so lange vorgetrieben, bis sie auf der Oberfläche des festen Gesteins aufsaſsen. Alsdann wurde in diesem so tief mit Spitzarbeit abgeteuft, daſs es möglich war, die südliche Hälfte des Schneidschuhes ganz ins feste Gebirge zu bringen. Bei den nun folgenden Arbeiten in der nördlichen Hälfte der Schachtscheibe teilte man diese noch weiter in ein östliches und ein westliches Viertel ein, weil sich während der Anschluſsarbeiten herausgestellt hatte, daſs die Oberfläche des wassertragenden Gesteins nicht genau nach Norden einfiel. Auch in diesen beiden Trümern wurde nacheinander mit Getriebepfählen sowie mit Ausspitzen des festen Gesteins so lange gearbeitet, bis der Schneidschuh rundherum im festen Gesteine steckte. Der Senkschacht wurde nun noch einige Meter tiefer in das Steinkohlengebirge eingelassen und darauf mit einem Unterbau abgefangen.

III. Das Abfangen der Senkschächte durch einen Unterbau.

Ist es gelungen, den Senkschacht bis in das wassertragende Gestein einzulassen, dann muſs man sobald als möglich dazu übergehen, ihn durch einen Unterbau so sicher abzufangen, daſs er nicht mehr ins Rutschen kommen kann. Dieser Unterbau ist aus Mauerung oder aus gufseisernen Tübbings herzustellen. Ist eine Entwässerung des schwimmenden Gebirges nicht beabsichtigt oder wegen zu starker Wasserzuflüsse nicht durchführbar, dann mufs auch der Anschlufs des Unterbaues an den Senkschacht vollkommen wasserdicht sein.

a) Untermauerung des Senkschachtes.

Nachdem man mit dem Abteufen im wassertragenden Gestein die erste hierzu geeignete Schicht erreicht hat, wird ein Mauerfufs hergestellt und auf diesem hochgemauert. Kommt man bis an die Gesteinsbrust heran, auf welcher der Schneidschuh aufsitzt, dann wird in ihr ein bis an den Senkschuh reichender schmaler Schlitz hergestellt und sofort ausgemauert. Dieser Schlitz wird allmählich verbreitert und vermauert, bis der Senkschacht rundherum abgefangen ist.

Wo es möglich ist, beispielsweise in gemauerten Senkschächten, nimmt man den Senkschuh ab und verbindet Schachtmauer und Senkmauer miteinander. Wird der Schneidschuh nicht abgenommen, dann darf man ihn nicht unmittelbar auf den gemauerten Unterbau aufsetzen, weil die scharfe Schneide das spröde Mauerwerk zerdrücken würde, und weil der wasserdichte Abschlufs auf dieser schmalen Linie nicht hinreichend sicher wäre. Die Oberfläche der Unterfangungsmauer wird mit einer oder mehreren Lagen von starken Bohlen bedeckt, in welche der Schneidschuh sich hineindrückt. Aufserdem ist es gut, auch noch aufserhalb des Senkschachtes einige Meter in die Höhe zu mauern und diese Mauer dicht an die Aufsenseite des Senkkörpers anzuschliefsen.

An Stelle des Holzbelages wurde auf Ernst August-Schacht bei Maczejkowitz ein Eisenring genommen, der auf der Oberseite eine Rille besafs. Der Senkschacht wurde nach Einbau dieses Ringes so viel nachgelassen, dafs der Schuh in der Rille safs. Darauf wurde diese noch mit einer Mischung von Zement und Eisenspänen vergossen.

In Westfalen wird der gemauerte Unterbau häufig mit etwas geringerem Durchmesser als der Senkschacht ausgeführt und als Futtermauer durch diesen hindurch bis zu Tage fortgesetzt.

b) Unterbau mit Tübbings.

Die Arbeiten beim Unterfangen eines Senkschachtes mit gufseiserner Küvelage sind dieselben, als wenn Mauerung zur Anwendung käme. Es wird also sobald als möglich ein Keilkranz verlegt und auf diesem die Küvelage aufgebaut. In den seltensten Fällen wird es aber möglich sein, den Senkschacht auf den Küvelageunterbau aufzusetzen, nämlich immer dann, wenn der Senkschacht nicht im Lote steht.

Wenn man jedoch den Senkschacht auf seinen gufseisernen Unterbau aufsetzen kann, dann nimmt man den Schneidschuh ab und verschraubt den untersten Tübbingsring des Senkkörpers mit dem obersten der Anschlufsküvelage. In neuester Zeit verwendet man sehr gern den in Fig. 227 abgebildeten Tragering, der so gearbeitet ist, dafs auf ihm der Senkschuh mit der schrägen Schneidenfläche und der untersten Verstärkungsrippe aufsitzt. Steht der Senkschacht schief auf, dann erhält sein Unterbau geringere lichte Weite; er wird so hoch aufgeführt, dafs er bis in den Senkschacht hineinragt. Der Zwischenraum zwischen diesen beiden Küvelagen wird verpikotiert oder mit Zement vergossen.

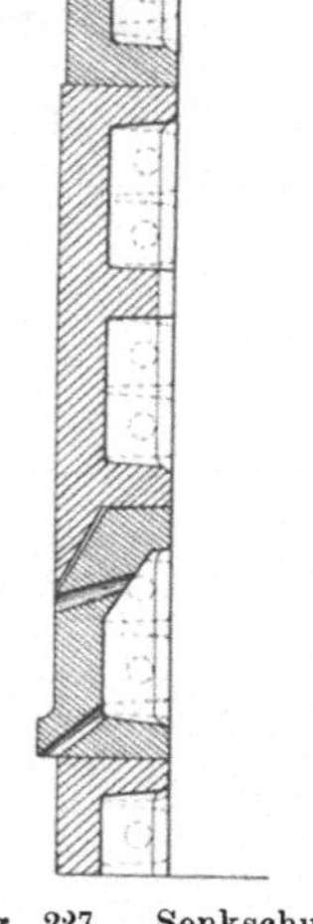

Fig. 227. Senkschuh mit Anschlufsring. (Aus dem „Handbuch der Ingenieur-Wissenschaften", Band IV.)

F. Leistungen und Kosten beim Abteufen von Senkschächten.

Beim Abteufen auf der Sohle des Schachtes hat man in Westfalen durchschnittliche Monatsleistungen von 12 m erzielt.

Bei grofsen Mächtigkeiten des Gebirges oder bei starkem Wasserzudrange mufs im toten Wasser abgesenkt werden. Hierbei schwanken die Leistungen zwischen rund 0,5 m und 7,5 m. Als Durchschnittsergebnisse kann man ungefähr 1,75 m annehmen. Bei Anwendung des Stofsbohrverfahrens von Pattberg auf Zeche Rheinpreufsen stiegen die täglichen Leistungen verschiedentlich bis zu 5 m.

Wie schon weiter oben erwähnt, mufs man annehmen, dafs bei je 50 m Senkteufe ein neuer Senkzylinder eingebaut werden mufs. Damit ist eine Verringerung des Durchmessers verbunden, die man jedesmal zu 0,7 m veranschlagen kann. Bei einem Anfangsdurchmesser des Senkschachtes von 6 m an der Tagesoberfläche würde man also bei 200 m Senkteufe auf eine lichte Weite von 3,2 m kommen. Dieser Durchmesser ist aber für die heutigen Betriebsverhältnisse unbrauchbar. Mit gröfserem Anfangsdurchmesser zu beginnen, ist ebenfalls ausgeschlossen, weil dann Tübbings von gröfserer Wandstärke erforderlich wären, die sich aber fehlerfrei nicht herstellen lassen. In solchen Fällen führt nur das Gefrierverfahren zum Ziele.

Die Kosten des Schachtabsenkens richten sich in der Hauptsache nach der Menge der zusitzenden Wasser und nach dem Durchmesser des Schachtes. Sie betragen bei mäfsigen Wasserzuflüssen und einem Durchmesser von 4,5—7 m zwischen 945 und 2227 Mark; als Durchschnittspreis kann für westfälische Verhältnisse die Summe von 1615 Mark für Senkmauern, von 2033 Mark für gufseiserne Senkschächte gelten.

Senkmauern sind immer billiger als Gufseisenschächte. So wurde z. B. für Schacht IV der Zeche Holland ein gufseiserner Senkschacht von 16 m Tiefe und 6,50 m Durchmesser zu 33 969 Mark veranschlagt, während ein gemauerter Senkschacht nur 21 155 Mark kostete.

G. Schachtabbohren nach Honigmann.

Das Bohrverfahren von Honigmann ähnelt in einigen Punkten der Arbeitsweise nach Kind-Chaudron. Es wird dabei nämlich auch erst der Schachtraum im toten Wasser abgebohrt und der Ausbau nach Beendigung der Bohrarbeit eingelassen.

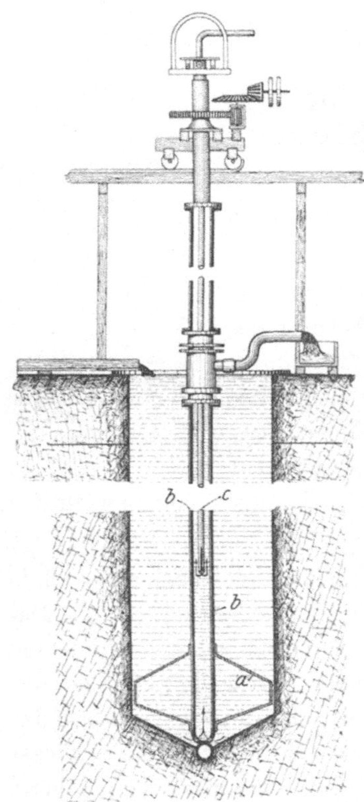

Fig. 228. Schachtbohrung nach Honigmann. (Aus Köhler, Lehrbuch der Bergbaukunde.)

Damit die Schachtstöfse nicht zu Bruche gehen, wird der Wasserspiegel im Schachte 10 m über der Höhe des Grundwasserstandes gehalten. Aufserdem setzt Honigmann diesem Wasser fein gemahlenen Ton zu, bis sein spezifisches Gewicht auf ungefähr 1,2 gestiegen ist. Dieser Tongehalt dringt, wie durch Untersuchungen festgestellt wurde, bis 1 m tief in die Stöfse ein und verfestigt diese ganz bedeutend.

Der Rührbohrer *a* (Fig. 228) arbeitet die Schachtsohle in Trichterform aus. Das losgelöste Gebirge sammelt sich in der Mitte der Sohle an und wird von hier aus durch das hohle Bohrgestänge *b*, welches als Mammutpumpe eingerichtet ist, zu Tage gehoben.

Ist man mit der Bohrung bis in wassertragende Gebirgsschichten vorgedrungen, dann wird der Ausbau in ähnlicher Weise wie bei dem Verfahren nach Kind-Chaudron eingesenkt und auf seiner Aufsenseite verbetoniert.

H. Schachtabteufen nach dem Verfahren von Guibal.

Das Verfahren von Guibal findet hauptsächliche Anwendung in Nordfrankreich und Belgien; vereinzelt ist es auch im Aachener Steinkohlenrevier benutzt worden. Streng genommen gehört es nicht mehr zu den Senkschachtmethoden; denn es wird hier nur noch ein eiserner

Schild in das schwimmende Gebirge hineingepreſst. Der endgültige Ausbau folgt von oben nach unten gleichmäſsig dem Vordringen des Schildes nach. In den Hauptzügen wären die Abteufarbeiten die folgenden.

Der Schild *a* (Fig. 229) wird von den Pressen *b* vorgetrieben. Die Pressen stehen auf dem Mantel des Schildes und drücken gegen den hölzernen Vielecksausbau *c*. Die Pfähle *d* werden vom Schilde mitgeschleppt; sie reichen bis hinter den endgültigen Ausbau und verhüten so das Eindringen von schwimmendem Gebirge in den Arbeitsraum. Ist der Schild so weit vorgeschoben, daſs das obere Ende der Verpfählung sein Auflager am Ausbau verlieren würde, dann wird neuer Ausbau eingebracht. Das Gebirge wird von Tage aus mit Sackbohrern oder Schlammlöffeln durch die auf den Schild aufgesetzte Gleichgewichtsröhre *e* hereingewonnen.

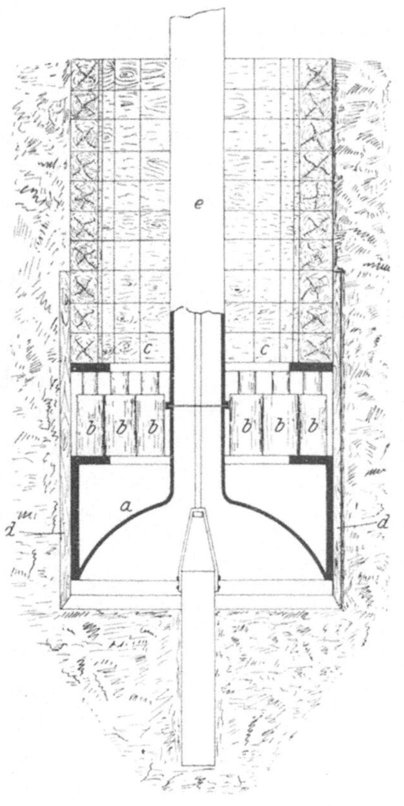

Fig. 229. Schachtabteufen nach Guibal. (Nach Dufrane-Demanet, Traité d'exploitation des mines de houille.)

Fünftes Kapitel. Das Gefrierverfahren.

A. Allgemeines.

Das Gefrierverfahren ist im losen, schwimmenden und im festen, stark wasserführenden Gebirge anwendbar. Im ersteren Falle wird das lose, sehr druckhafte Gebirge in eine feste Masse verwandelt, in welcher man ebenso abteufen kann wie im gewöhnlichen Gebirge. Im festen, sehr wasserführenden Gestein werden die Klüfte durch das sich bildende Eis verschlossen; man kann dann also ebenfalls vollkommen im Trocknen abteufen.

Um das Gebirge zum Gefrieren zu bringen, werden in ihm Bohrlöcher gestoſsen, durch welche später eine tief erkaltete Lauge geleitet wird. Diese Lauge wird von Tage aus in die einzelnen Bohrlöcher verteilt und kehrt aus diesen in die Gefriermaschinenanlage zurück; hier wird sie wieder auf den erforderlichen Kältegrad abgekühlt und beginnt von neuem den Kreislauf durch das Gebirge.

B. Das Einfrieren des Gebirges.

I. Vorbereitende Arbeiten.

Die Gefrierbohrlöcher werden aufserhalb der eigentlichen Schachtscheibe auf einem oder auf zwei konzentrischen Kreisen zugleich mit mehreren Bohrapparaten hergestellt. Der Durchmesser des Kreises, auf den die Bohrungen zu liegen kommen, beträgt 1,25—1,50 m mehr als der Durchmesser des Gefrierschachtes. Der Abstand der einzelnen Löcher untereinander beträgt 0,75—1,25 m, in den meisten Fällen 0,8—1,0 m.

Damit der Anschlufs an das wassertragende Gestein ohne Gefahr von Durchbrüchen ausgeführt werden kann, müssen die Bohrungen stets mehrere Meter in das wassertragende Gebirge hineinreichen.

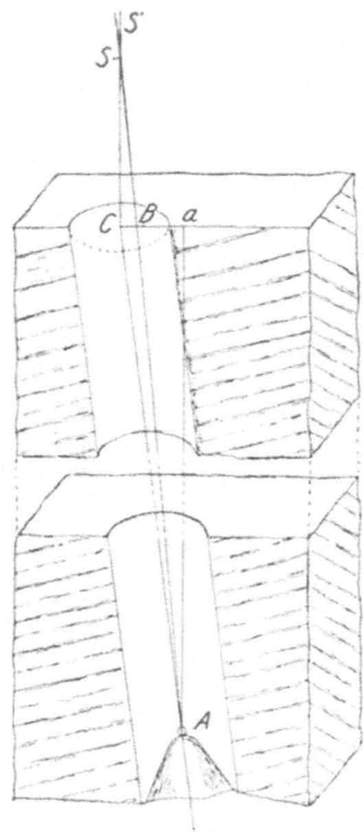

Fig. 230. Einlotung von Gefrierbohrlöchern. (Nach Mellin, Rückblick auf das Bergwesen d. Pariser Weltausstellung 1900.)

Eine der gröfsten Gefahren für das spätere Abteufen liegt darin, dafs es so gut wie gar nicht möglich ist, ein Bohrloch vollkommen senkrecht herzustellen. Es mufs also mit peinlichster Sorgfalt darüber gewacht werden, ob eine Abweichung von der Lotrechten vorliegt und nach welcher Richtung hin dies geschieht. Entfernen sich zwei Bohrlöcher zu weit voneinander, dann mufs zwischen ihnen ein Ersatzbohrloch niedergebracht werden.

Zum Feststellen der Gröfse und Richtung der Lotablenkung werden die Stratameter und Klinometer gebraucht, z. B. die von Gothan und Dr. Meine.

Durch Einlassen eines birnenförmigen, mit Blei beschwerten Holzlotes berechnet die Entreprise Générale de fonçage de puits zu Paris die Abweichung auf folgende Weise. Es sei in Fig. 230 C der Mittelpunkt der Bohrlochsmündung und CZ die Achse des Bohrlochs. Durch C sei eine horizontale Ebene gelegt und auf dieser stehe CS' senkrecht. Der Lotkörper stehe im Bohrloche bei A; der zum Lote gehörige Stahldraht schneide CS' im Punkte S. Von A aus wird das Lot Aa auf die durch C gelegte horizontale Ebene gefällt und dann C mit a verbunden. B ist der Schnittpunkt von Ca und SA. Die Dreiecke CSB und AaB sind ähnlich. Mithin ist in ihnen

1. $CB : aB = SB : AB$, also auch
2. $CB : CB + aB = SB : SB + AB$ oder
3. $CB : Ca = SB : SA$.

In Formel 3 sind bekannt CB, SB und SA; folglich ist

4. $Ca = \frac{CB \cdot SA}{SB}$.

Ist es möglich, einen Vorschacht von Tage aus bis auf das schwimmende Gebirge abzuteufen, so ist dies vorzuziehen. Die Bohrlöcher werden alsdann auf seiner Sohle angesetzt. Zu diesem Zwecke mufs der Durchmesser des Vorschachtes entsprechend gröfser gewählt werden. Auf Laura und Vereeniging hatte er 9 m, der Lochkreis 7,3 m und der Schacht 4,5 m Durchmesser.

Wendet man das Gefrierverfahren nachträglich in einem Schachte an, der bereits gröfsere Tiefen erreicht hat, dann ist es gut, ihn bis an den Wasserspiegel heran zuzuschütten. Geschähe dies nicht, dann würde der Gefriervorgang dadurch beeinträchtigt werden, dafs das im Schachte stehende Wasser immer etwas in Bewegung ist.

Gleichzeitig mit der Herstellung der Bohrlöcher wird über Tage die Gefriermaschinenanlage errichtet. Sie enthält eine Reihe von Maschinen, in welchen Ammoniak oder Kohlensäure, ersteres auf 9—11, letztere auf 50—70 Atmosphären, verdichtet wird. Diese Gase werden alsdann in einem Vorkühler sowie in Kondensatoren abgekühlt, wobei sie sich verflüssigen. In den Verdampfern (Refrigeratoren) verdunstet darauf das verflüssigte Gas und entzieht hierbei der zum Einfrieren des Gebirges benutzten Flüssigkeit die darin enthaltene Wärme. Ammoniak vermag eine Kälte von —20 bis —25° C., Kohlensäure eine solche von —25 bis —35° C. zu erzeugen.

Mit Hilfe von besonderen Formeln, auf die hier nicht weiter eingegangen werden soll, läfst sich berechnen, wieviel Wärmeeinheiten dem Gebirge entzogen werden müssen, um eine Frostmauer von bestimmter Stärke zu bilden. Davon hängt die Gröfse und Leistungsfähigkeit der Gefrieranlage ab.

Nach Fertigstellung sämtlicher Gefrierbohrlöcher werden die eisernen oder kupfernen Gefrierrohre in diese eingelassen und zugleich die Futterröhren herausgezogen. Ihr Durchmesser beträgt 100—200 mm bei 5 mm Wandstärke. Am unteren Ende werden sie durch eingeschraubte Stahlpfropfen *a* (Fig. 231) geschlossen oder durch wechselnde Lagen von Blei, Holz, Zement, Gips oder Letten gedichtet.

Da die Gefrierröhren das Bestreben haben, sich beim Erkalten zusammenzuziehen, dies aber häufig durch Reibung mit dem Gebirge verhindert wird, liegt die Gefahr von Zerreifsungen der Rohre vor.

Um dies zu verhüten, verwendet die Firma Gebhard & König zu Nordhausen stopfbüchsenähnliche Stücke, die sie an mehreren Stellen in die Gefrierrohre einschaltet.

Die Kälteflüssigkeit wird in besonderen Fallröhren *b* (Fig. 231, 232) von 30—40 mm Durchmesser in die Bohrlöcher eingeleitet. Diese Fallröhren gehen durch den oberen Verschlufsdeckel *c* der Gefrierrohre hindurch und reichen bis auf die Bohrlochssohle. Sie stehen mit einem ringförmigen Verteilungsrohre *d* in Verbindung, welches über oder neben den Mündungen der Bohrlöcher wagerecht verlagert ist. Die austretende Lauge gelangt durch einen seitlichen Stutzen nach einem ebensolchen Sammelrohre *e* und von da nach der Gefriermaschine. Jedes Bohrloch mufs durch je ein Ventil sowohl gegen das Verteilungsrohr als auch gegen das Sammelrohr abgesperrt werden können.

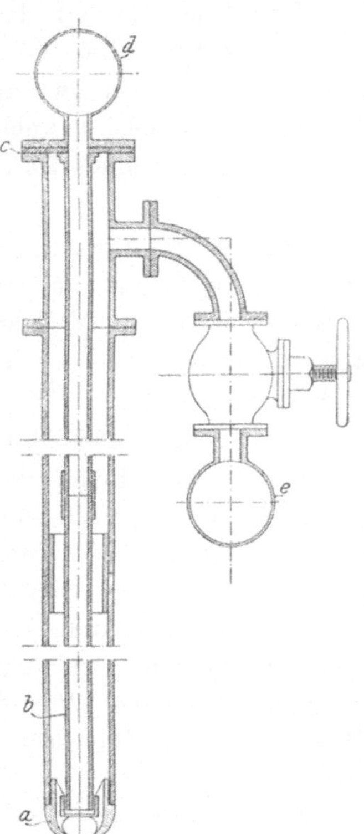

Fig 231. Gefrierrohre. (Nach Dufrane-Demanet, Traité d'exploitation des mines de houille.)

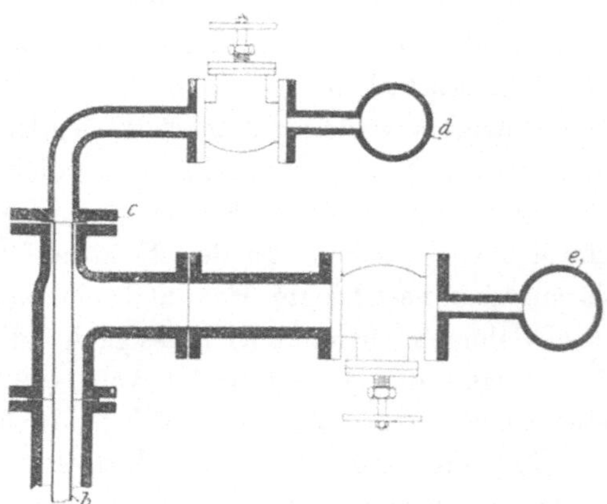

Fig. 232. Gefrierrohre. (Aus „Glückauf" 1904, Nr. 50 u. 51.)

II. Die Gefriermittel.

Als Kälteträger wird fast allgemein Chlorkalzium- oder Chlormagnesiumlauge benützt. Die letztere ist vorzuziehen, weil sie die Leitungen mehr schont. Die Flüssigkeit enthält für gewöhnlich 25 bis 33 % Chlorkalzium. Sie wird, wie bereits oben erwähnt, durch Ammoniak oder Kohlensäure gekühlt und erhält je nachdem Temperaturen von —18 bis —20° oder von —18 bis —24°.

Bei anderen Arten des Gefrierverfahrens wird die Lauge ganz weggelassen. So leitet z. B. Gobert das Ammoniak unmittelbar in die

Gefrierröhren ein. L. Koch verwendet aufser diesem Gase auch noch Kohlensäure oder Schwefeldioxyd in derselben Weise.

Die Kälteflüssigkeit wird mit ziemlicher Geschwindigkeit durch die Röhren geleitet; sie kehrt aus den Bohrlöchern mit einer nur um ca. 2—5° höheren Temperatur zurück.

III. Die Bildung der Frostmauer.

Das Gebirge gefriert von den Bohrlöchern aus nach der Schachtmitte hin schneller als wie in der Richtung nach aufsen. Dies rührt daher, dafs nach aufsen hin viel Kälte durch Strahlung verloren geht. Aus demselben Grunde ist die Frostmauer am oberen und unteren Ende schwächer als in der Mitte, weil an diesen beiden Stellen auch Kälte nach oben und unten hin abgegeben wird. Beachtenswert ist auch die in Fig. 233 abgebildete Flaschenbodenform des unteren Endes der Frostmauer. Die Mitte des gefrorenen Körpers liegt stets bis zu 3 m höher als die Ränder. Ob der Frostmantel sich rundherum gleichmäfsig bildet, erkennt man an der gleichmäfsigen Temperatur der aus den einzelnen Bohrlöchern zurückkehrenden Lauge. Ihre Wärme wird mit Hilfe von Thermometern gemessen; einen ferneren Anhaltspunkt, um die Arbeit der einzelnen Gefrierlöcher zu vergleichen, gibt die Stärke der Eisschicht, die sich über Tage auf jedem einzelnen Steigerohre bildet. Je kälter die Lauge aus dem Gebirge zurückkehrt, um so dicker ist der auf der zugehörigen Leitung niedergeschlagene Reif.

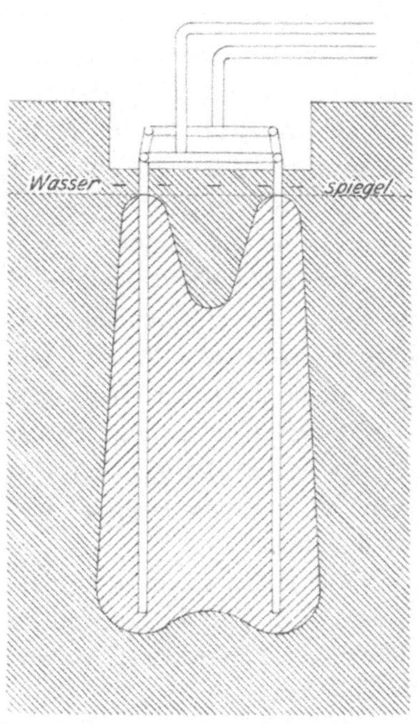

Fig. 233. Frostkörper. (Aus „Glückauf" 1904, Nr. 50 u. 51.)

Um die Kälte im Gebirge zu messen, läfst man in gleichmäfsigen Abständen 2—3 m lange, unten geschlossene Röhren in dasselbe ein. Sie werden mit Lauge gefüllt, deren Temperatur man an Thermometern abliest.

Ebenso wird die Stärke der Frostmauer häufig durch besondere Untersuchungsbohrlöcher ermittelt.

Die verschiedenen Gebirgsarten gefrieren infolge ihrer verschiedenen spezifischen Wärme verschieden rasch. Von den am häufigsten vorkommenden Gebirgsarten gefriert Schwimmsand am schnellsten, Ton weniger schnell, am langsamsten Kohle. Die Druckfestigkeit des gefrorenen Gebirges nimmt mit der Temperaturabnahme zu.

C. Das Abteufen und der Ausbau.

Nach den bis jetzt gemachten Erfahrungen genügt eine 1 m starke Frostmauer, um 1—2 m tief ohne Ausbau abzuteufen. In den meisten Fällen wird bei uns in Deutschland innerhalb der Frostmauer in Absätzen von 30—40 m unter gleichzeitiger Anwendung von verlorenem Ausbau abgeteuft. Es ist nicht unbedingt erforderlich, daſs die Hereingewinnung des gefrorenen Gebirges nur mit Spitzarbeit erfolgt. Wenn man von den Gefrierbohrlöchern 0,5—1,0 m entfernt bleibt, kann auch mit Schwarzpulver gesprengt werden.

Als Ausbau ist, namentlich bei groſsem Schachtdurchmesser und bei groſser Teufe, guſseiserne Küvelage zu empfehlen. Die Befürchtung, daſs sie infolge der groſsen Kälte rissig werden würde, hat sich als grundlos herausgestellt.

In Deutschland ist die Mauerung häufiger als endgültiger Ausbau zu finden als die Küvelage. Damit der Mörtel nicht vor dem Abbinden gefriert, wird sein Wasser mit 10—12 % kalzinierter Soda angemacht. Der Raum zwischen dem gefrorenen Gebirge und der Mauerung wurde früher mit Kohlenstaub ausgefüllt; in der letzten Zeit geschieht dies durchweg mit Beton; dieser wird entweder trocken eingebracht oder, wenn er feucht verwendet wird, mit Alkalien angemacht, um schneller abzubinden.

Die Betonmischung bestand auf Leopoldshall Schacht VI aus 1 Teil Zement, 1 Teil Backsteine und 2 Teilen Kies zum Hintergieſsen der Tübbings; hinter den Tragekränzen verwendete man 1 Teil Zement mit 1 Teil Sand.

Ist der Gefrierschacht an das wassertragende Gebirge angeschlossen und der Ausbau beendet, dann erst darf die Kälteerzeugung eingestellt werden. Damit das Gebirge rund um den Schacht herum gleichmäſsig auftaut, wird nun in die Gefrierröhren Dampf eingeleitet. Dadurch wird gleichzeitig das Herausziehen der Steigerohre erleichtert.

D. Leistungen und Kosten.

Bei Mächtigkeiten des schwimmenden Gebirges von mehr als 300 m ist das Gefrierverfahren nicht mehr mit unbedingter Sicherheit anwendbar. Denn bei diesen Tiefen werden die meisten Bohrlöcher aus dem Lote abweichen, so daſs zwischen ihnen groſse Fugen entstehen. Ferner werden stark salzhaltige Wasser schwerer zum Gefrieren gebracht werden können als süſses Wasser. In diesen Fällen will die

Firma M. Unger & Co. in Hannover das Gebirge absatzweise zum Gefrieren bringen und den Schacht ebenfalls absatzweise abteufen. Das untere Ende eines fertigen Absatzes soll durch einen nach unten gewölbten Deckel verschlossen werden. Durch diesen hindurch werden die Gefrierbohrungen für den nächsten Absatz vorgenommen. Je nach dem Salzgehalte der erbohrten Wasser sollen Kältegrade bis zu —50° C. zur Anwendung kommen.

Auf dem schon genannten Schacht I der Grube Laura und Vereeniging erforderte

1.	die Herstellung der Bohrlöcher, das Einbauen der Gefrierrohre usw.	3 Monate,
2.	die Montage der Eismaschinen, Herstellung der Anschlüsse usw. mit der Gefrieranlage	2 „
3.	die Dauer des Gefrierens für die Bildung der Frostmauer	3 „
4.	das Abteufen	3 „
	Zusammen	11 Monate.

Die Schwimmsandschichten waren in diesem Falle 90 m mächtig. Innerhalb der Frostmauer war ein weicher, ungefrorener Kern von ungefähr 2,5 m Durchmesser geblieben, der die Abteufarbeiten sehr erleichterte.

Für einen laufenden Meter Schacht von 5 m Durchmesser stellen sich die Kosten des Gefrierverfahrens ungefähr folgendermaſsen:

	im festen Gebirge	im lockeren Gebirge
Herstellung der Bohrlöcher . .	1100 Mk.	700 Mk.
Gefrieren	1200 „	1800 „
Abteufen	700 „	600 „
Küvelage (Löhne und Materialien)	1200 „	1600 „
	4200 Mk.	4700 Mk.

Dritter Teil.

Der Ausbau von Strecken.

Erster Abschnitt.

Der Streckenausbau im festen Gebirge.

Erstes Kapitel. Der Ausbau in Holz.

Der hölzerne Streckenausbau kann aus einfacher oder aus zusammengesetzter Zimmerung bestehen. Unter einfacher Zimmerung ist diejenige Art des Verbaues zu verstehen, bei welcher nur immer je ein einziges Stück Holz zur Aufnahme des Druckes dient; dies wären beispielsweise Kappen ohne Stempel oder eine Reihe von Stempeln ohne Kappen. Bei der zusammengesetzten Zimmerung werden mehrere Stück Holz in einen zusammenhängenden Verband gebracht, um den Druck gemeinschaftlich aufzunehmen, z. B. eine Kappe mit einem oder mit mehreren Mittel- und Stofsstempeln, ein Türstock und dergleichen.

Die am häufigsten bei der Streckenzimmerung vorkommenden Baue sind die Kappe, der Stempel und Bolzen, das Kreuz, die Strebe, das Strebekreuz und die verschiedenen Türstockarten.

A. Die einfache Zimmerung.

I. Kappen.

Die Kappen werden unmittelbar unter dem Hangenden eingebaut (Fig. 234), wenn das Flöz geringere Mächtigkeit besitzt, gleichgültig, ob sein Einfallen flach oder steil ist. Ist die Höhe einer Strecke geringer als die Mächtigkeit der (flach fallenden) Lagerstätte, dann kommt die Kappe unter die Firste der Strecke bezw. des Querschlages (Fig. 235).

Die Kappe wird nach vorher genommenem Mafse so lang geschnitten, dafs sie mit beiden Enden fest am Stofse anliegt. Zu diesem Zwecke wird das gefundene Mafs noch um etwa 2 cm verlängert. Alsdann ist es überflüssig, die Kappe an dem einen Ende durch einen besonderen Keil anzuziehen.

Nur in solchen Strecken, in denen starker Stofsdruck herrscht und infolgedessen die Kappen eine nur geringe Lebensdauer besitzen, sollen sie kürzer geschnitten werden, als es das Sperrmafs angibt; dann ist auch an ihrem einen Ende ein Keil einzutreiben. Kommen die Stöfse in Bewegung, so wird erst dieser Keil plattgedrückt, die Kappe aber so lange verschont. Derselbe Zweck läfst sich auch dadurch erreichen, dafs die beiden Kappenenden zugeschärft oder zugespitzt werden.

Die Kappen werden an beiden Enden in Bühnlöchern verlagert, die unmittelbar unter der Firste in den Streckenstöfsen ausgearbeitet

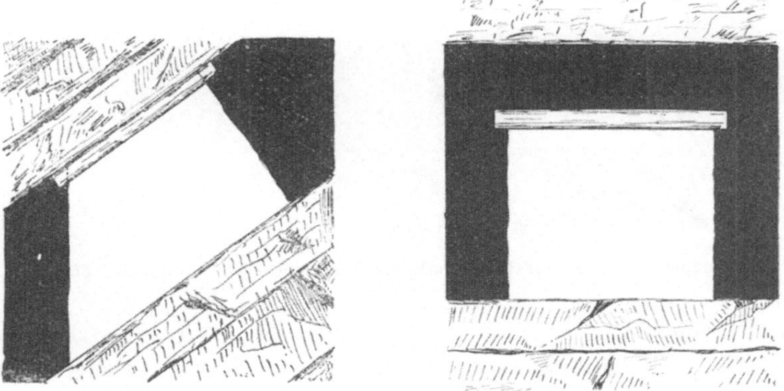

Fig. 234 u. 235. Kappenzimmerung in Strecken.

werden. Von diesen erhält das eine Bühnloch eine Eingabe. Liegt die Kappe nahezu wagerecht, dann ist es gleichgültig, welches Bühnloch mit der Eingabe versehen wird. Mufs dagegen die Kappe steil eingebaut werden, wie z. B. in steil einfallenden Flözen von geringerer Mächtigkeit, dann kommt die Eingabe an den Oberstofs. Der Häuer hat alsdann nicht nötig, das Holz während des Eintreibens auch noch zu halten; es ruht vielmehr infolge seines Eigengewichtes von selbst im Bühnloche des Unterstofses.

Schliefslich ist auch noch die Lage der Eingabe von Bedeutung, nämlich ob sie vom Ortsstofse aus oder von rückwärts her gemacht wird. Wird während des Streckenvortriebes auch gleichzeitig der Ausbau eingebracht, dann ist die Eingabe stets so herzustellen, dafs die Kappe vom Ortsstofse her eingetrieben wird. Die Kappe hat dann in beiden Bühnlöchern guten Halt und kann nie durch die Schüsse herausgeworfen werden. Nun ist es nicht immer möglich, sofort unmittelbar vor Ort eine Kappe einzubauen, weil häufig die Ecken zwischen der Firste und den Streckenstöſsen noch nicht so weit ausgearbeitet sind; in diesem Falle ist die Strecke bis an das Ort heran zu verpfählen, diese Verpfählung aber durch ein Kreuz abzufangen.

II. Stempel.

Da ein Stempel stets auf Druckfestigkeit beansprucht wird, muſs er mit seiner Längsachse der Druckrichtung entgegengerichtet sein

Fig. 236. Stempelzimmerung auf steil einfallender Lagerstätte.

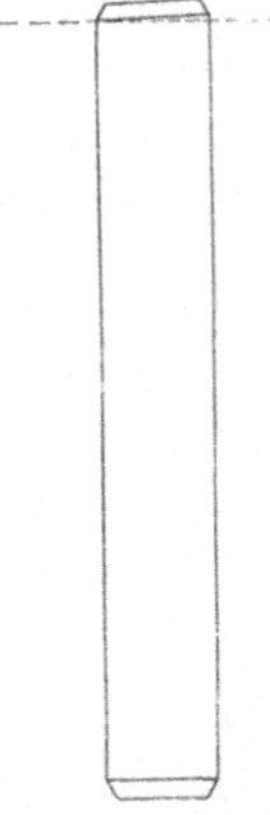

Fig. 237. Stempel.

Darum stehen die Stempel, welche das Hangende einer Lagerstätte unterstützen, senkrecht auf dessen Ebene. In steil geneigten Lagerstätten findet man also die Stempel in der Streckenfirste eingebaut (Fig. 236).

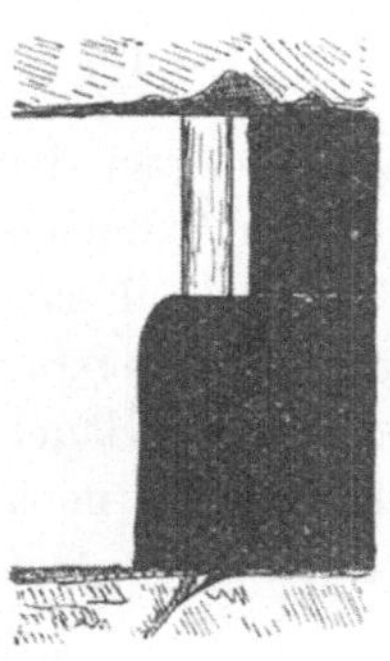

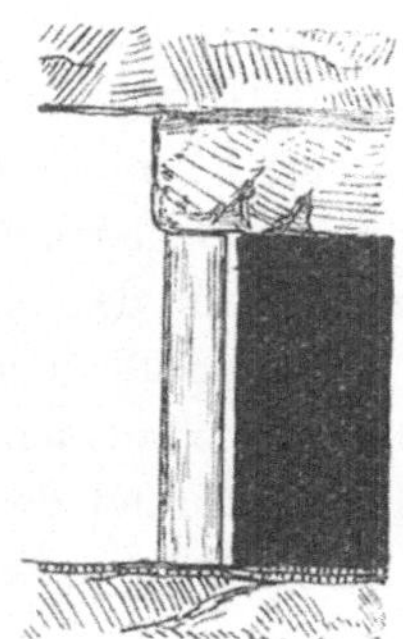

Fig. 238 u. 239. Bolzen.

Fig. 240. Kreuz.

Stempel, die senkrecht unter das Hangende oder unter die Streckenfirste getrieben werden, sind am Kopfende etwas schräg gegen ihre Längsachse zuzuschneiden (Fig. 237). Ein derartiges Holz läſst sich besser eintreiben. Um das besenartige Aufspittern rund um die Schnittflächen herum zu vermeiden, ist es gut, die scharfen Kanten zu beschlagen (Fig. 237).

Unter einem Bolzen ist ein kurzer Stempel zu verstehen, dessen Länge nicht gleich der Streckenhöhe ist; entweder ist sein Fuſsende im Stoſse verlagert (Fig. 238), während er mit dem Kopfe die Streckenfirste stützt, oder der Bolzen steht auf der Streckensohle und trägt einen in die Strecke hineinragenden Gesteinsblock (Fig. 239).

Fig. 241. Strebekreuze.

Stempel mit einem Anpfahl am Kopfende werden Kreuz genannt (Fig. 240).

An hohen, überhängenden Stöſsen müssen zur Unterstützung der Massen häufig schräg stehende Stempel eingebaut werden. Solche ohne Anpfahl heiſsen Streben, mit Anpfahl Strebekreuze. Vor dem Einbau einer Strebe muſs man die Richtung des abzufangenden Druckes ermitteln. Fallen die Ablösungsflächen, Schlechten und dergleichen dem Beschauer zu, so erhalten die Streben denselben Neigungswinkel wie diese (Fig. 241). Fallen die Ablösungsflächen in den Stoſs hinein (Fig. 242), dann stellt man die Strebe möglichst senkrecht gegen diese Flächen und achtet auſserdem darauf, daſs sie, hinreichend verlängert, den Schwerpunkt der zu unterstützenden Masse trifft. Besser ist es, namentlich bei groſsen überhängenden Lasten, mehrere Streben hintereinander so einzubauen, daſs die einen unterhalb, die anderen oberhalb des Schwerpunktes angreifen.

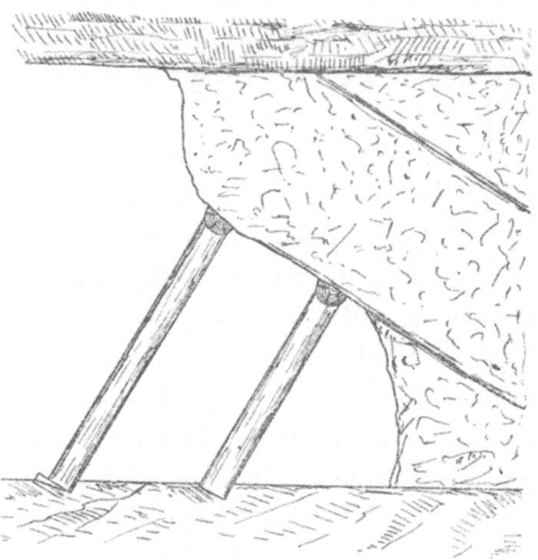

Fig. 242. Strebekreuze.

Alle Stempel, Kreuze und Streben müssen mit dem Fuſsende in Bühnlöchern stehen, um gegen seitliche Verschiebung gesichert zu sein. Ist die Sohle fest, so genügt schon ein Bühnloch von etwa 2 cm Tiefe.

Anderenfalls mufs das Bühnloch bis auf eine hinreichend tragfähige Schicht vertieft werden, oder man belegt die Sohle des Bühnloches mit einem Bohlen- oder flachen Bergestücke.

B. Die zusammengesetzte Zimmerung.

I. Kappen mit Stempeln.

Die einfachste Art von zusammengesetzter Zimmerung erhält man dadurch, dafs in breiten Strecken die Kappen durch Mittelstempel unterstützt werden. Diese Art von Ausbau findet sich am häufigsten, weil dadurch die Kappen am besten vor vorzeitigem Brechen bewahrt werden. Stofsstempel sind bei festen Streckenstöfsen überflüssig; dagegen müssen sie vor schwachen Stöfsen eingebaut werden, um diese zu halten und um zu verhindern, dafs die Kappenenden ihren Halt verlieren, wenn die Bühnlöcher losbröckeln.

II. Die Türstockzimmerung.

Türstöcke werden in schmalen Strecken mit schwachen Stöfsen eingebaut. Sie bestehen aus einer Kappe mit zwei Endstempeln. Steht unter der Kappe nur ein einziger Endstempel, dann spricht man von einem halben Türstocke. Einen geschlossenen Rahmen, bestehend aus einer Kappe, zwei Endstempeln und einem an der Sohle der Kappe parallel eingebauten Holze, der Grundsohle, nennt Jicinsky einen ganzen Türstock.

Die Türstöcke werden je nach der Verbindungsweise der Hölzer geschieden in deutsche, schwedische und polnische.

Bei den deutschen Türstöcken werden die Kappen auf die Stempel (Türstockbeine) aufgeblattet. Die Verbindungsweisen sind je nach der Richtung und der Stärke des Druckes verschieden. Sie sind aus den Figuren 8, 9 und 10 zu ersehen. Bei gleichwertigem Stofs- und Firstendrucke kann die in Fig. 243 dargestellte Verblattung gewählt werden.

Eine wesentliche Vereinfachung in der Herstellung der Türstöcke ist auf Grube Dudweiler im Saarrevier erprobt worden. Die Hölzer werden glatt abgeschnitten und durch 7—8 mm starke Kesselblechplatten *a* und einen Keil *b* (Fig. 244) verbunden.

Die schwedischen Türstöcke haben Hölzer, die nur mit schrägem Schnitt aneinanderstofsen (Fig. 11). Es ist klar, dafs diese Auszimmerungsart eine nur begrenzte Haltbarkeit haben kann, weil die einzelnen Stücke sich bei schrägem Druck sofort verschieben werden.

Die polnischen Türstöcke haben eine Kappe, die von zwei gekehlten Endstempeln getragen wird. Durch diese Verbindungsweise wird wohl Firstendruck aufgenommen; dagegen vermögen die polnischen

Türstöcke nicht, dem Stoſsdrucke ohne weiteres zu widerstehen, vielmehr werden dabei die Stempel nach der Streckenmitte geschoben werden. Um auch hiergegen sicher zu sein, versieht man diese Türstöcke mit einer unter der Kappe eingetriebenen Kopfspreize *a* (Fig. 245); das Fuſsende der Türstockbeine ist in den Bühnlöchern hinreichend gehalten; ist die Streckensohle milde, dann erhalten auch die unteren Enden der Stempel eine Fuſsspreize *b*.

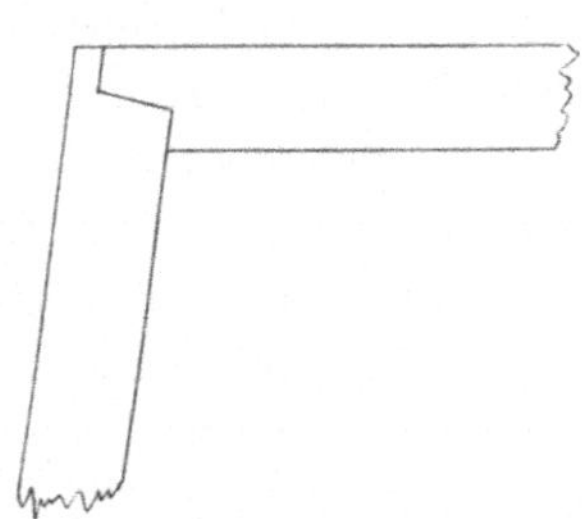

Fig. 243. Verblattung.

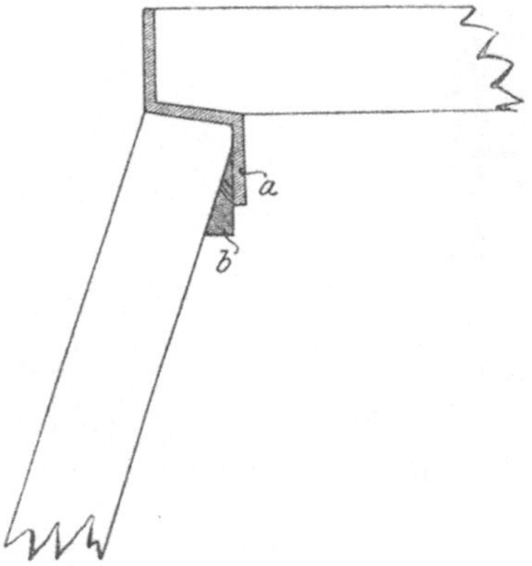

Fig. 244. Verblattung. (Aus der „Zeitschrift f. d. Berg-, Hütten- u. Salinenwesen im Preuſs. Staate", 1899.)

Fig. 245.
Polnischer Türstock mit Kopf- und Fuſsspreize.

Fig. 246. Türstock.

Ein Vorzug der polnischen Türstockzimmerung ist, daſs die Kappen eingebühnt werden können.

Die Türstockbeine sollen erfahrungsgemäſs nicht lotrecht stehen, sondern in die Strecke hinein „Überhang" bekommen. Jicinsky gibt die Neigung nach der Streckenmitte mit 80—85^{0} an; dies würde einem Überhange von 10—12 cm auf 1 m Stempellänge entsprechen.

Die Türstockzimmerung kann bei starkem Drucke im ganzen Schrot ausgeführt werden; es steht dann Bau an Bau.

Auf Lagerstätten, die ein Einfallen bis zu 25^{0} aufweisen, wird in streichenden Strecken der obere Stempel senkrecht zu den Schichtungsflächen, der untere im Lote aufgestellt (Fig. 246).

III. Die Verstärkung und Sicherung des Streckenausbaues.

a) Die Sparren- und Bockzimmerung.

Bei starkem Firstendruck oder auch in breiten Strecken, z. B. in Pferdeförderstrecken, vermeidet man gern den Einbau von Mittelstempeln, um den Streckenquerschnitt nicht zu verengern. Als Ersatz der Mittelstempel dient alsdann die Sparren- oder die Bockzimmerung.

Fig. 247. Sparrenzimmerung.

Bei der Sparrenzimmerung werden in Kappe und Stempel schräge Streben eingekämmt oder eingezapft, die den Firstendruck schräg nach unten ableiten. Sind Stoſsstempel nicht vorhanden, dann werden die Sparren in die Streckenstöſse eingebühnt (Fig. 247). Eine andere Art von Sparrenzimmerung ist in Fig. 248 abgebildet.

Fig. 248. Sparrenzimmerung.

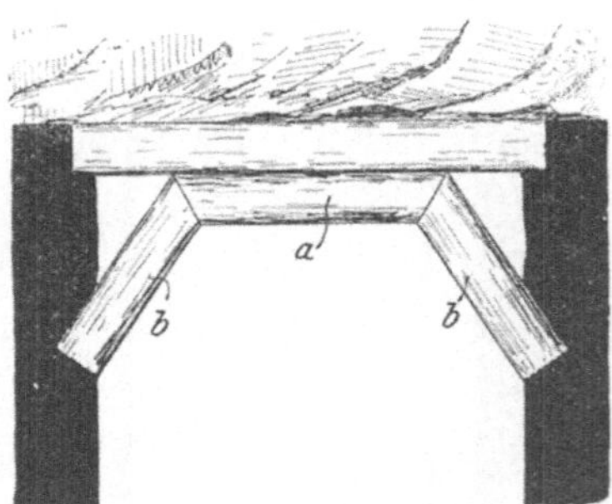

Fig. 249. Bockzimmerung.

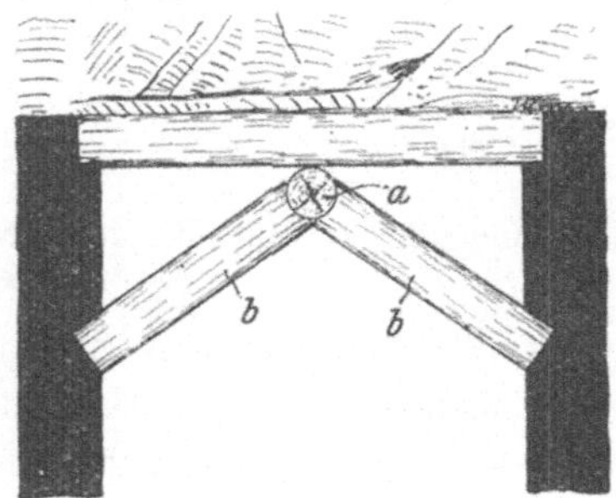

Fig. 250. Bockzimmerung.

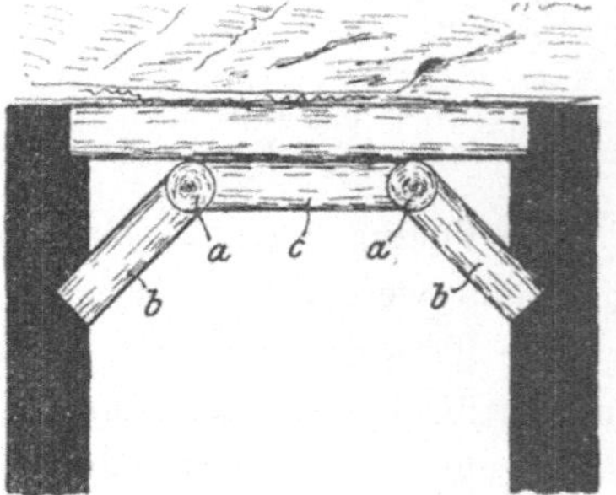

Fig. 251. Bockzimmerung.

Da die Sparrenzimmerung geübte Arbeiter verlangt, wird an ihrer Stelle häufiger die Bockzimmerung angewendet. Diese kann ein einfaches Sprengewerk sein (Fig. **249**) oder aus Längsunterzügen *a* in Verbindung mit Streben *b* und Spreizen *c* bestehen (Fig. 250, **251**).

Bei der erstgenannten Verstärkungsart (Fig. 249) wird die Sprengekappe *a* mit der Hauptkappe verklammert; alsdann werden die Sprengebolzen *b* eingetrieben.

Verstärkt man die Kappen durch Längsunterzüge, so bindet man diese mit Draht an ihnen fest und baut dann die Spreizen und Streben ein.

b) Die Unterzugszimmerung.

Starker Firstendruck, der nur auf einzelne Türstöcke wirkt, soll stets auf eine möglichst grofse Fläche verteilt werden. Aus diesem Grunde stellt man die End- und Mittelstempel nicht unmittelbar unter die Streckenkappen *a* (Querkappen) (Fig. 252 a u. b), sondern bringt unter diesen in der Streckenmitte und entlang den beiden Stöfsen erst Längsunterzüge *b* an. Diese Längskappen werden überall dort, wo sie eine Kappe berühren, von Stempeln *c* gestützt. Der nur auf eine oder zwei Kappen wirkende Druck überträgt sich von ihnen auf die 5—6 m langen Längskappen und von diesen auf eine gröfsere Anzahl von Stempeln. Es würde falsch sein, unter die Längskappen nur die beiden Endstempel und vielleicht noch einen Mittelstempel zu setzen; denn auf Holzersparnis soll es hierbei nicht ankommen.

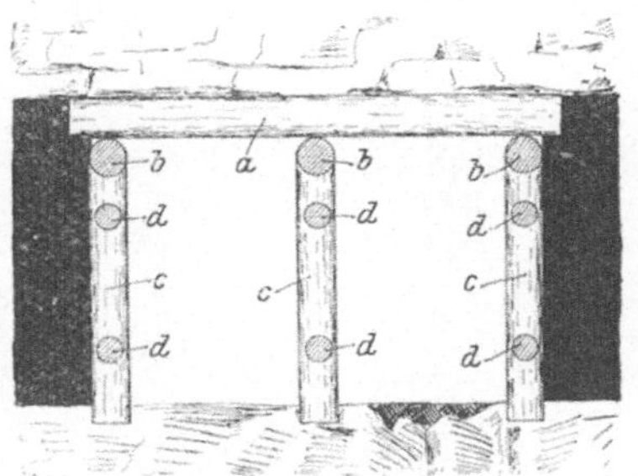

Fig. 252 a. Unterzugszimmerung. (Querschnitt.)

Fig. 252 b. Unterzugszimmerung. (Seitenansicht.)

Dieselbe Zimmerungsart findet sich auch häufig auf Bremsbergen. Wenn hier Förderwagen aus dem Gestänge springen, werden meistens die Stempel mit umgerissen, und die Kappen verlieren ihre einzige Stütze; denn wegen des in diesen Strecken herrschenden Druckes sind die Bühnlöcher fast immer schon längst abgebröckelt. Wenn nun auch ein oder mehrere Stempel herausgehauen werden, bleiben die

Kappen doch noch von den Unterzügen und diese wieder von den stehengebliebenen Stempeln unterstützt.

Ein guter Schutz gegen das Herausschlagen der Stempel ist das Abspeeren derselben. Dies geschieht in der Weise, dafs man zwischen die in einer Flucht liegenden Stempel Spreizen *d* (Fig. 252), die sogenannten Speere, schlägt. Dasselbe kann auch mit den Kappen geschehen.

c) Der Einbau von Grundsohlen.

Wenn die Streckensohle sehr mild ist, wenn sie zum Quellen und Blähen neigt, oder wenn sonst Ursachen vorliegen, die es wünschenswert erscheinen lassen, die Streckenstempel auf eine sichere Grund-

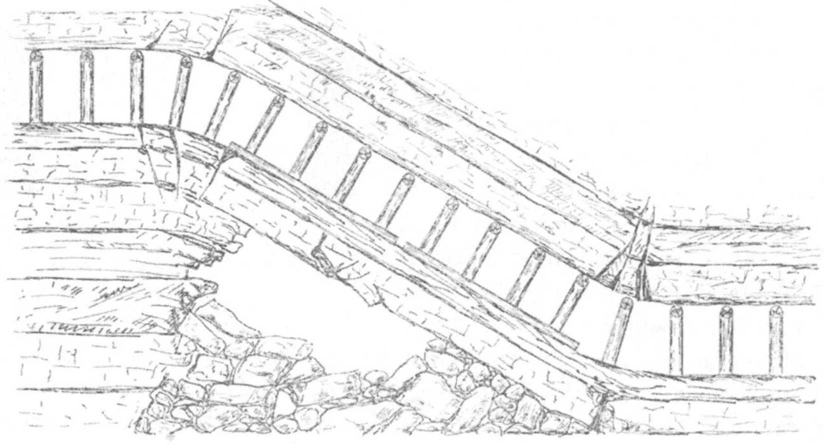

Fig. 253. Türstöcke auf Längsgrundsohlen.

lage zu stellen, dann baut man Grundsohlen ein. Diese können Quergrundsohlen oder Längsgrundsohlen sein.

Die Quergrundsohlen gehen quer über die Strecke, parallel den Kappen. Sie werden immer dann angewendet, wenn es sich darum handelt, die Sohle zu verwahren.

Längsgrundsohlen sind ebensogut wie Quergrundsohlen dann am Platze, wenn verhindert werden soll, dafs sich die in Druck gekommenen Stempel in milde Sohle hineinpressen. Sie waren unbedingt erforderlich in dem im folgenden geschilderten Falle. Im Georg-Schachtfelde der Mathildegrube-Westfeld bei Lipine sollte im Hoffnungflöze über die Markscheide hinaus ein Pachtfeld vorgerichtet werden. In diesem waren drei liegende Flöze bereits abgebaut und das Hangende zu Bruche geworfen worden. Das Hoffnungflöz hatte sich aus diesem Grunde um ca. 10 m gesenkt. Da sich nun mit höchster Wahrscheinlichkeit entlang der Markscheide noch Hohlräume unter der Sohle der einfallenden

Vorrichtungsstrecke befanden, setzte man die Türstockstempel und die Mittelstempel auf Längsgrundsohlen (Fig. 253). Hätten sich nun wirklich in der Streckensohle noch nachträgliche Senkungen an einzelnen Stellen gezeigt, so hätte die Zimmerung ihren Halt trotzdem nicht verloren, weil sie auf den Grundsohlen stand, die eine Art von Brücke über den Hohlräumen bildeten.

d) Die Verstärkung der Kappen mittels untergespannter Seile.

Eine gebrochene Kappe bietet nicht mehr genügende Sicherheit gegen vorhandenen Firstendruck. An vielen Stellen müssen, wenn dieser nicht zum Stillstande gebracht werden kann, solche Hölzer in kurzen Zwischenräumen durch neue ersetzt werden. Um die dadurch bedingten hohen Holzkosten herabzusetzen, kann man die Kappen gleich beim Einbau mit einem Stück Drahtseil versehen. Dieses wird, wie aus Fig. 254 ersichtlich, an der Unterseite der Kappe mit Klammern befestigt; die beiden freien Enden desselben werden an die Stempel angeklammert oder auf den Hirnholzflächen der Kappe befestigt. Der Vorteil dieser Vereinigung von Holz und Drahtseil besteht darin, dafs das Seil noch immer trägt, wenn auch schon die Kappe gebrochen ist, und dafs die Kappe, auch wenn sie schon gebrochen ist, eine gröfsere tragende Fläche besitzt als das Seil.

Fig. 254. Kappe mit untergespanntem Seil.

e) Ersatz der Stofsstempel durch Holzschränke.

Fig. 255. Schrankzimmerung.

In einem Bremsbergfelde der Gräfin Laura-Grube bei Königshütte herrschte derartig starker Druck, dafs frisch eingebaute Stempel schon am nächsten Tage gebrochen waren. Dazu kam, dafs sich von den Streckenstöfsen grofse Kohlenmassen loslösten, die Sohle und das Gestänge verschütteten und die Arbeiter gefährdeten. Es wurden daher die Stempel durch Holzschränke (Fig. 255) ersetzt, die aus Längs- und Querlagen von 1 m langen Holzstücken bestanden. Jede Kappe lag auf der Mitte eines solchen Holzstofses auf. Da der Abstand der

Kappen je 1 m betrug, lag Schrank an Schrank und bildete gleichzeitig einen sicheren Verzug der Stöfse.

Ein ähnlicher Ausbau kommt auch auf Grube Reden im Saarrevier zur Anwendung.

Anstatt die Schränke ganz aus Holz herzustellen, werden sie auch ab und zu im Innern mit einer Bergefüllung versehen.

IV. Der Verzug von Stofs und Firste.

Wenn es die bröcklige Beschaffenheit der Firste und Stöfse erfordert, werden diese in derselben Weise mit geschnittenen oder gerissenen Pfählen verzogen, wie es bereits beim Schachtausbau beschrieben wurde.

Gerade dadurch, dafs die mit der Kohlengewinnung beschäftigten Arbeiter auch den Ausbau der Gewinnungsorte zu besorgen haben, entstehen häufig sehr schwere Unglücksfälle; die Leute schieben die Zimmerungsarbeiten gern hinaus, um die verlangte Förderleistung zu erzielen, oder sie verbauen nur mangelhaft. Dies letztere geschieht namentlich auch aus dem Grunde, weil die Leute durch die tägliche Gewohnheit die Gefahr zu gering achten. Es hat nicht an Bestrebungen gefehlt, die Zimmerung des Arbeitsortes, die häufig nur eine verlorene und darum schwächere ist, zu kräftigen und sicherer zu gestalten. Aus diesen Bemühungen sind die folgenden Arten von Ausbau entstanden.

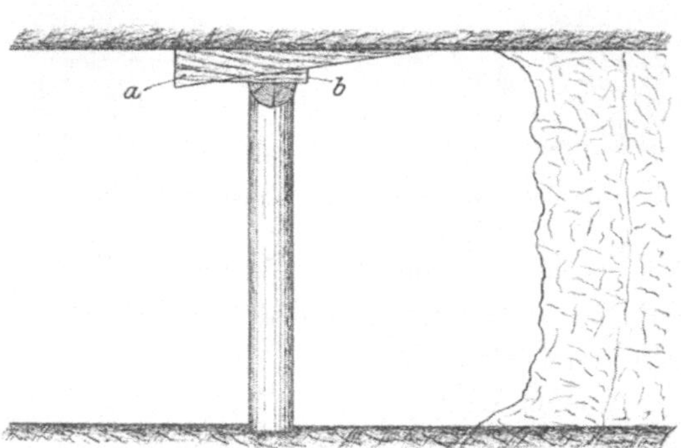

Fig. 256. Vortreibepfahl. (Aus der „Zeitschr. f. d. Berg-, Hütten- u. Salinenwesen im Preufs. Staate", 1903.)

Auf Zeche Schlägel und Eisen, Schacht III/IV, Bergrevier Ost-Recklinghausen, werden hölzerne Vortreibepfähle *a* (Fig. 256) von 1,2 m Länge, 0,12—0,15 m Breite und 1,5 bezw. 6 cm Stärke verwendet. Sie werden durch kleinere Keile *b*, die zwischen ihnen und der Kappe vom Ortsstofse her eingetrieben werden, gegen das Hangende gedrückt.

Auf Glückhilf-Friedenshoffnunggrube bei Waldenburg wurden mit flachen eisernen Vortreibepfählen gute Erfolge erzielt. Sie haben in vielen Fällen, wo hölzerne Pfähle zerbrochen worden wären, gehalten und manchen Unfall verhütet.

Die Firma Würfel & Neuhaus in Bochum stellt Pfändungseisen (Fig. 257) her, welche dem Häuer das Einbauen verlorener Kappen oder das Stellen von Kreuzen ersparen sollen, wenn der Ortsstoſs noch nicht so weit ausgearbeitet sein sollte, daſs sich der Einbau der endgültigen Zimmerung ermöglichen lieſse. Diese Pfändungseisen bestehen aus dem Bügel *a*, der über die letzte endgültige Kappe *b* geschoben wird. An ihm wird das Pfändungseisen *c* mittels der in Gelenken beweglichen Ösen *d* angehängt. Die Verpfählung wird durch dünne Schienen *e* oder verlorene Kappen unterstützt, die auf dem vorderen Ende der Pfändungseisen liegen; darauf werden auch über das rückwärtige Ende derselben Keile *f* geschlagen, um die verlorenen Kappen fest an die Firste anzutreiben.

Auf Zeche General Blumenthal war der dem Ortsstoſse zugewendete Arm der Pfändungseisen länger als der rückwärtige; sie bestanden aus 1,200 m langen U-Eisen und besaſsen eine Tragfähigkeit von über 1000 kg.

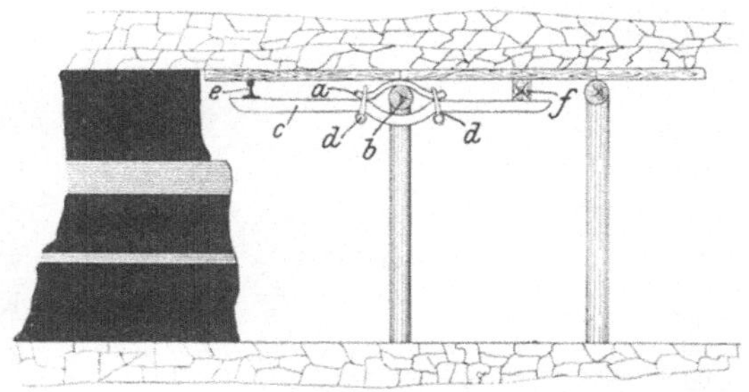

Fig. 257. Pfändungseisen.

Der Hauptvorteil der Pfändungseisen liegt darin, daſs sie gestatten, das Ort sicher zu verbauen, ohne daſs die oft hinderlichen verlorenen Stempel (Kreuze) gestellt werden müssen. Sie lassen sich ebensogut vor Streckenort als auch in Abbauen (Pfeilern, Strebbauen usw.) gebrauchen.

Auf einem stark in Druck gekommenen Hauptquerschlage der Grube Reden im Saarrevier wurde versuchsweise an einigen Stellen folgende Türstockzimmerung eingebaut. Der Abstand der einzelnen Türstöcke betrug 0,5 m. Zwischen der Zimmerung und den Streckenstöſsen blieb ein Zwischenraum von ungefähr 30 cm, der vollständig dicht mit Faschinen ausgefüllt wurde. Dadurch wurde einem baldigen Zerbrechen der Hölzer vorgebeugt; sie verschoben sich aber, so daſs sie drei- bis viermal umgebaut werden muſsten.

Eine besondere Art von Verzug ist auf Zeche Consolidation, Bergrevier Gelsenkirchen, mit groſsem Vorteil eingeführt worden. An Stellen, wo das Hangende schwach, besonders aber bröcklig ist, werden über den Verzugspfählen noch Leinwandstreifen von solcher Breite angebracht, daſs sie ein Feld zwischen zwei Kappen vollständig verkleiden. Dieses Verfahren hat den Vorteil, daſs zwischen den Pfählen keine Gesteinsstücke mehr hindurchfallen können, daſs also die Arbeiter vor Verletzungen geschützt sind, und daſs ferner die Förderung nicht durch

Schieferstücke verunreinigt werden kann. Sie hat aber auch den Nachteil, daſs das Hangende nicht mehr beobachtet werden kann.

V. Zimmerung an Streckenkreuzungen.

Unter Streckenkreuzungen sollen hier auch die Stellen verstanden sein, wo sich von einer Strecke eine andere abzweigt; dies letztere kommt im Bergbau am häufigsten vor, nämlich an den Stellen, wo von einer Abbaustrecke aus ein Durchhieb nach einer Nachbarstrecke angesetzt wird. An diesen Abzweigungspunkten verlieren die Streckenkappen ihre Bühnlöcher; durch Endstempel können sie nicht unterstützt werden, weil häufig Gestänge in den Durchhieb hineingelegt wird. Darum werden die Kappenenden an solchen Stellen in der Regel durch einen Unterzug (Rüstkappe) unterfangen. Unter die Rüstkappe *a* (Fig. 258) kommt, wenn es der Platz erlaubt, auſser den beiden Endstempeln *b* noch ein Mittelstempel *c*. Die erste der Durchhiebskappen muſs unmittelbar an die freien Enden der Streckenkappen zu liegen kommen, damit auch die hier einzubauende Verpfählung ein sicheres Auflager hat. Diese Kappe *d* heiſst Pfändekappe.

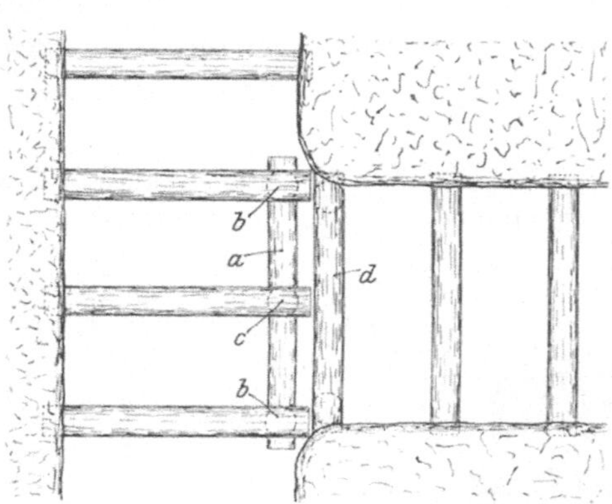

a Grundriſs.

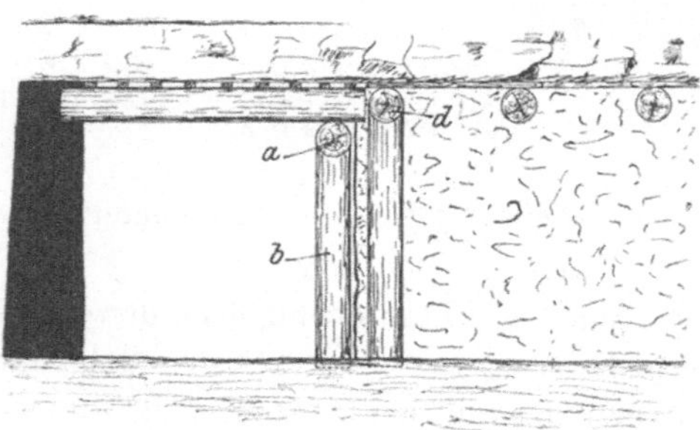

b Aufriſs.

Fig. 258. Rüstkappenzimmerung.

Um den Einbau von Rüstkappen, Längsunterzügen und dergleichen zu erleichtern, kann man die in Fig. 259 abgebildeten Hakeneisen *a* benutzen.

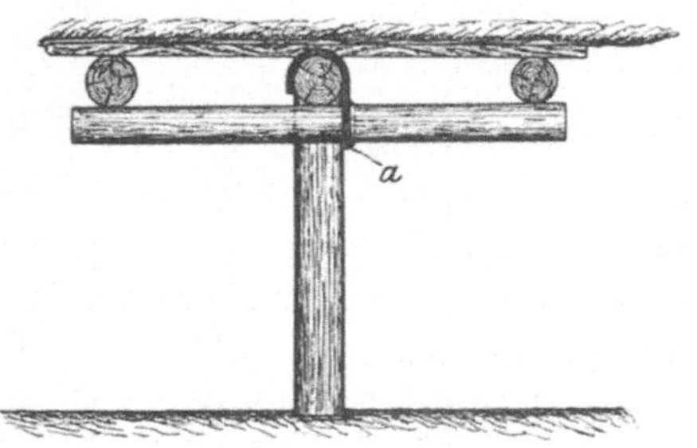

Fig. 259. Aufhängeeisen für Rüstkappen. (Aus Heft 3 der „Verhandlungen und Untersuchungen der Preuſs. Stein- und Kohlenfall-Kommission“.)

In Flözen von geringer Mächtigkeit reicht oft die

Oberkante des Förderwagens bis dicht unter die Streckenkappen. Soll nun aus einem Durchhiebe gefördert werden, dann ist es oft unmöglich, mit dem Wagen in diesen einzubiegen, weil die Rüstkappe im Wege ist. In solchem Falle behilft man sich mit der in Fig. 260 dargestellten

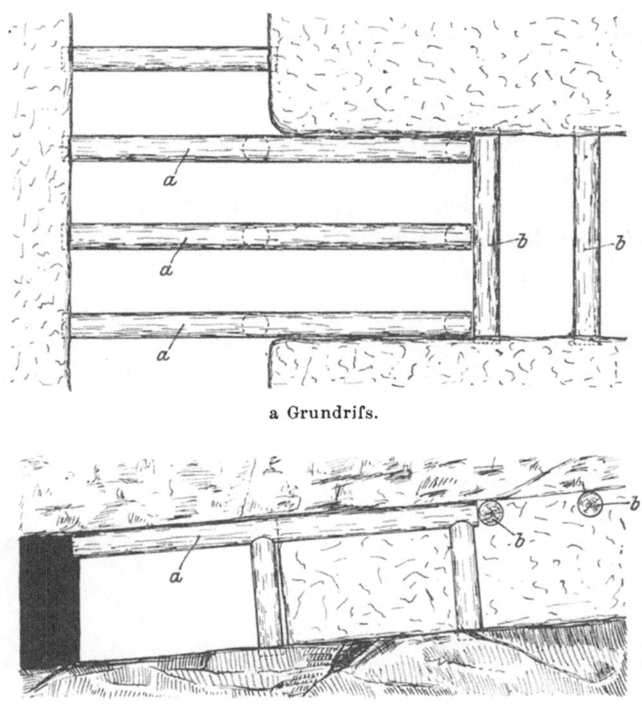

a Grundriſs.

b Aufriſs.

Fig. 260. Auszimmerung niedriger Streckenkreuze.

Zimmerung. Es werden die vor dem Durchhiebe eingebauten Streckenkappen durch 5—6 m lange Kappen *a* ersetzt, die bis in den Durchhieb hineinreichen und mit je einem End- und einem Mittelstempel versehen sind. An diese schlieſsen sich dann weiterhin wieder im Durchhiebe Querkappen *b* an.

Zweites Kapitel. Der Ausbau in Eisen.

Auch bei dem eisernen Streckenausbau läſst sich einfache und zusammengesetzte Zimmerung unterscheiden. Auſserdem kann man eine Trennung in offene und geschlossene Formen vornehmen. Die geschlossenen Formen bilden einen rundherum geschlossenen Rahmen, der meistens aus gebogenen Profileisenformen zusammengesetzt ist. Die offenen Formen sind in den meisten Fällen Teile der geschlossenen und aus ihnen in der Weise entstanden, dafs der die Streckensohle verwahrende Teil in Wegfall gekommen ist.

A. Die einfache Zimmerung.

Einfache Eisenzimmerung wird fast ausschliefslich zur Verwahrung der Firste benutzt. Es werden also Kappen eingebaut, die gerade oder gebogen sein können. Die letzteren werden bei starkem Drucke oder grofser Streckenbreite angewendet; die Biegung geht der Richtung des Druckes entgegen.

Am häufigsten werden als Kappen alte Eisenbahnschienen eingebaut, weil diese verhältnismäfsig billig zu haben sind; aufserdem kommen auch ab und zu I-Eisen vor, die zwei gleich oder verschieden breite Flanschen haben können.

Eiserne Kappen ohne Stempel erfordern feste Streckenstöfse; anderenfalls würden infolge des hohen Gewichtes der Eisenzimmerung die Bühnlöcher schnell abbröckeln.

Eisenbahnschienen werden so eingebaut, dafs der Fufs entweder nach unten oder aber nach oben gerichtet ist. Im ersten Falle liegen

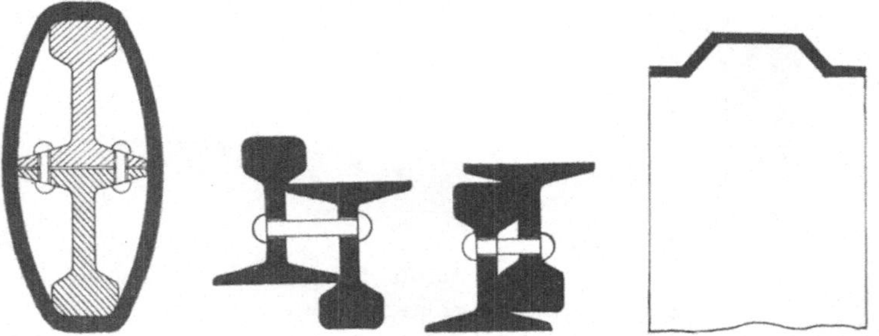

Fig. 261. Gekuppelte Schienen. (Aus Höfer, Taschenbuch für Bergmänner.)

Fig. 262. Vernietete Schienen.

Fig. 263. Eiserne Schwelle als Kappe.

die Kappen besser im Bühnloche. Ist der Schienenfufs nach oben gerichtet, dann liegt die Kappe besser an der Firste an, kippt aber leicht um. Um die Kappen gegen dieses Umklinken zu schützen, speert man sie untereinander durch Bolzen ab, die zwischen ihre Stege eingeschlagen werden. Dasselbe läfst sich mit Ankerstangen (Stehbolzen) erreichen, die zwischen die einzelnen Schienen kommen und an jedem Ende zwei Muttern besitzen, von denen eine vor, die andere hinter dem Stege steht.

Kappen, die zu schwach erscheinen, werden durch Doppeltlegen verstärkt. Dies kann einmal vorgenommen werden, indem man zwei Schienen mit den Füfsen aneinanderlegt (Fig. 261), diese zusammenschraubt und dann noch eiserne Ringe umlegt; dann kann man aber auch die zwei Schienen in der in Fig. 262 abgebildeten Weise aneinanderlegen und verschrauben. Diese letztere Verbindungsweise erfordert wenig Platz; zudem liegt die Kappe gut im Bühnloche und am Hangenden.

Auf Concordiagrube bei Zabrze werden in niedrigen Bauen eiserne Hohlschwellen (Fig. 263) als Kappen benutzt und bewähren sich recht gut. Sie beanspruchen wegen ihrer geringen Höhe nur wenig Platz, und die Stempel, die nötigenfalls unter sie gestellt werden, lassen sich leicht zuschneiden.

B. Die zusammengesetzte Zimmerung.

I. Offene Formen.

a) Reiner Eisenausbau.

Ähnlich den Türstöcken aus Holz können auch solche ganz aus Eisen hergestellt werden. Die Kappen und Stempel werden dabei entweder nur an- bezw. aufeinander gesetzt (Fig. 264, 265), sie stofsen

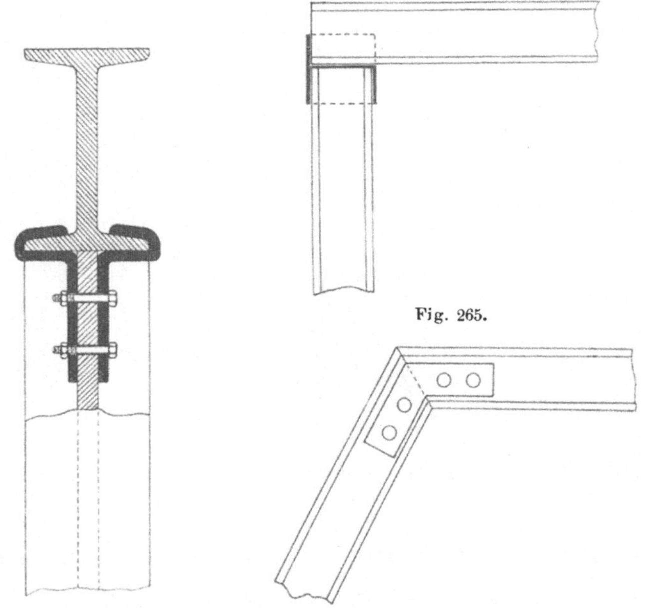

Fig. 265.

Fig. 264. Fig. 266.

Fig. 264—266. Verbindung von eisernen Kappen mit eisernen Stempeln.

mit schrägem Schnitt aneinander (Fig. 266), sie werden miteinander verblattet (Fig. 267), der Stempel wird in die Kappe (Fig. 268) oder die Kappe in den Stempel (Fig. 269) eingelassen.

Die Verbindung zwischen Stempel und Kappe erfolgt mit Laschen, die paarweise seitlich an die Stege kommen (Fig. 266, 268, 269), durch Laschen in den inneren Winkeln des Türstockes (Fig. 267), durch Klauen, die den Fuſs der Kappe umfassen und an dem Stege des Stempels angeschraubt sind (Fig. 264) oder durch besondere Schuhe (Fig. 265).

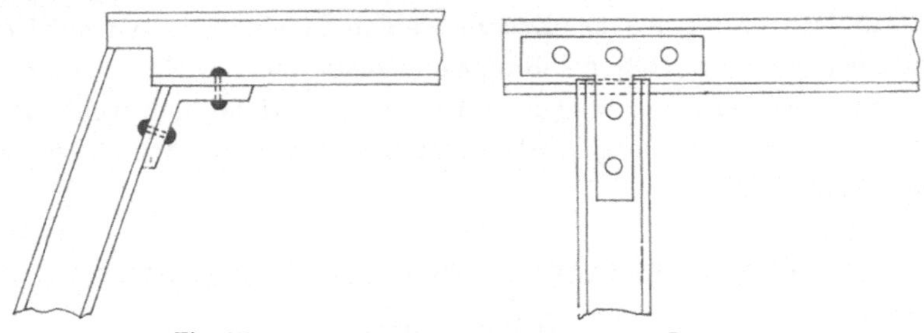

Fig. 267. Fig. 268.
Verbindung von eisernen Kappen mit eisernen Stempeln.

In einigen der eben erwähnten Fälle ist es möglich, die Kappe seitlich in die Stöſse einzubühnen (Fig. 264, 268); meistens muſs man aber darauf verzichten.

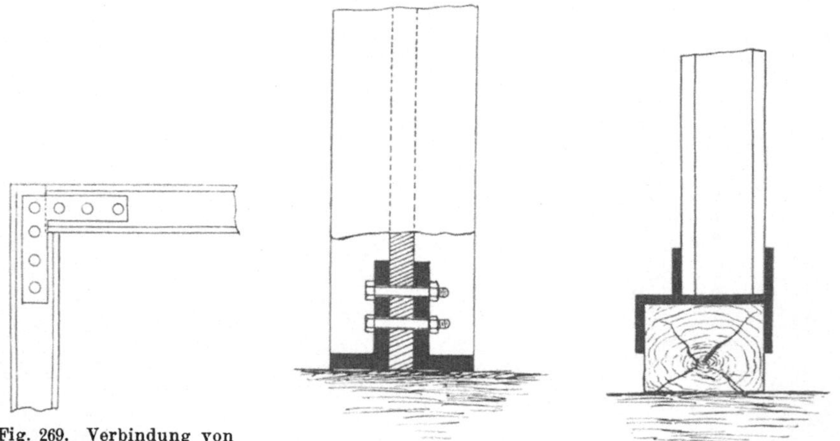

Fig. 269. Verbindung von eisernen Kappen mit eisernen Stempeln.

Fig. 270. Eiserner Stempel mit Fuſslaschen.

Fig. 271. Eiserner Stempel mit Schuh.

Da eiserne Stempel im Vergleich mit solchen aus Holz nur eine kleine Querschnittsfläche besitzen, schneiden sie sich tief in die Streckensohle ein. Darum gibt man ihnen Unterlagen aus Rundholz, Kantholz, flachen Bergestücken usw.

Auf Berginspektion Lautenthal wurden im Jahre 1893 Grauwackensteine mit eingestuften Löchern durch stählerne Unterlagsplatten von $200 \times 150 \times 12$ mm ersetzt, die dem Stempelprofil entsprechende Vertiefungen besaſsen. Sie waren billiger und leichter einzubauen.

Stempel aus I-Eisen erhalten am Fuſsende zu beiden Seiten des

Steges Winkelplatten angeschraubt, die ihnen eine gröfsere Auflagefläche geben (Fig. 270).

Desgleichen sind Längs- und Quergrundsohlen, namentlich bei Sohlendruck anwendbar; diese können aus Holz oder Eisen bestehen.

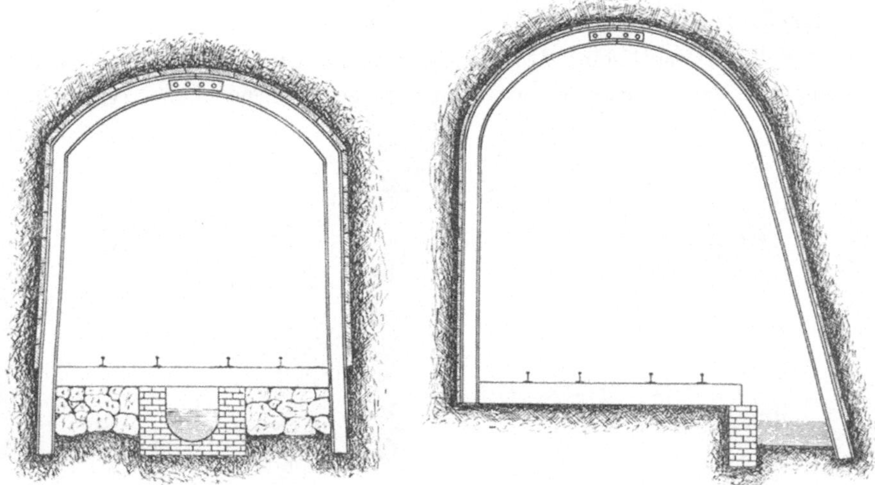

Fig. 272. Eiserner Streckenausbau. Fig. 273. Eiserner Streckenausbau. (Aus Höfer, Taschenbuch für Bergmänner.)

Die Stempel werden einfach in sie eingelassen, oder es werden besondere Verbindungsschuhe (Fig. 271) benutzt.

Andere offene Formen zeigen die Figuren 272 und 273.

b) Gemischter Ausbau.

Beim gemischten Ausbau wird die Firste mit eisernen Kappen verzogen, während die Stöfse durch Holzstempel oder Mauerung geschützt werden. In beiden Fällen werden die Kappen eingebühnt, um die Stempel bezw. das Mauerwerk zu entlasten.

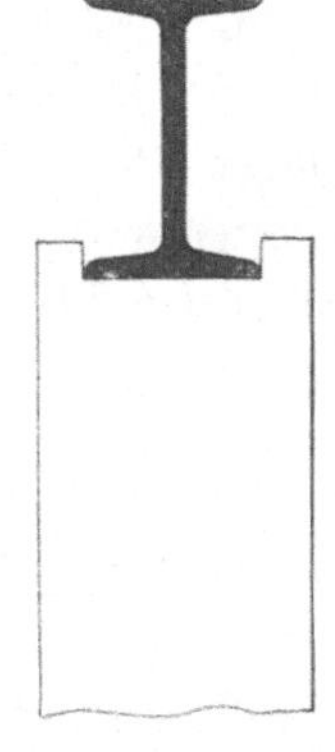

Fig. 274. Hölzerner Stempel mit eiserner Kappe.

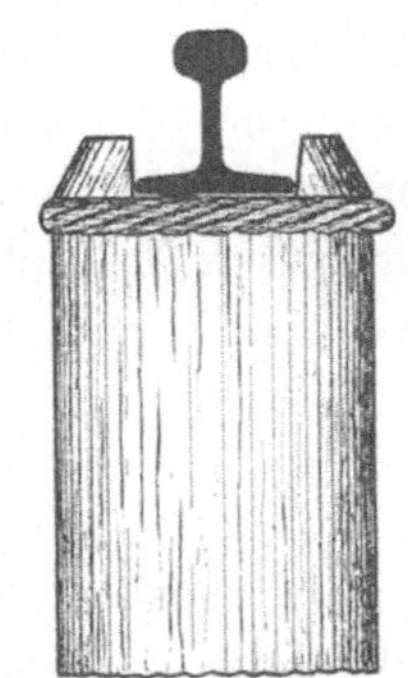

Fig. 275. Holzstempel mit eiserner Kappe. (Aus der „Zeitschrift für das Berg-, Hütten- und Salinenwesen im Preufs. Staate“, 1903.)

1. Holz-Eisen-Ausbau.

Hölzerne Stempel, die unter eisernen Kappen stehen, brauchen am Kopfende nur gerade abgeschnitten zu werden, wenn die Kappe mit einer breiten Fläche auf ihnen aufliegt, wie z. B. eine mit dem Fufse nach unten eingebaute Eisenbahnschiene. Sicherer ist es aber, das Kopfende so auszuarbeiten, dafs der Stempel nicht seitlich wegrutschen kann (Fig. 274). Um zu verhüten, dafs die Stempelköpfe bei starkem Druck aufspalten, legt man um sie ein Eisenband oder, wie es auf den konsolidierten Fürstensteiner Gruben bei Waldenburg geschieht, einen aus alten Bremsbergseilen geflochtenen Kranz (Fig. 275).

Soll die Verbindung zwischen Kappe und Stempel möglichst sicher sein, dann bewirkt man sie mittels eines Streckengerüstschuhes (Fig. 276).

Fig. 276. Streckengerüstschuh.

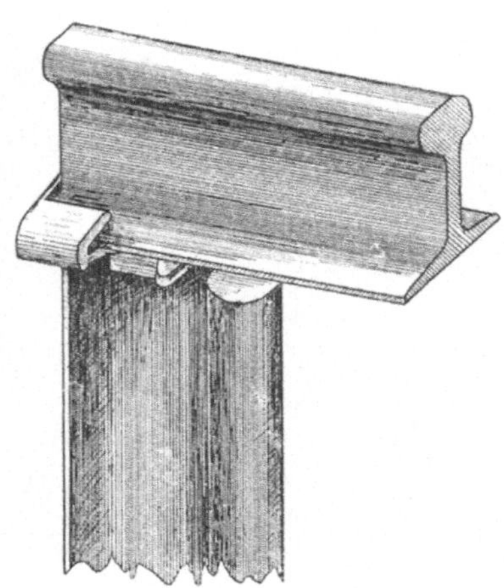

Fig. 277. Streckengerüstschuh.

Fig. 277 stellt einen solchen Schuh vor, der für eiserne Stempel unter eisernen Kappen bestimmt ist.

2. Eisen-Mauerung.

Eiserne Kappen, die von Stofsmauern unterstützt werden, sind möglichst bis in das Gestein zu verlängern, damit das Mauerwerk entlastet wird. Lassen sich mit Rücksicht auf schlechte Beschaffenheit der Stöfse keine tragfähigen Bühnlöcher herstellen, dann werden im Mauerwerk Eisenplatten unter die Kappenenden gelegt, damit sich der Druck auf eine möglichst grofse Fläche verteilt.

II. Geschlossene Formen.

Eisenausbau in geschlossenen Formen ist immer aus mehreren Stücken zusammengesetzt. Die häufigsten Formen sind der Kreis, das Oval, die Ellipse, das Ei, das Trapez und das Dreieck. Von diesem letztgenannten sind häufig nur zwei Seiten gebogen, die Grundlinie aber gerade.

Welche Ausbauform man zu wählen hat, hängt von der Gröſse des Druckes und von der Streckenbreite ab. In zweigleisigen, also breiteren Strecken ist der Kreis oder das Trapez anzuwenden, in eingleisigen die Ellipse oder das Ei.

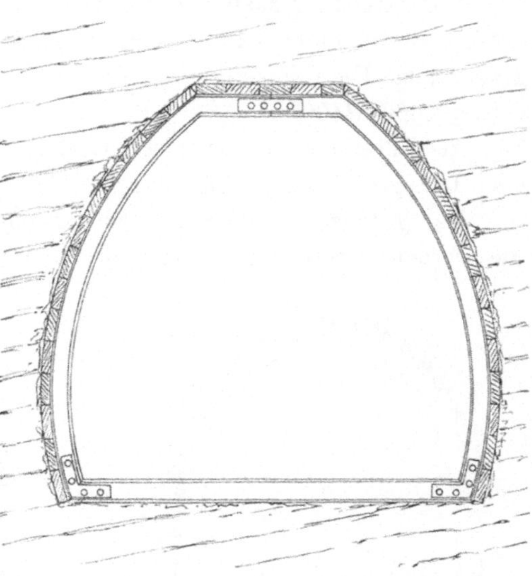

Fig. 278. Eiserner Streckenausbau.

Der Kreis wird aus zwei bis drei, selten mehr Stücken zusammengesetzt. Für stärkeren Druck eignet sich an seiner Stelle besser das Trapez (Fig. 278), denn es bietet dem Drucke nur eine schmale Seite; der gröſste Teil desselben wird auf die Streckenstöſse übertragen.

Das Trapez, das Dreieck (Fig. 279) und das Ei (Fig. 280) sind die besten Formen bei groſsem Firstendrucke. Sie bieten ihm nur schmale Angriffsflächen; im übrigen wird er seitlich in die Stöſse abgelenkt. Bei geringerem Drucke läſst sich die Ellipse (Fig. 281) und der Kreis verwenden.

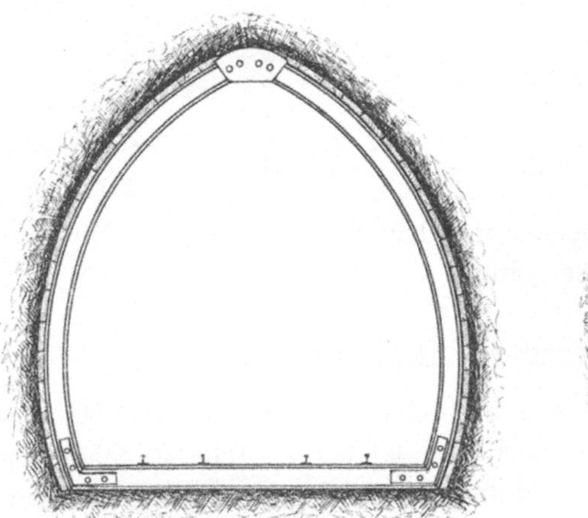

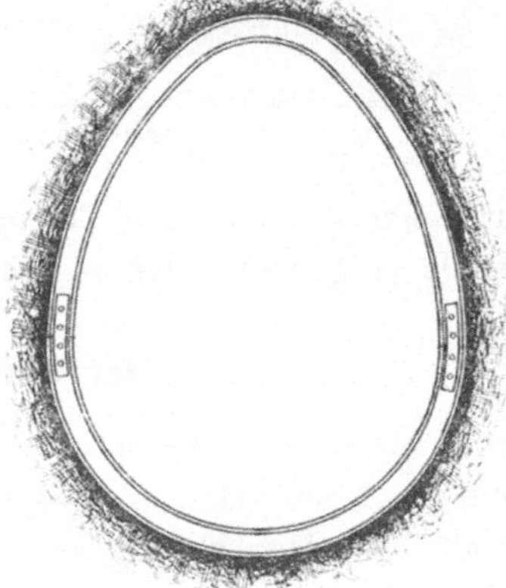

Fig. 279. Eiserner Streckenausbau. Fig. 280. Eiserner Streckenausbau.
(Aus Höfer, Taschenbuch für Bergmänner.)

Ein Nachteil, der manchen Formen anhaftet, ist der, daſs sie in der Spitze bezw. in der Mitte des an der Firste anliegenden Teiles eine Lasche besitzen (Fig. 278, 279, 281). Die Verlaschungen werden am besten in der Mitte der Stoſsteile angebracht (Fig. 280), vorausgesetzt, daſs von hier kein allzu groſser Druck kommt.

Die Streckengerüste werden aus U- oder I-Eisen hergestellt. Die gröſste Breite beträgt für zweigleisige Strecken 2,3—2,5 m, die Höhe 2,4—2,7 m. Die Ellipse und das Ei erhalten Achsenlängen von 1300 : 2400 bis zu 1600 : 2400.

Als Unterlage für die geschlossenen Streckengerüste dienen Längs- oder Quergrundsohlen (Fig. 281).

Der gegenseitige Abstand der einzelnen Ringe beträgt zumeist 1 m. Sie werden untereinander verspeert und gegen die Stöſse gut verkeilt.

Fig. 281. Eiserner Streckenausbau.

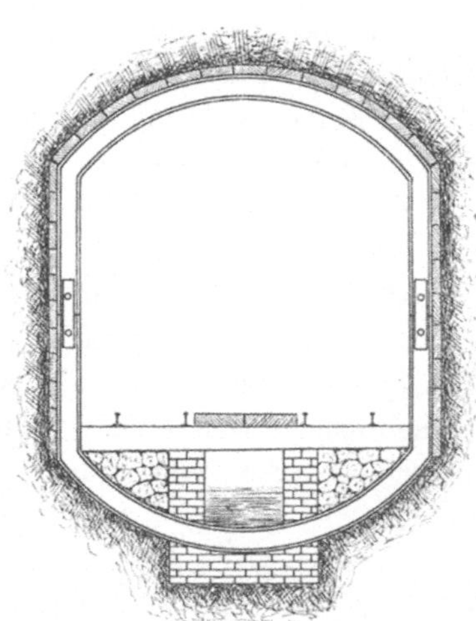

Fig. 282. Eiserner Streckenausbau.

(Aus Höfer, Taschenbuch für Bergmänner.)

Etwaige Wasserseigen kommen entweder in die Mitte der Streckensohle (Fig. 282) oder an einen Stoſs.

III. Der Verzug von Stoſs und Firste.

Als Verzug werden seltener gerissene als geschnittene Pfähle benutzt. Noch häufiger finden sich aber an deren Stelle Rundholz und Halbholz. Der Verzug kommt hinter den Ausbau; dünnere Rund- und Halbhölzer treibt man wohl auch dicht aneinanderliegend zwischen die Stege der Eisenrahmen ein, namentlich dann, wenn zum zweiten Male Verpfählung eingebracht werden muſs, die alte aber nicht ohne Gefahr entfernt werden kann.

Auch kann der Verzug aus Eisen bestehen. Handelt es sich um dichte Verkleidung der Firste, so geschieht dies mit alten Kesselblechen.

Können die Pfähle in gröſseren Abständen eingebaut werden, dann ist der auf den Gruben von Lens und Marles eingeführte Verzug mit Eisenstäbchen empfehlenswert, die an beiden Enden umgebogen sind und hinter je zwei Kappen gehakt werden (Fig. 283). Desgleichen kann man als Verzug starke Bandeisen benutzen, die ebenfalls über die Kappen gehakt und an ihnen mit Hilfe von Klemmplatten *a* befestigt werden (Fig. 284).

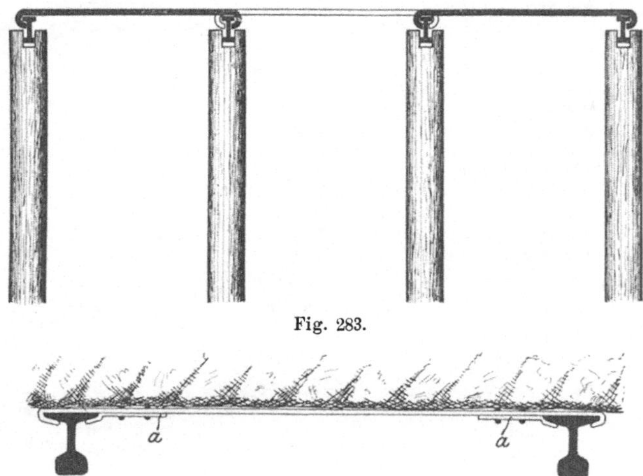

Fig. 283.

Fig. 284.

Eiserne Firstenpfähle. (Aus Heft 5 der „Verhandlungen und Untersuchungen der Preuſs. Stein- und Kohlenfall-Kommission".)

C. Tübbingsausbau in Strecken.

Auf dem Steinkohlenbergwerke Eschweiler-Reserve, Bergrevier Düren, muſste eine Verwerfung durchörtert werden, die viel Wasser

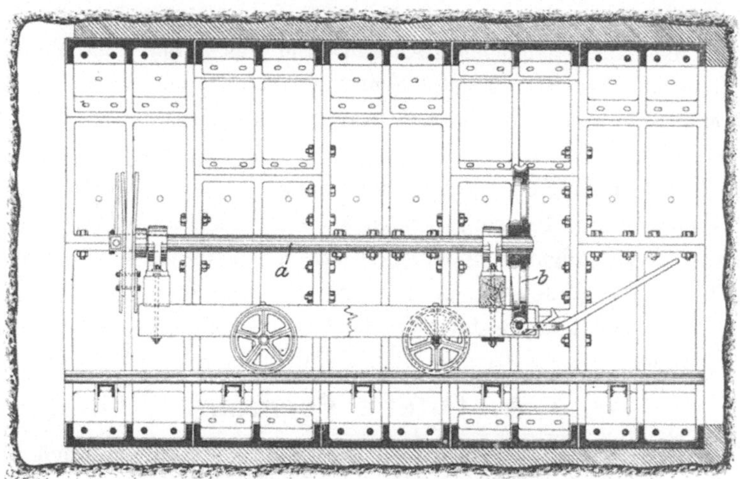

Fig. 285 a. Einbau von Tübbings in Strecken. (Aufriſs.) (Aus der „Zeitschr. f. d. Berg-, Hütten- u. Salinenwesen im Preuſs. Staate", 1888.)

zuführte. Die Strecke erhielt runden Querschnitt und wurde mit Tübbings verbaut. Jeder Ring war aus acht Segmenten zusammengesetzt. Zum Einbau der Tübbings diente ein Plattformwagen (Fig. 285) mit einer Welle *a*, die durch ein Schneckenrad *b* gedreht werden konnte. Der Tübbing safs auf mehreren radialen Armen *c*, die sich mit der Welle drehten und in radialer Richtung verschiebbar waren.

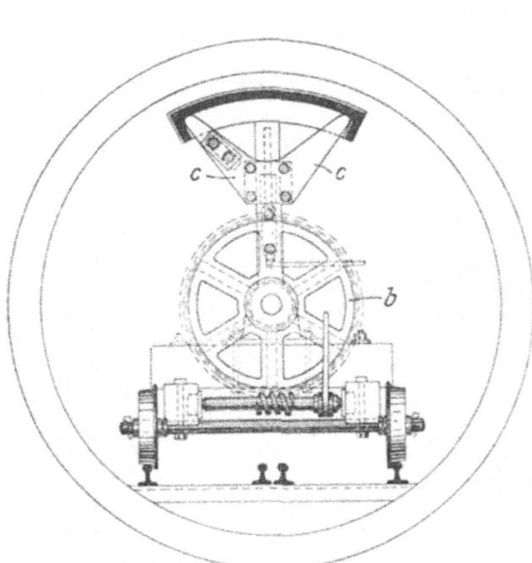

Fig. 285 b. Kreuzrifs.

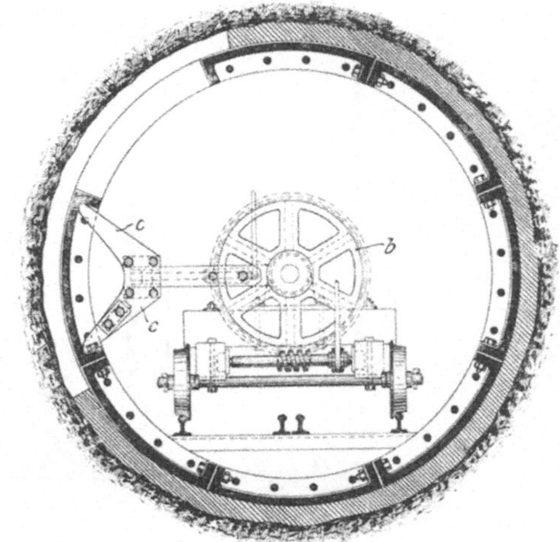

Fig. 285 c. Kreuzrifs.

Einbau von Tübbings in Strecken. (Aus der „Zeitschr. f. d. Berg-, Hütten- u. Salinenwesen im Preufs. Staate", 1888.)

Drittes Kapitel. Der Ausbau in Mauerung.

Der Streckenausbau mit Mauerwerk kann nur aus diesem allein bestehen oder aus Mauerung in Verbindung mit Holz oder Eisen; dies letztere nennt man gemischten Ausbau. Bei diesem dient das Mauerwerk zur Sicherung der Streckenstöfse und wohl auch der Sohle; die Firste wird mit hölzernen oder eisernen Kappen verwahrt.

Wird nur Mauerwerk allein zum Ausbau von Strecken benutzt, so kann dieses in offenen oder geschlossenen Formen ausgeführt werden. Die geschlossenen Mauerungsformen sind bei allseitigem Drucke zu verwenden. Am häufigsten finden sich von ihnen der Kreis, die Ellipse, das Ei und das Hufeisen. Aus ihnen entstehen durch Fortlassen einzelner Teile, die hauptsächlich in der Streckensohle liegen, die offenen Ausbauformen.

A. Offene Formen.

Offene Formen werden dann hergestellt, wenn es sich darum handelt, nur einzelne Teile des Streckenumfanges zu sichern. Dies ist namentlich an der Firste der Fall. Sie wird entweder mit Tonnengewölbe oder mit flachem Gewölbe verbaut. Im letzteren Falle beträgt die Pfeilhöhe auf je 1 m Sehnenlänge 0,15—0,25 m. Der Zentriwinkel soll nie kleiner als 60° sein. Die Gewölbestärke beträgt für gewöhnlich ½ Stein, bei grofsem Druck 1 Stein, selten mehr. Der Verband ist einer der im Bergwerksbetriebe sich gewöhnlich findenden, also Läufer-, Binder-, Block- oder Kreuzverband. Die Widerlager werden in den Stöfsen ausgearbeitet und müssen radiale Richtung haben. Sind die Stöfse zu schwach, als dafs sie das Firstengewölbe und den darauf lastenden Druck aufnehmen könnten, dann werden sie mit Scheibenmauern verkleidet. Die Widerlager werden alsdann auf diesen hergestellt.

Die Stofsmauern sind gerade, geböscht oder gewölbt. Sie stehen in einem Sohlenschlitze, der verhüten soll, dafs sie durch den Seitendruck in die Strecke hineingeschoben werden. Liegt wegen zu weicher Sohle die Gefahr vor, dafs die Mauer in diese einsinkt, dann erhält sie einen gemauerten Sockel, der 2—3 Schichten hoch und um einen Stein breiter ist als die Mauerstärke.

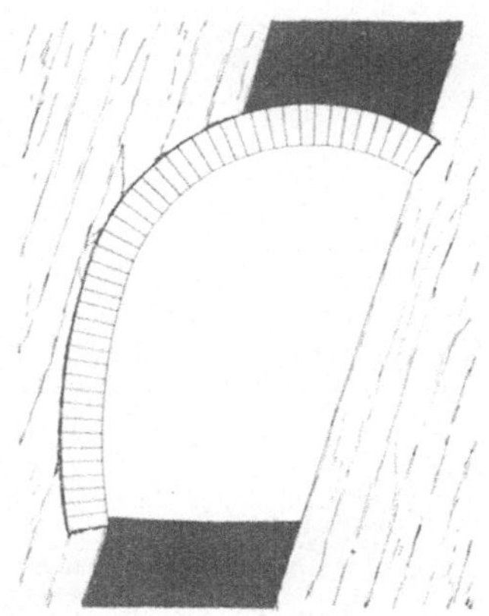
Fig. 286. Streckenmauerung.

Unten offene Ei- oder Ellipsenformen werden in derselben Weise hergestellt, wie es weiter unten für die geschlossenen Formen beschrieben ist. Das gleiche gilt von den Kellerhalsbögen (Fig. 286), die auch vom Ei oder der Ellipse herrühren, aber seitlich offen sind. Ihre Hauptanwendung ist auf steilfallenden Lagerstätten, wenn das Liegende fest ist, also nicht weiter gesichert zu werden braucht.

B. Geschlossene Formen.

Der Kreis kommt bei starkem Drucke zur Anwendung, der von allen Seiten her gleichmäfsig wirkt. Die Mauerstärke kann bis zu 1,0 und auch 1,5 m steigen.

Um die Schablone für eine Ellipse zu konstruieren, teilt man die lange, senkrechte Achse AB (Fig. 287) in sechs gleiche Teile. Um die Teilpunkte 1 und 5 werden Kreise geschlagen, deren Halbmesser gleich $^1/_6$ der Achse AB ist. Die kurze Achse CD wird gleichmäfsig nach beiden Seiten hin verlängert, bis ihre Länge gleich der von AB wird. Um diese beiden Endpunkte A' und B' werden mit den Halbmessern $B'C$ bezw. $A'D$ die Kreisbögen EF und GH geschlagen.

Bei gröfserem Stofsdrucke liegen die Mittelpunkte des Firsten- und des Sohlenkreises auf den Teilpunkten 2 und 4 der langen Achse (Fig. 288).

Die Mittelpunkte *C* und *D* für die Bögen an den Streckenstöſsen liegen auf dem Schnittpunkte der kurzen Achse mit den um 2 und 4 geschlagenen Kreisen.

Die Eiform (Fig. 289) wird erhalten, indem man mit dem Radius $OA = OC = OB$ den Halbkreis ACB schlägt. An diesen schlieſsen sich die Bögen AE und BD an, deren Halbmesser BE und AD gleich AB sind. Der Mittelpunkt O' des Firstenbogens EFD liegt auf der Kreuzungsstelle von AD und BE.

Sollte der Sohlendruck über den von der Firste kommenden über-

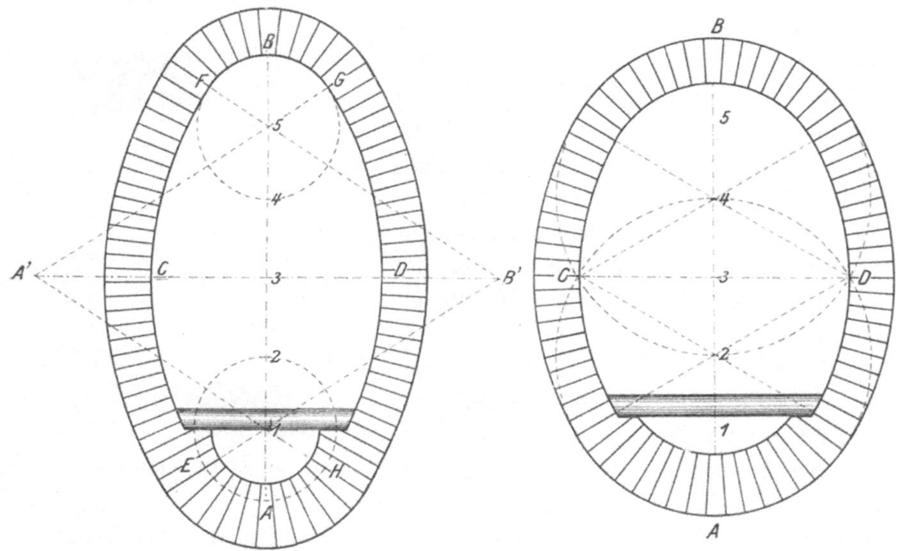

Fig. 287. Streckenmauerung. Fig. 288. Streckenmauerung.
(Nach Dannenberg, Der Bergbau in Skizzen.)

wiegen, so wird der eiförmige Ausbau mit der Spitze nach unten gewendet.

Aus dem Ei entsteht das Hufeisen (Fig. 290). Der Halbkreis ACB liegt in der Firste; die beiden Seitenbögen AE und BD schlieſsen sich an ihn nach untenhin an. Anstatt daſs diese aber allmählich in den Sohlenkreis übergehen, wird nun hier ein Gewölbe DE geschlagen, dessen Spannung von der Gröſse des Sohlendruckes abhängt.

Bei den geschlossenen Formen nimmt die Wasserseige immer die ganze Streckenbreite ein. Das Tragewerk, auf dem das Gestänge verlagert ist und das auch zugleich zur Fahrung dient, wird in der Weise hergestellt, daſs jedes Lager seitlich in Bühnlöcher kommt, oder daſs die Sohlenbögen mit kleinerem Halbmesser geschlagen werden (Fig. 287, 288, 289). Sie haben an der Übergangsstelle nach den Stoſsbögen einen

Absatz, auf welchem das Tragewerk aufliegt. An Stelle dieses Absatzes (Bankets), der sich der ganzen Streckenlänge entlang zieht, können auch in gleichbleibenden Abständen Konsolen aus Mauerwerk angebracht werden.

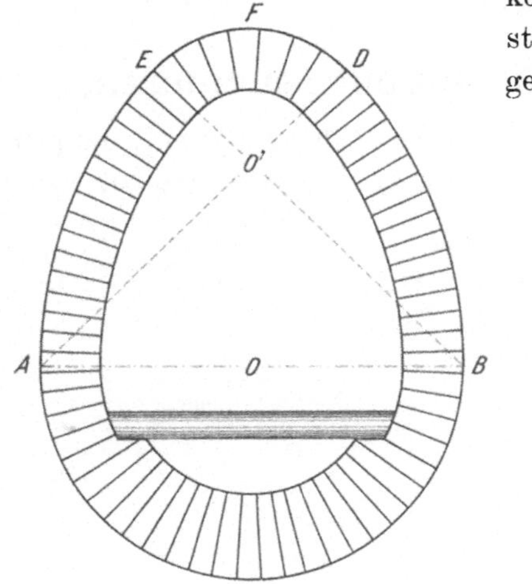

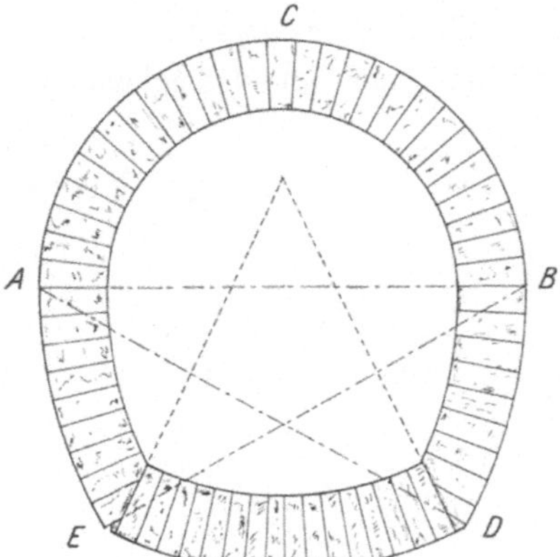

Fig. 289. Streckenmauerung. Fig. 290. Streckenmauerung.
(Nach Dannenberg, Der Bergbau in Skizzen.)

Wird das Tragewerk, wie eben geschildert, aus Holz hergestellt, so ist die Säuberung der Wasserseige an allen Punkten leicht möglich. In vielen Fällen wird aber, um eine festere Förderbahn zu haben, die Wasserseige überwölbt. Dann müssen in regelmäfsigen Abständen Schlammfänge (Fig. 291) angeordnet werden; dies sind Vertiefungen der Wasserseige, in denen sich aller mitgeführte Schlamm absetzt. Über den Schlammfängen sind in der Überwölbung Einsteigöffnungen von 40 × 52 cm lichter Weite herzustellen.

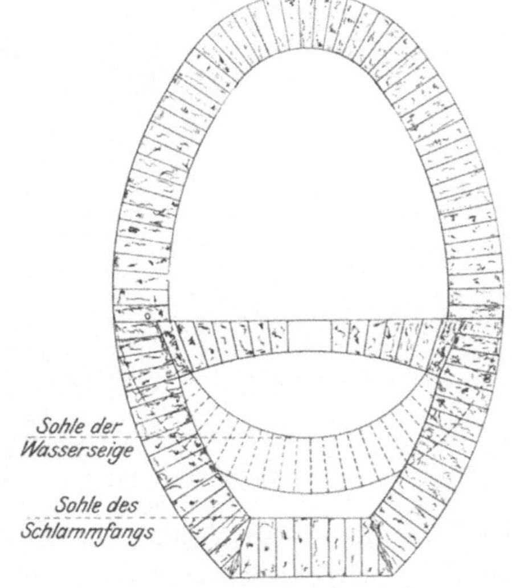

Fig. 291. Streckenmauerung mit Wasserseige und Schlammfang.

Da zwischen dem Auffahren und der Ausmauerung einer Strecke immer eine gewisse Zeit verstreicht, wird zunächst ein verlorener Ausbau gesetzt, der meistens aus Türstockzimmerung besteht. Dieser gesamte Holzausbau mufs nebst der Verpfählung entfernt werden, damit das Mauerwerk allenthalben gut an das Gebirge angeschlossen werden kann. Wo dies nicht angängig ist, soll man höchstens die Verpfählung hinter der Mauer lassen. Etwaige Hohlräume sind auszumauern oder doch mindestens mit Bergen dicht zu verfüllen.

C. Mauerung von Streckenkreuzungen.

Wichtigere Streckenkreuzungen, namentlich die von Hauptquerschlägen und Grundstrecken, werden gern in Mauerung gesetzt, damit

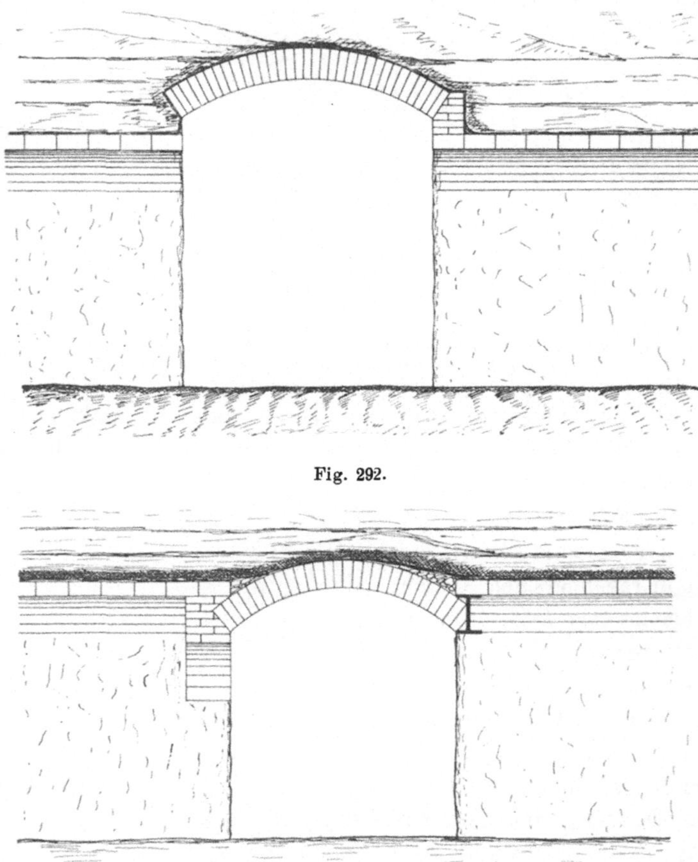

Fig. 292.

Fig. 293.

Mauerung an Streckenkreuzen. (Nach Jicinsky, Katechismus der Grubenerhaltung.)

der Förderbetrieb späterhin nicht etwa durch wiederholtes Auswechseln der Holz- oder Eisenzimmerung gestört wird. Die Querschläge stehen meistens mit Rücksicht auf ihre lange Benutzungsdauer vollständig in Mauerwerk; von den Grundstrecken werden nur die Einmündungen in die Querschläge ausgemauert. Diese Arbeit kann auf folgende Arten ausgeführt werden.

Die Querschlagsfirste wird auf eine Länge von ungefähr 10—20 m vor und hinter der Grundstrecke nachgerissen, so dafs sie an der Einmündungsstelle mindestens 1 m höher liegt als die der Grundstrecke (Fig. 292). In derselben Weise wird das Firstengewölbe höher zu liegen kommen; es hat also seine Widerlager über dem Scheitel der Grund-

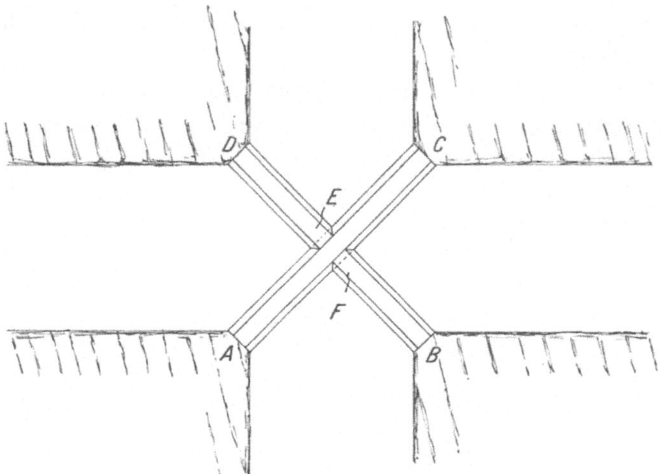

Fig. 294. Mauerkappen für Kreuzgewölbe.

streckenfirste liegen. Diese Verbauungsart ist besonders dann anzuwenden, wenn im Querschlage mit Seil oder Kette ohne Ende gefördert werden soll; um die aus der Nebenstrecke kommende Förderung an das Seil anzuschlagen, mufs dieses mit Tragerollen hochgehoben werden. Hierzu ist aber eine gröfsere Höhe des Querschlages erforderlich.

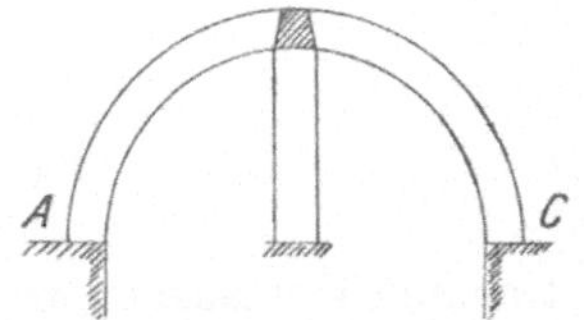

Fig. 295. Mauerkappen für Kreuzgewölbe.

Braucht der Querschlag nicht höher zu sein als die Grundstrecke, dann liegen die Scheitel beider Firstengewölbe in gleicher Höhe und das des Querschlages würde am Grundstreckenmundloche ohne Widerlager bleiben. Diese müssen erst künstlich geschaffen werden, und zwar entweder mit Hilfe eines I-Trägers (Fig. 293 rechts) oder eines gemauerten Tragegurtes (Fig. 293 links).

Hat man geschickte und gut eingeübte Maurer zur Verfügung, dann wird diese Stelle mit einem Kreuzgewölbe überspannt. Dies geschieht folgendermafsen. Von Ecke *A* (Fig. 294) aus wird nach der diagonal gegenüberliegenden Ecke *C* ein Gurtbogen *AC* von trapezförmigem Querschnitt (Fig. 295) gespannt. Dasselbe geschieht zwischen den beiden anderen Ecken *D* und *B*, nur mit dem Unterschiede, dafs dieser Tragegurt aus zwei Hälften besteht, deren innere Enden *E* und *F* sich auf die abgeschrägten Seitenflächen (Widerlager) der Kappe (= Gurt) *AC* stützen. Auch dieser Gurtbogen hat trapezförmigen Querschnitt. Nun werden noch die Felder zwischen den beiden Gurten ausgemauert. Für diese Wölbungen, an welche sich dann die Firstenwölbungen anschliefsen, dienen die abgeschrägten Seitenflächen der Gurte als Widerlagsflächen.

Stofsen zwei Strecken unter spitzem Winkel aufeinander, um dann vereinigt weiter zu laufen (Fig. 296), dann sind auch die beiden vorher ge-

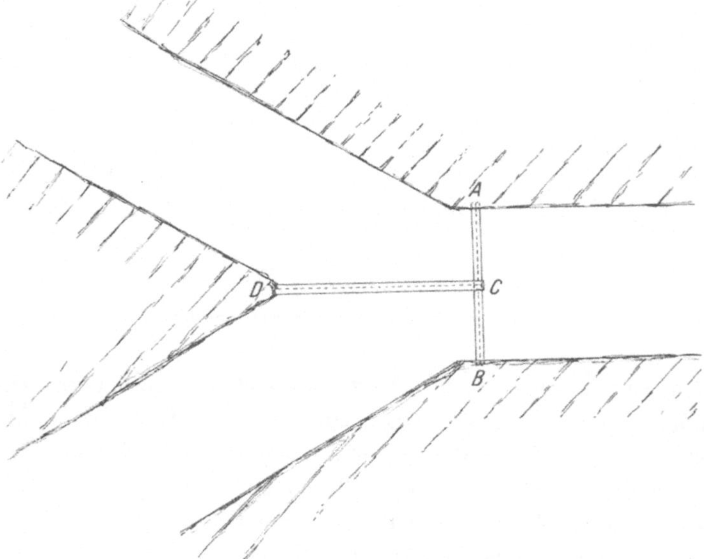

Fig. 296. Mauerung an Streckenkreuzen.

trennten Firstenkappen (-Gewölbe) in eins zusammenzuziehen. Zu diesem Zwecke wird der Gurt *AB* gewölbt und in den Stöfsen der bereits vereinigten Strecken verlagert. Der I-Träger *CD* stützt sich mit einem Ende (*C*) auf ihn, mit dem anderen (*D*) auf die die beiden Strecken trennende Gesteinswand. Darauf werden die Firstenwölbungen hergestellt.

D. Gemischter Ausbau.

Gemischter Ausbau, bei dem nur die Stöfse mit Mauerung verkleidet werden, an der Firste dagegen sich Kappen aus Holz oder Eisen vorfinden, ist schon bei der Eisenzimmerung besprochen worden. Eine aus Eisenkappen und Ziegelgewölbe bestehende Sicherung der

Firste wird Kappengewölbe genannt (Fig. 297). Die eisernen Querkappen sind beiderseits in den Stöfsen eingebühnte Eisenbahnschienen oder I-Träger. Sie sind meistens gerade, seltener nach oben ausgebogen. Ihr gegenseitiger Abstand beträgt 1 m. Die zwischen ihnen liegenden Felder werden eingewölbt. Ein jedes einzelne von diesen Gewölben sucht die als Widerlager dienenden Träger auseinander zu

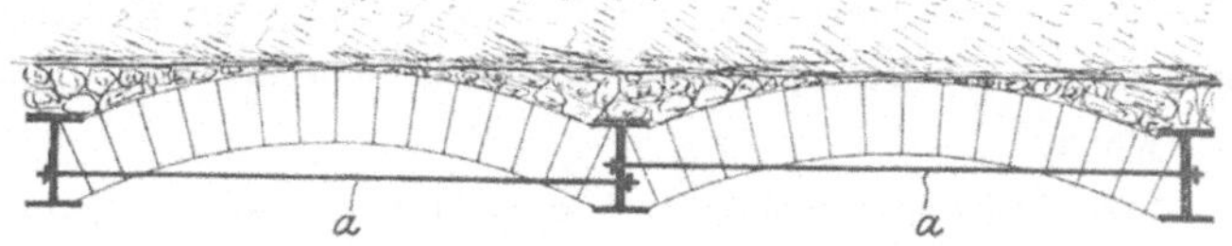

Fig. 297. Holz-Beton- und Eisen-Beton-Ausbau. (Aus dem „Jahrbuch f. d. Berg- und Hüttenwesen im Königreich Sachsen", 1901.)

drücken. Dies würde namentlich bei den an beiden Enden eines Kappengewölbes eingebauten Eisenkappen der Fall sein. Darum werden diese noch untereinander durch Ankerstangen *a* verbunden.

E. Mauerung mit Holzeinlagen bezw. ganz in Holz.

An Stellen, wo gewöhnliches Mauerwerk nach vier bis fünf Monaten erneuert werden mufste, legte man auf Zeche Deutscher Kaiser nach jeder fünften Ziegelschicht unter Fortlassung des Mörtels eine Holzschicht. Diese bestand aus Tannenholzbrettchen von 4—5 cm Stärke, 10 cm Breite und einer Länge, die der Mauerstärke entsprach. Zwischen den einzelnen Brettchen verblieb ein kleiner freier Raum; das gesamte Mauerwerk konnte also dem Gebirgsdrucke nachgeben, indem die Brettchen zusammengedrückt wurden und dabei die freien Zwischenräume ausfüllten. Solches Mauerwerk zeigte nach zwei Jahren noch keine Spur von Beschädigungen.

Auf Zeche General Blumenthal ist man nun auf Grund dieser günstigen Ergebnisse noch einen Schritt weiter gegangen und stellte im sehr druckhaften Gebirge die Mauerung vollständig aus kantigen Tannenholzklötzern her; als Bindemittel diente gewöhnlicher Mörtel, der mit Heu oder Seegras vermischt wurde. Auf genanntem Werke werden derartige Mauern besonders in Füllörtern, zu Wetterdämmen usw. benutzt und bewähren sich recht gut.

Viertes Kapitel. Der Ausbau in Beton.

A. Reiner Betonausbau.

Auch der Betonausbau kann in offenen oder geschlossenen Formen eingebracht werden. In beiden Fällen werden entsprechende Lehrbögen nebst einer Verschalung aufgestellt, die den bei der Mauerung verwendeten vollkommen entsprechen. Hinter die Verschalung wird der Beton von unten nach oben fortschreitend eingebracht und bis zum Schwitzen gestampft. Die Verschalung ist immer erst mit dem Wachsen der Betonmauer zu erhöhen. Damit sie sich nach der Erhärtung leicht ablöst, ist es gut, sie mit Öl oder irgend einem Schmiermittel zu bestreichen.

Auch die Wasserseigen werden ganz in Stampfbeton hergestellt; ihre Lage an der Streckensohle ist dieselbe, wie bei der Mauerung beschrieben wurde.

Auf den Freieslebenschächten der Mansfeldschen Kupferschiefer bauenden Genossenschaft wurde ein 1000 m langer Querschlag ver-

Fig. 298. Holz-Beton-Ausbau. (Aus dem „Jahrbuch f. d. Berg- und Hüttenwesen im Königreich Sachsen", 1901.)

betoniert. Die Mischung bestand aus 1 Teil Zement, 2½ Teilen Steinschlag und 4½ Teilen Kies. Der Beton wurde in Schichten von 15—20 cm Stärke aufgegeben. Fünf Mann leisteten in 12 Stunden 6 laufende Meter Querschlagslänge. Die Kosten beliefen sich für den laufenden Meter auf 31,70 Mk.

In etwas anderer Weise wurde ein Richtort auf Bahnschacht bei Waldenburg auf 170 m Länge betoniert. Sein Querschnitt war elliptisch bei 3,2 m Breite und 2,8 m Höhe. Der aus 1 Teil Zement und 3 Teilen Sand bestehende Beton wurde durch ein Gerippe aus Eisengeflecht verstärkt, dessen Maschen 8—10 cm weit waren. Das Geflecht bestand aus Rundeisen von 10 mm Ø in den senkrechten und 7 mm Ø in den wagerechten Teilen. Die Dicke der Betonschicht betrug je nach dem Gebirgsdrucke 10—25 cm.

Auf einem Querschlage des Juliusschachtes der konsolidierten Fuchsgrube bei Waldenburg neigten grobe Konglomeratschichten sehr stark zur Verwitterung. Die gebrächen Stellen wurden daher mit einem 20—25 cm starken Zementputze versehen, der auſserdem noch glatt verrieben wurde.

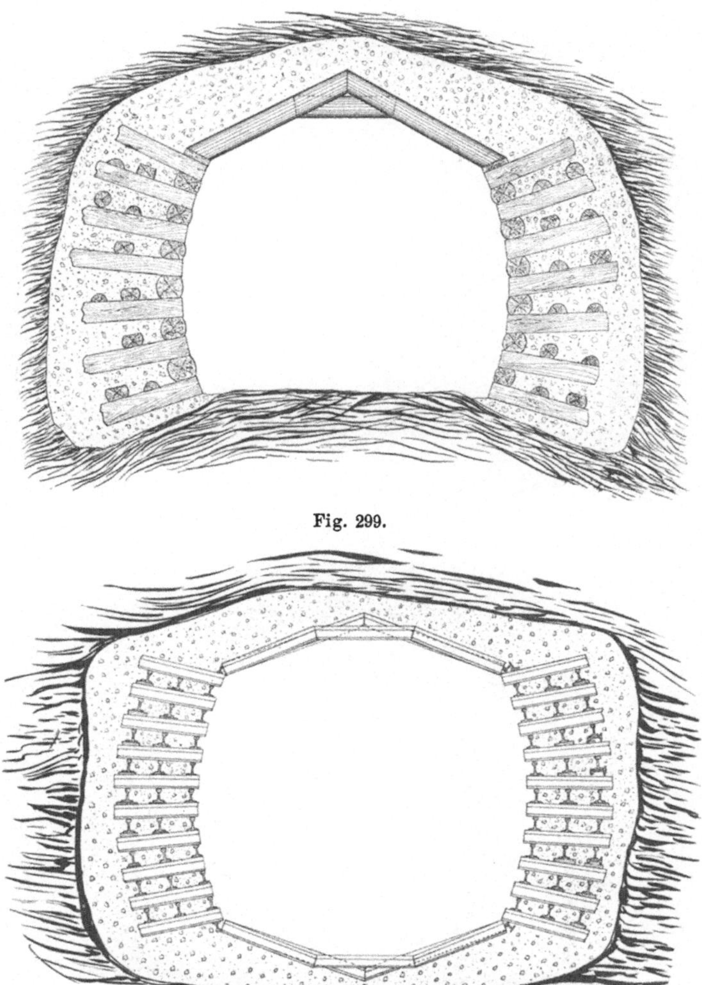

Fig. 299.

Fig. 300.

Holz-Beton- und Eisen-Beton-Ausbau. (Aus dem „Jahrbuch f. d. Berg- und Hüttenwesen im Königreich Sachsen“, 1901.)

B. Holz-Beton- und Eisen-Beton-Ausbau.

Auf den Werken des Zwickau-Oberhohndorfer Steinkohlenbauvereins ist zur Verwahrung der Grubenbaue gegen Gebirgsdruck ein aus Holz bezw. Eisen und aus Beton bestehender Ausbau mit groſsem Erfolge zur Anwendung gelangt. Die Streckenstöfse werden mit Holz- oder Eisenschränken gesichert (Fig. 298, 299, 300, 301), die aus Läufer- und Binderschichten bestehen und mit Widerlagern ausgerüstet sind.

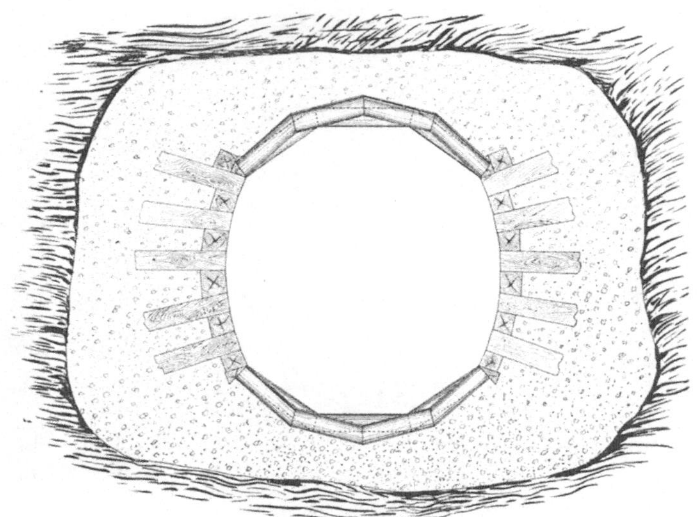

Fig. 301.

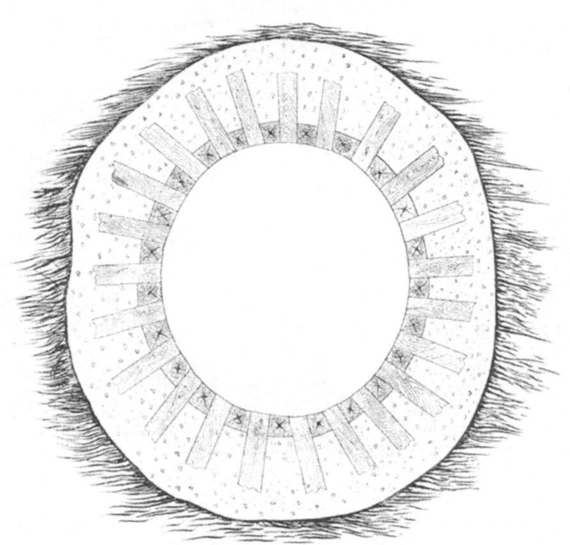

Fig. 302.

Holz-Beton-Ausbau. (Aus dem „Jahrbuch f. d. Berg- und Hüttenwesen im Königreich Sachsen“, 1901.)

An der Firste und der Sohle wird Sparrenzimmerung eingebaut (Fig. 299, 300, 301). Fig. 302 zeigt, dafs derselbe Verbau wie an den

Stöſsen auch an Firste und Sohle hergestellt werden kann. Zwischen diesen Ausbau und das Gestein kommt eine Betonhinterstampfung.

Der Ausbau stellt sich, abgesehen von den mit der längeren Lebensdauer desselben verbundenen Ersparnissen, schon deshalb billig, weil an Holz und Eisen möglichst viel Altmaterial verwendet wird.

In der Streckenrichtung werden „möglichst von den Holz- und Eisensparren immer je einige zusammen in mannigfacher Aufeinanderfolge aneinandergereiht, um dem widerstandsfähigen Eisen das biegsamere und deshalb nachgiebigere Holz beizugesellen".

Derselbe Ausbau hat sich auf genannten Werken auch in druckhaften Füllörtern bewährt.

Zweiter Abschnitt.

Der Streckenausbau im losen oder schwimmenden Gebirge.

Erstes Kapitel. Die Getriebezimmerung.

Strecken können entweder am ganzen Umfange oder aber nur an einzelnen Stöſsen abgetrieben werden. Das erstere ist der Fall, wenn es sich um die Durchörterung nasser und loser, also schwimmender Gebirgsschichten handelt; das Abtreiben nur einzelner Streckenstöſse kommt am häufigsten bei der Aufwältigung vor. Die Getriebearbeit findet dann zumeist in der Streckenfirste statt.

A. Das Abtreiben der Firste.

Die Getriebearbeit an der Firste beginnt damit, daſs die Pfähle des letzten Feldes durch eine Kappe *a* (Fig. 303) nebst einer Pfändelatte *b* abgefangen werden. Zwischen der Kappe und der Pfändelatte wird für die im neuen Felde vorzutreibenden Pfähle ein Schlitz hergestellt und durch Keile offen gehalten. Die Kappe, die man Ansteck- oder Hebekappe nennt, kann aus Rundholz oder Kantholz bestehen. Zum Pfändeholze verwendet man Bohlen, Halbholz oder Rundholz.

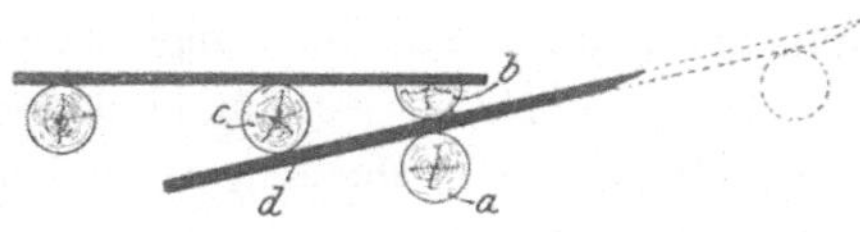

Fig. 303. Abtreiben der Streckenfirste.

In der Mitte des letzten Feldes wird ferner noch die Hilfskappe (= verlorene Kappe, Spannpfändung) *c* so eingebaut, daſs die neu angesteckten Pfähle *d* schräg nach oben gerichtet sind. Eine starke Pfändung der Getriebepfähle ist erforderlich, damit die Strecke nicht niedriger wird.

Die Pfähle können aus Holz oder Eisen bestehen. Zu hölzernen Pfählen nimmt man Eiche oder Kiefer in Form von Bohlen, Halbholz oder Stangen. Zu den eisernen Pfählen benutzt man Röhren, U-Eisen, Schienen oder Flacheisenplatten.

Die Pfahlspitzen müssen immer im Gebirge stecken, damit der Pfahl an beiden Enden aufliegt. Ist dies nicht möglich und der Firstendruck bedeutend, dann sind diejenigen Pfähle, welche augenblicklich nicht getrieben werden, durch Kreuze abzufangen. Sind alle Pfähle auf die halbe Länge vorgetrieben, dann wird unter ihren Köpfen die Hilfskappe *a* (Fig. 304) eingebaut, bevor noch die Schwänze die Spannpfändung *b* verlassen.

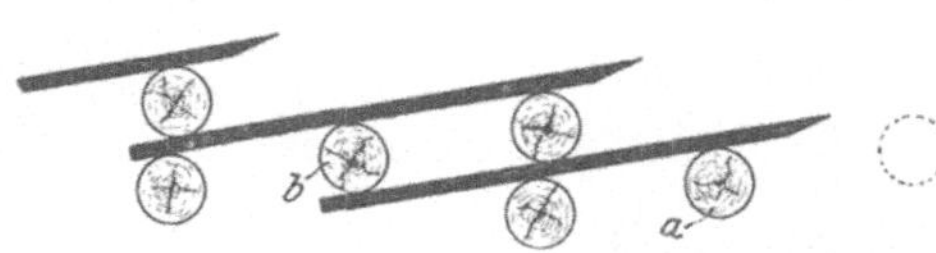

Fig. 304. Abtreiben der Streckenfirste.

Während des Vortreibens ist darauf zu achten, dafs über der Verpfählung keine Hohlräume bleiben, da diese beim plötzlichen Zusammengehen zu Streckenbrüchen Veranlassung geben können. Sie werden mit Bergen oder gesundem Holze ausgefüllt. Auf Anselmschacht bei Petrzkowitz geschieht dies auch mit frischem Tannenreisig, welches hierzu wegen seiner Federung recht geeignet sein soll.

B. Das Abtreiben des gesamten Streckenumfanges.

Mufs der ganze Streckenumfang abgetrieben werden, dann werden ganze Türstöcke nebst einer Quergrundsohle gestellt. Die Türstockbeine können senkrecht oder geneigt stehen. Im letzteren Falle hat die Strecke trapezförmigen Querschnitt, der angeblich den Firstendruck besser aufzunehmen vermag und gröfsere Sicherheit dagegen gewährt, dafs der Ausbau um die Längsachse der Strecke verdreht wird.

Die Stofspfähle werden in derselben Weise wie die an der Firste durch Pfändelatten abgefangen, welche ihren Platz hinter den Türstockbeinen haben. Nur an der Sohle verfährt man anders. Hier dient die Quergrundsohle dazu, die freien Pfahlenden des letztvorgetriebenen Feldes abzufangen. Für die neu anzusteckenden Pfähle wird der Schlitz durch eine Spreize, die Feldspreize, hergestellt, die über der Grundsohle zwischen die Türstockbeine eingeschlagen wird.

C. Die Verwahrung des Ortsstofses.

Im rolligen, nicht schwimmenden Gebirge ist eine Ortsvertäfelung bei söhligen Strecken nicht erforderlich, falls nicht etwa die losen Massen unter hohem Druck stehen, der sie ständig in die Strecke hineintreibt. Höchstens werden vor Ort einige Zumachebretter übereinander auf die Sohle gestellt, um zu verhindern, dafs das Gebirge zu weit in die Strecke hineinrollt (Fig. 305). Eine Ortsvertäfelung wird dagegen immer bei ansteigenden Strecken sowie bei solchen nötig sein, die im nassen Gebirge vorgetrieben werden. Im letzteren Falle mufs

Fig. 305. Ortsvertäfelung.

auch noch zwischen das Gebirge und die Zumachebretter eine Strohschicht kommen, um das durchtretende Wasser zu filtern.

Die Zumachebretter gehen quer über die Strecke von dem einen Stofse zum anderen. Beim Vortriebe eines neuen Feldes liegen sie

Fig. 306. Ortsvertäfelung.

zunächst an dem Hebetürstocke unmittelbar an. Wird der Ortsstofs weiter vorgeschoben, dann spreizt man jedes einzelne Brett durch Bolzen gegen die Stofsstempel ab (Fig. 305).

Der Ortsstofs wird von oben nach unten brettweise vorgeschoben. Jedoch darf dies nur so weit geschehen, dafs das oberste Brett noch unter der Firstenverpfählung steht. Die Fuge zwischen dem neuen (oberen) und dem alten (unteren) Ortsstoſse wird durch ein wagerechtes Setzbrett verschlossen. Treibt das Gebirge, dann muſs dieses Brett gegen die Streckenfirste verbolzt werden (Fig. 306).

Fig. 307 a. Einbau eines neuen Türstockes. (Aufriſs.)

Beim Einbau eines neuen Hilfs- oder auch Hebetürstockes sind die Verbolzungen der Ortsvertäfelung im Wege. Um sie beseitigen zu können, werden sämtliche Zumachebretter durch ein senkrechtes Anlege-

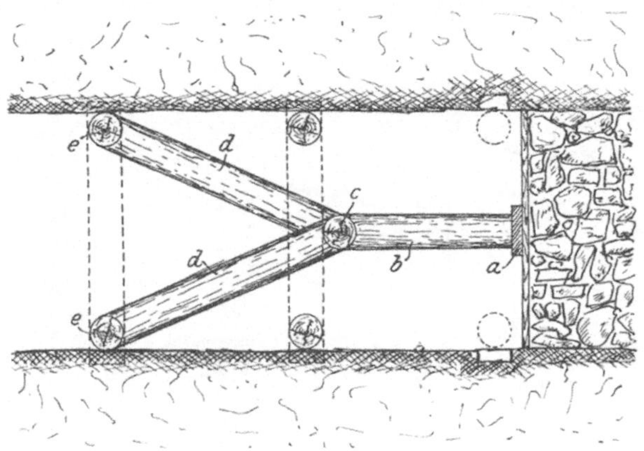

Fig. 307 b. Einbau eines neuen Türstockes. (Grundriſs.)

brett *a* (Fig. 307) nebst Bolzen *b* gegen einen Mittelstempel *c* nach rückwärts verspeert. Von diesem Mittelstempel aus gehen wieder Streben *d* nach den Türstockbeinen *e*. Nun kann man erst an dem einen Stoſse, dann auch an dem anderen die Verbolzung herausschlagen und die neuen Türstockstempel einbauen.

Ist das schwimmende Gebirge so wasserreich, daſs der Getriebeausbau stark in Druck kommt und Gefahr läuft, zerbrochen zu werden, dann stellt man die Arbeit auf so lange ein, bis sich das Gebirge hinreichend entwässert hat. Dies kann man dadurch beschleunigen, dafs man in den Ortsstofs und nahe demselben in die Firste und die Streckenstöfse Gasröhren eintreibt, die vorn zugespitzt und allenthalben siebartig mit Löchern versehen sind.

D. Die Verstärkung des Getriebeausbaues von Strecken.

Die Verstärkung des Streckenausbaues kann entweder zum Zweck haben, eine gröfsere Sicherheit gegen den Gebirgsdruck herbeizuführen oder aber die Strecke gegen Verdrehung zu schützen. Im ersteren

Fig. 308.

Fig. 309.

Verstärkung der Getriebezimmerung.

Falle genügt meistens ganze Schrotzimmerung aus starkem Holze, die man in ähnlicher Weise einbringt, wie es weiter oben beim Schachtabtreiben beschrieben wurde. Zur Verstärkung des Ausbaues bei schraubendem Druck kann man in den vier Ecken Längsunterzüge anbringen, die untereinander verstrebt sind (Fig. 308), oder in jeden Türstockrahmen wird noch ein zweiter eingesetzt und mit dem äufseren verklammert (Fig. 309).

Zweites Kapitel. Die Getriebearbeit mit Verdichtung des Gebirges durch Keile.

In Belgien und Frankreich ist ein besonderes Getriebeverfahren üblich, bei welchem die Firste und die Stöfse in gewöhnlicher Weise mit Pfählen abgetrieben werden. Der Ortsstofs und die Sohle werden dagegen mit Holzpflöcken oder hölzernen Spitzkeilen gepflastert. Diese haben runden oder quadratischen Querschnitt von 10 cm Durchmesser bezw. Seitenlänge, sind 30—50 cm lang und schlank zugespitzt. Es wird nur dasjenige Gebirge gewonnen, welches zwischen den runden Pflöcken herausgeflossen kommt. Die quadratischen Keile werden so lange getrieben, bis sie nicht mehr ziehen. Um das zu stark verdichtete Gebirge abfließen zu lassen, werden dann einige von ihnen auf kurze Zeit herausgezogen.

Die Ortspflöcke werden durch Querbohlen *a* (Fig. 310) ähnlich den Zumachebrettern abgefangen und nach rückwärts abgestrebt. Der Vortrieb erfolgt reihenweise von oben nach unten mit dem Treibefäustel oder einer Ramme. Diese wird am einfachsten aus einem an Seilen

Fig. 310. Verdichtung des schwimmenden Gebirges durch Keile.

wagerecht aufgehängten Stempel hergestellt. Während des Vortriebes der untersten Pflockreihe werden sofort neue Keile in die Sohle eingerammt, damit diese stets bis an den Ortsstoß heran verdichtet ist.

Die Sohlenkeile werden ebenfalls mit Rammen eingetrieben. Auch hier werden die einzelnen Keilreihen mit Bohlen überdeckt und gegen die Firste abgestrebt.

Die Sohlenkeile werden so tief vorgetrieben, daß ihre Schlagflächen mit der Oberkante der unter den Hebe- und Hilfstürstöcken eingebauten Quergrundsohlen in gleicher Höhe stehen. Dadurch wird eine gerade und gleichmäßige Streckensohle erzielt. Wenn nun ein neuer Türstock eingebaut werden soll, werden zunächst zwei Reihen von Sohlenpflöcken durch zwei parallele, senkrechte Setzbretter *b* abgeschlossen. Diese

Setzbretter sind unten zugeschärft und reichen über die ganze Streckenbreite. Die von ihnen eingeschlossenen Sohlenpflöcke werden herausgezogen und die Setzbretter gegeneinander durch Bolzen *c* verstrebt. In die entstandene Lücke kommt als Unterlage für die Grundsohle eine Bohle *d* und darauf die bereits vorher zugeschnittene Grundsohle *e* selbst.

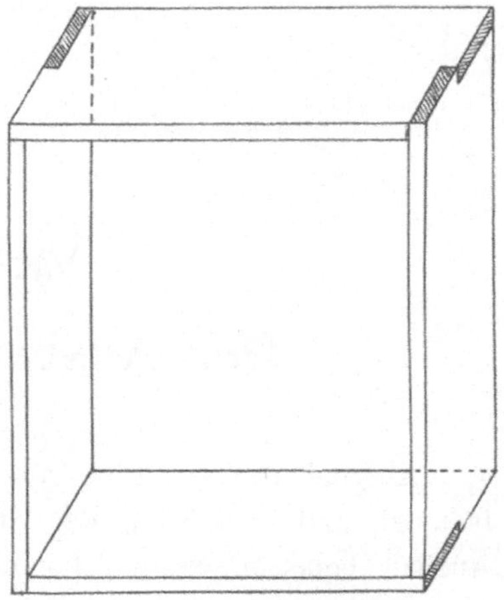

Fig. 311. Bohlenschrot.

Als Verstärkung des ganzen Ausbaues, namentlich aber, um die Sohlenkeile vor Auftrieb zu bewahren, wird nun noch ein sich an die Getriebezimmerung dicht anschliefsender Bohlenschrot *f* eingebracht. Die ein geschlossenes Geviert bildenden Bohlen werden verblattet (Fig. 311), die einzelnen Bohlengevierte untereinander mit Feder und Nut verbunden.

Vierter Teil.

Der Ausbau von Abbauen.

Ab und zu kommt es vor, dafs das Hangende von Abbauörtern so fest ist und noch so grofse Spannung besitzt, dafs es ganz gut ohne Ausbau belassen werden könnte. Hierauf darf man sich jedoch niemals verlassen; mindestens mufs Warnholz eingebaut werden, welches durch das dem Holze eigene knatternde Geräusch dem Bergmann anzeigt, wenn die Firste in Bewegung gerät.

Ist das Hangende von vereinzelten Klüften durchzogen, im übrigen aber fest und nicht zum Ablösen einzelner Schalen geneigt, dann genügt als Ausbau eine gröfsere oder geringere Anzahl von Kreuzen. Diese werden so unter die Klüfte gestellt, dafs ihre Anpfähle quer gegen die Kluftrichtung liegen, also das Gebirge rechts und links von der Kluft zugleich tragen. Aufserdem ist es gut, auch noch einige Kreuze unter das Hangende abseits von den Klüften zu schlagen.

Mehrt sich die Zahl der Klüfte, nimmt insbesondere die Druckhaftigkeit des Hangenden zu, dann wird es durch planmäfsig eingebrachte, zusammengesetzte Zimmerung unterstützt. Diese besteht aus Kappen, deren Länge bis zu 6 m betragen kann, den zugehörigen End- und Mittelstempeln und der Firstenverpfählung.

Erster Abschnitt.

Abbaue auf steil einfallenden Lagerstätten.

Die einfachste Art des Ausbaues auf steil einfallenden Lagerstätten besteht einzig und allein aus Stempeln, die im Hangenden und Liegenden eingebühnt sind. Sie werden nur bei festem Nebengestein angewendet, um in Verbindung mit einem dichten Rundholz- oder Bohlenbelage als Arbeitsbühnen zu dienen. Soll von ihnen eine etwas gröfsere Fläche des Gesteins abgefangen werden, dann erhalten sie einen Anpfahl oder Fufspfahl.

Bei druckhaftem Nebengestein werden am Hangenden und, wenn es nötig ist, auch am Liegenden Kappen, Wandruten genannt, eingebaut. Sie können in der Streich- oder in der Fallrichtung der Lagerstätte liegen. Am häufigsten ist das letztere der Fall. Es ist gut, jede in der Fallrichtung eingebaute Wandrute ähnlich wie beim Schachtausbau auf Tragestempel zu setzen, die im Nebengestein eingebühnt werden. Die Hangend- und Liegendwandruten liegen meistens einander unmittelbar gegenüber und sind dann durch zwischengetriebene Stempel abgespreizt. Ebensogut können sie aber auch gegeneinander versetzt werden und erhalten dann ihre besonderen Stempel, die mit dem freien Ende eingebühnt sind. Dadurch wird jedoch ein gröfserer Holzverbrauch erzielt und das Ort unnötig verbaut.

Will man einem Sinken des hangenden Nebengesteins vorbeugen, dann kann man den Stempeln etwas Strebe nach oben geben.

Zweiter Abschnitt.

Abbaue auf flach einfallenden Lagerstätten.

Erstes Kapitel. Lagerstätten von geringer Mächtigkeit.

A. Holzausbau.

Bei festem Hangenden besteht der Ausbau aus Kreuzen. An deren Stelle finden auch ab und zu Holzpfeiler mit oder ohne Bergefüllung Anwendung. Sie haben den Vorteil, dafs sie eine gröfsere Fläche des Hangenden stützen und dem Drucke nachgeben, ohne zu brechen.

Ist das Hangende stark druckhaft, dann werden parallel dem Ortsstofse Kappen eingebaut und die Felder zwischen ihnen mehr oder weniger dicht mit Pfählen verzogen.

Auch auf den Abbaubetrieben lassen sich dieselben Sicherheitsvorkehrungen anwenden, die vor Streckenort gebraucht werden, wie eiserne Vortreibepfähle, Pfändungseisen usw. Diese Hilfsmittel werden hier sogar häufiger verwendbar sein, weil ja auf den Abbauen der Gebirgsdruck meistens am stärksten und das Hangende infolgedessen sehr kurzklüftig ist.

Beim Pfeilerabbau werden vor Inangriffnahme eines neuen Abschnittes erst die Streckenkappen an dem dem neuen Abschnitte zugewendeten Ende durch Rüstkappen unterfangen. An diese schliefst sich, wenn die Pfeilerkappen streichend eingebaut werden, zunächst die Pfändekappe an; auf diese folgen, zumeist in Abständen von je

1 m, die übrigen Kappen. Ihre Länge beträgt 5—6 m. Sie werden von zwei Endstempeln und 1—2 Mittelstempeln getragen. Dasjenige Ende, welches dem festen Kohlenstoſse zugewendet ist, wird in diesen eingebühnt. Dadurch wird erreicht, daſs die Häuer den Pfeilerabschnitt nicht breiter auffahren als vorgeschrieben ist.

B. Eiserner Ausbau.

Soll ein Abbauort mit eisernem Ausbau versehen werden, dann ist eine der Hauptbedingungen, daſs das Hangende nicht in kurzen Stücken bricht. Ferner ist häufiger Mächtigkeitswechsel der Lagerstätte nicht erwünscht; je gleichmäſsiger der Abstand zwischen Hangendem und Liegendem bleibt, um so besser ist dies für die Anwendbarkeit des Eisenausbaues. Die Gründe hierfür liegen darin, daſs allgemein nur eiserne Stempel verwendet werden, die höchstens einen Anpfahl erhalten, um eine gröſsere Fläche des Hangenden abfangen zu können.

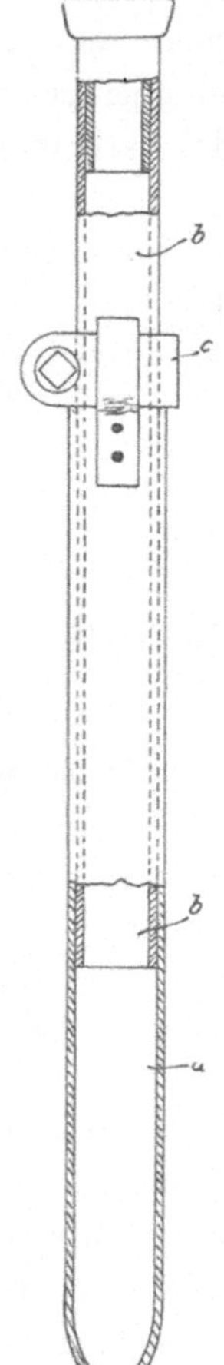

Fig. 312. Eiserner Stempel von Sommer.

Andere Stempel als solche, deren Länge sich der Mächtigkeit der Lagerstätte anpassen läſst, werden jetzt kaum noch angewendet. Denn die Arbeit mit Stempeln von nur einer bestimmten Länge ist zu unbequem; wo sie wegen örtlicher Verdrückungen zu lang sind, müssen Holzstempel zu Hilfe genommen werden; nimmt aber stellenweise die Mächtigkeit sehr zu, dann lassen sie sich nur unter Benutzung sehr starker Fuſs- und Anpfähle sicher aufstellen.

Ein eiserner Stempel, der in der letzten Zeit gröſsere Verbreitung gefunden hat, allerdings zunächst nur zu Versuchszwecken, ist der von Sommer. Er besteht aus zwei Mannesmannröhren *a* und *b* (Fig. 312), die sich ineinander verschieben lassen. In der richtigen Lage werden sie durch ein eisernes Schellenband *c* festgehalten. Dieses wirkt, wenn der Gebirgsdruck 14000 kg überschreitet, als Bremse; das engere Rohr gleitet dann so lange in dem weiteren, bis der Druck nachgelassen hat. Das Gewicht eines ungefähr 2 m langen Stempels beträgt 25 kg, ist also ungefähr dem eines Holzstempels gleich. Längere Eisenstempel sollen leichter als hölzerne sein.

Der Hauptvorteil des Ausbaues mit Eisenstempeln zeigt sich darin, daſs es möglich ist, denselben Stempel immer wieder von neuem zu setzen. Dies muſs durch ein passendes Abbauverfahren bewirkt werden; hierzu eignen sich beispielsweise der

Strebbau und der streichende Pfeilerrückbau. Die dem Versatz oder dem alten Mann am nächsten stehenden Stempel werden, sobald vor Ort Platz ist, herausgeraubt und vorn wieder aufgestellt. Dagegen eignet sich dieser Ausbau nicht für Abbauverfahren, bei denen zwecks Zubruchewerfens sämtliche Stempel auf einmal herausgeraubt werden müssen, um dann in einem neuen Abschnitte nach und nach wieder eingebaut zu werden.

Zweites Kapitel. Lagerstätten von grofser Mächtigkeit.

Kohlenflöze von bedeutender Mächtigkeit finden sich namentlich in Oberschlesien, ferner auch im Königreiche Sachsen. Auf solchen Lagerstätten ist es schwierig, die Abbauräume offen zu erhalten, weil der

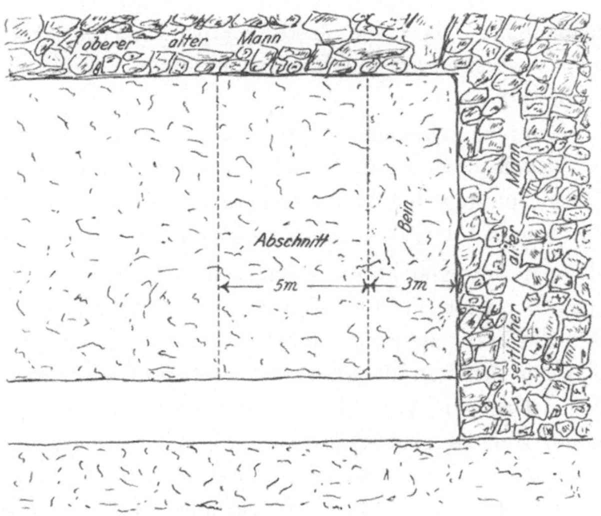

Fig. 313. Einteilung eines Pfeilers.

Druck ein ungewöhnlich hoher ist. Dies rührt daher, dafs das Hangende auf grofse Höhen zu Bruche geht und infolgedessen gröfsere Gesteinsmassen auf dem Ausbau lasten. Beträgt die Flözmächtigkeit mehr als 3—4 m, dann kommt noch dazu, dafs auch der alte Mann einen ganz bedeutenden seitlichen Druck auf den im Bau begriffenen Abschnitt ausübt; auch dieser Druckwirkung mufs ein Widerstand entgegengesetzt werden. Diesen Widerstand leistet man durch Stehenlassen eines bis zu 4 m starken Beines gegen den seitlichen alten Mann.

Soll also ein neuer Pfeilerabschnitt in Angriff genommen werden, so mifst man in der Abbaustrecke vom alten Mann aus zunächst die Stärke des Beines (Fig. 313) ab, z. B. gleich 3 m, und an dieses anschliefsend mit 5 m, gleich der Länge der Pfeilerkappen, die Breite des eigentlichen Abschnittes, der in schwebender Richtung hereingewonnen wird. Das Bein bleibt vorläufig unversehrt; es wird also nur im Abschnitte gearbeitet.

A. Das Hochbrechen.

Den Beginn der Kohlengewinnungsarbeiten in dem neuen Abschnitte bildet das Hochbrechen. Darunter versteht man das Herunterlassen des in der Streckenfirste anstehenden Kohls bis an das Hangende heran. Während dieser Arbeit sind die Stöfse des Hochbrechens ständig mit Kreuzen und Streben abzufangen, damit nicht etwa gröfsere Kohlenmassen plötzlich absetzen und die Arbeiter unter sich begraben. Ist das Hangende erreicht, dann wird auch dieses mit Kreuzen unterstützt, so lange als es noch nicht hinreichend freigelegt ist, um eine ganze Kappe einzubauen. Für diese erste Kappe wird das Hangende nur entlang einem langen, schmalen Streifen entblöfst, damit es nicht vorzeitig hereinbricht.

Es gibt zwei verschiedene Arten, das Hochbrechen durch Kappen zu sichern. Nach dem einen Verfahren werden diese in der Streichrichtung (Längsrichtung der Abbaustrecke) eingebaut, nach dem anderen in der Fallrichtung des Flözes, also senkrecht zur Streckenrichtung.

Bei diesem letztgenannten Verfahren mufs schon während des Hochbrechens so weit in den eigentlichen Abschnitt hineingegangen werden, dafs das Hangende schliefslich mit 5 m-Kappen verbaut werden kann. Die Häuer erhalten dadurch eine gröfsere Ortsfläche und können mehr leisten. Dagegen wird gleich von Anfang an eine grofse Fläche des Hangenden freigelegt; denn dieses wird vom Unterstofse der Strecke aus auf 5 m Länge in schwebender Richtung entblöfst; hierzu kommt nun noch, dafs das Kohl über der Strecke in deren Längsrichtung leicht absetzt.

Um dem eben geschilderten Übelstand bei schwachem Hangenden aus dem Wege zu gehen, baut man in solchen Fällen die Kappen parallel zur Streckenrichtung ein. Hierbei braucht blofs das über der Strecke stehende Kohl heruntergelassen zu werden; das Hochbrechen wird sich von selbst nicht weit in den Abschnitt hinein fortpflanzen. Die erste Kappe kommt unmittelbar an den Unterstofs zu liegen; die folgenden werden in Abständen von je 1 m eingebaut. In allen Fällen müssen die Kappen beiderseits eingebühnt und durch mindestens drei Stempel unterbaut werden.

Die Leistung der Häuer ist während des Hochbrechens naturgemäfs nur eine geringe. Darum wird dasselbe zumeist schon in Angriff genommen, während der alte Abschnitt noch nicht vollständig ausgekohlt ist. Damit nun den Schleppern die Zufahrt zum Abschnitte nicht durch die aus dem Hochbrechen stammenden Kohlenmassen versperrt wird, arbeiten die Häuer auf diesem nur nach beendeter Förderschicht und schlagen hier den Vorrat für die nächste Schicht.

Auf den bis zu 4 m mächtigen Flözen der Schlesiengrube bei Chropaczow beginnen die Häuer das Hochbrechen von dem alten Abschnitte aus. Sie werfen über der Strecke das Firstenkohl nach jeder Förderschicht auf Feldesbreite herunter und setzen dies fort, bis das jenseitige Ende der Abschnittsbreite erreicht ist. Ein Bein bleibt dort gegen den seitlichen alten Mann nicht stehen.

B. Der Ausbau des Abschnittes.

Nach beendetem Hochbrechen werden dessen Kappen, falls sie in schwebender Richtung eingebaut wurden, am oberen Ende durch eine Rüstkappe *a* abgefangen (Fig. 314). An diese schliefst sich unmittelbar die Pfändekappe *b* an. Die Abschnittskappen werden unter gewöhnlichen Verhältnissen in Abständen von je 1 m eingebaut. Sie werden an beiden Enden eingebühnt. Dies ist schon aus dem Grunde nötig, weil sie bei ihrem grofsen Gewichte und der bedeutenden Flözmächtigkeit nicht so lange mit der Hand festgehalten werden können, bis die Stempel daruntergestellt sind. Der Einbau erfolgt in der Weise, dafs zuerst das stärkere Ende in bezw. vor das zugehörige Bühnloch gesetzt wird. Darauf wird das andere Ende mit einem Kloben hochgezogen.

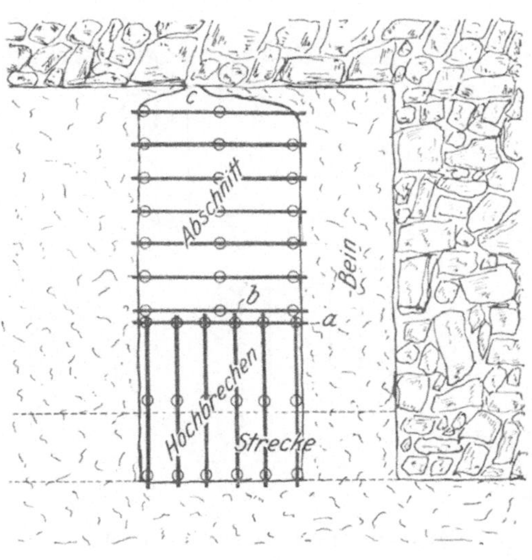

Fig. 314. Ausbau eines Pfeilerabschnittes.

Nähert sich der Abschnitt dem Durchschlage mit dem oberen alten Manne, dann wird an einigen Stellen des Ortsstofses vorgebohrt bezw. nur an einer Stelle *c* durchgeschlagen, damit gegen den alten Mann eine Kohlenschwebe von hinreichender Stärke stehen bleibt. Diese mufs belassen werden, damit keine Berge in den Abschnitt hineinrollen, sowie um den Druck dieser Bergemassen aufzunehmen.

Die Stempel werden nicht mehr, als es bei geringerer Länge derselben üblich ist, mit dem Fufsende in das Bühnloch eingesetzt und am Kopfende mittels eines Grofsfäustels geschlagen. Dazu müfste der Häuer die lange Fahrt gegen den zu treibenden Stempel anlehnen und oben stehend arbeiten. Dies ist zu gefährlich, weil der Mann leicht das Gleichgewicht verlieren kann, dann aber auch, weil der Stempel, über das Ziel hinausgetrieben, mit der Fahrt zusammen umfällt. Daher erhalten die in der Flözsohle ausgearbeiteten Bühnlöcher eine von obenher kommende Einfuhr; die Stempel werden mit dem Kopfende sofort an ihren endgültigen Platz unter der Kappe gestellt und dann am Fufsende getrieben.

C. Der Ausbau des Beines.

Der Abbau des Beines beginnt in der dem Fenster — d. h. dem Mundloche der Abbaustrecke — diagonal gegenüberliegenden Ecke; er schreitet also vom Oberstofse nach dem Unterstofse hin fort. Würde man den Abbau vom Unterstofse aus beginnen und aufwärts fortschreiten lassen, dann könnte bei einem Durchbruche des seitlichen alten Mannes der Belegschaft des Pfeilers leicht der Fluchtweg versperrt werden.

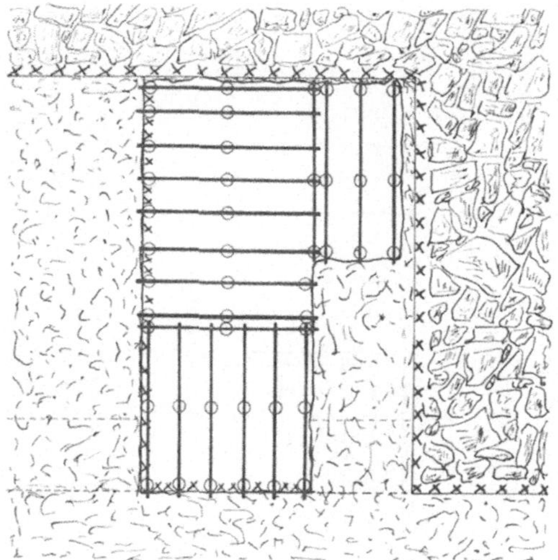

Fig. 315. Ausbau eines Pfeilerabschnittes. (× = Orgelstempel.)

Auf dem Beine erhalten die Kappen wieder schwebende Richtung (Fig. 315). Der Ausbau beginnt mit der unter die Abschnittskappen gesetzten Rüstkappe und der zugehörigen Pfändekappe. Gegen den seitlichen alten Mann bleibt ebenfalls wieder, wenn es nötig ist, eine sichere Kohlenschwebe stehen.

Die Gewinnung des Beines soll im Strossenbau, nicht aber firstenmäfsig erfolgen. Denn es wird dabei von oben nach untenhin geschwächt, behält eine breite Basis und kann somit nicht so leicht durch den Druck des alten Mannes umgeworfen werden wie beim Firstenbau.

D. Die Orgel.

Die Orgel ist auf Flözen von grofser Mächtigkeit von noch höherer Bedeutung als auf Pfeilern von geringer Höhe, weil sie in erster Reihe den Anprall der beim Zurauben des Abschnittes herabstürzenden Massen und beim Abbau des nächstfolgenden Abschnittes den Gesamtdruck dieser Bergemassen aushalten mufs. Sie wird in jedem Abschnitte an seinem Unterstofse und am Fensterstofse neu gestellt; an den beiden übrigen Seiten ist sie bereits vom vorigen Abschnitte her vorhanden.

Der Abstand der einzelnen Orgelstempel voneinander beträgt gewöhnlich 0,25 – 0,3 m. Dieser Abstand wird am Fensterstofse in der Weise eingehalten, dafs man abwechselnd in ein Feld nur einen, in das nächste dann aber zwei Orgelstempel stellt (Fig. 315).

Jeder Orgelstempel steht in einem Sohlenbühnloch. Das Kopfende wird auf verschiedene Weise verwahrt. Bei sehr festem Hangenden, welches nur in grofsen Blöcken bricht, genügt es, wenn die Stempel ohne jeden Anpfahl unmittelbar unter dieses getrieben werden. Ist die Firste sehr mild und gebräch, dann erhält jeder Stempel einen Anpfahl aus Bohlenstücken von solcher Gröfse, dafs sie möglichst dicht aneinanderstofsen. Dadurch wird das Hangende am besten vor der Berührung mit der Luft, somit auch vor Verwitterung geschützt, und der Stempel hat eine gröfsere Berührungsfläche mit dem Gesteine.

Bei Gebirge von mittlerer Beschaffenheit werden die Orgelstempel in fortlaufender Reihe unter eine Kappe gesetzt. Dies setzt aber voraus, dafs am Fensterstofse zuerst für eine solche Platz gemacht worden ist; denn hier sind ja die Abschnittskappen im festen Stofse eingebühnt. Aufserdem ist es in diesem Falle nicht möglich, die Orgel mit dem Vorrücken des Ortsstofses sofort nachzuführen; dies kann erst geschehen, wenn auf eine Kappenlänge Raum geschaffen ist. Geht nun der im Bau begriffene Abschnitt vorzeitig zusammen, dann fehlt die Orgel, und die Gefahr für den neuen Abschnitt ist eine gröfsere.

Soll eine Orgel haltbar sein, dann müssen die Stöfse, vor denen sie eingebaut ist, recht glatt sein, und die Orgelstempel müssen an ihnen dicht anliegen. Trotzdem kommt es häufig vor, dafs durch die Wucht der zu Bruche kommenden Massen die Orgel zerbrochen oder umgeworfen wird. Die Arbeiter, die sich darauf verlassen, dafs die Orgel den Druck des alten Mannes aufnehmen soll, schwächen die Kohlenschweben in übermäfsiger Weise und führen dadurch plötzliche Durchbrüche des zu Bruche gegangenen Gebirges herbei. Darum ist man auf einer gröfseren Anzahl oberschlesischer Bergwerke ganz davon abgekommen, Orgeln einzubauen. Es wird aber beim Abbau stets mit einem gröfseren Kohlenverluste gerechnet werden müssen, weil ja nun besonders starke Kohlenschweben stehen bleiben. Der Pfeilerabbau ohne Orgeln ist aber nur in Flözen mit hartem, tragfähigem Kohl ratsam. Denn die Orgel hat, aufser dafs sie zum Schutze des im Bau befindlichen Abschnittes dient, auch noch die Aufgabe, das Hangende entlang den Bruchlinien zu tragen. Will man dies dem Beine überlassen, so ist ohne weiteres klar, daſs mildes, weiches Kohl dazu nicht imstande ist.

Am Fensterstoſse bleibt das Streckenmundloch bis zum letzten Augenblicke offen. Erst wenn der Abschnitt fertig ausgekohlt ist, werden

Fig. 316. Versatzung.

Fig. 317. Versatzung.

hier die Orgelstempel in solchen Abständen gestellt, daſs die Arbeiter beim Rauben bequem und schnell durchschlüpfen können. Diese Stempel werden noch durch eine besondere Vorrichtung, die Versatzung, geschützt,

Fig. 318. Versatzung.

Fig. 319. Versatzung.

weil sie ja nicht mit ihrer ganzen Länge am festen Stoſse anliegen, also leicht umgeworfen oder zerknickt werden können.

Beträgt die Streckenhöhe im Fenster ungefähr 2—2,5 m, dann wird vor der Orgel in etwa der halben Streckenhöhe ein wagerechtes Holz *a*, die Schwebekappe (Fig. 316), eingebaut und durch einige Streben *b* und *c* gegen Firste und Sohle abgestrebt.

Bei gröſserer Streckenhöhe, beispielsweise wenn das Firstenkohl in der Strecke während des Hochbrechens vom alten Mann aus herabgelassen wurde, würde eine einzige Schwebekappe nicht ausreichen. Man baut dann zwei oder mehr solche ein und verstrebt jede einzelne nach oben und unten (Fig. 317). Ebenso kann man auch die Schwebekappen untereinander durch senkrechte Bolzen versteifen und strebt die unterste nur gegen die Sohle, die oberste nur gegen die Firste ab (Fig. 318). Kopf und Fuſs der Orgel werden auſserdem noch durch vorgelegte Riegel *d*, die beiderseits in den Stöſsen eingebühnt sind, gehalten (Fig. 319).

Derartige Versatzungen werden auch beim Abbau ohne Bein zum Schutze der ganzen Orgel errichtet; dies ist namentlich beim streichenden Pfeilerrückbau der Fall, weil hier die am Fensterstoſse stehende Orgel sich nicht unmittelbar an den Stoſs anlehnt, sondern frei steht und somit gegen den Anprall der zu Bruche gehenden Massen gesichert werden muſs.

E. Der Doppelpfeiler.

Nachdem in einem Bremsbergfelde alle Pfeiler abgebaut sind, bleiben noch zu beiden Seiten des Bremsberges die Sicherheitspfeiler übrig. Auch

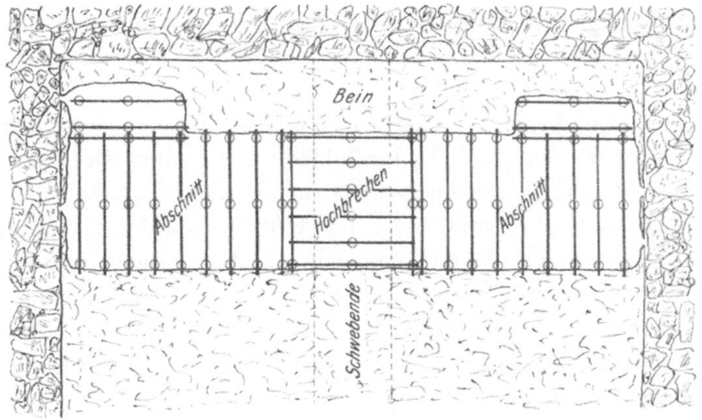

Fig. 320. Doppelpfeiler.

diese lassen sich trotz des hohen Druckes, der auf ihnen lastet, noch sehr wohl hereingewinnen. Das Hochbrechen beginnt auf dem Bremsberge; die Kappen werden in diesem streichend eingebaut und dann auf beiden Seiten mit Rüstkappen gestützt (Fig. 320). Auf den beiden Abschnitten erhalten die Kappen schwebende Lage.

Dritter Abschnitt.

Das Rauben.

Beim Rauben wird der Ausbau aus den abgebauten Räumen entfernt, damit er wieder anderweitig benutzt werden kann, und damit das Hangende dieser Räume zu Bruche geht. Würde man den Ausbau in den entkohlten Abschnitten belassen, so würden zu grofse Hohlräume offen bleiben, die beim plötzlichen Zusammenbrechen auch den im Bau begriffenen Abschnitt gefährden könnten.

Das Rauben kann von einer besonderen Kameradschaft von Raubhäuern vorgenommen werden. Es sind das für diesen Zweck eigens ausgesuchte, besonnene Leute, die sich bald eine grofse Erfahrung in dieser gefährlichen Arbeit aneignen. Auf vielen Werken zieht man es jedoch vor, das Rauben von den auf dem betreffenden Pfeiler angelegten Häuern besorgen zu lassen. Man geht dabei von der Erwägung aus, dafs die eigene Belegschaft des Abschnittes seine gefährlichen Stellen am besten kennen mufs.

Wegen der mit dem Rauben verbundenen Gefahr darf diese Arbeit nur unter der ständigen Aufsicht eines Beamten erfolgen. Dieser untersucht vor Beginn des Raubens das Hangende genau auf seine Festigkeit und achtet dabei besonders auf Risse und Klüfte, deren Länge, Anzahl, gegenseitige Lage und Richtung.

Das Rauben beginnt in der dem Fenster diagonal gegenüberliegenden Ecke des Abschnittes. Dadurch bleibt den Leuten stets der Fluchtweg durch den noch stehenden Ausbau gesichert. Solange die Firste noch ruhig steht und erst etwa ein Drittel des Holzes entfernt ist, dürfen zwei Mann zu gleicher Zeit rauben. Die übrigen tragen das geraubte Holz fort; der Raubaufseher steht immer etwas hinter den der Gefahr am meisten ausgesetzten Arbeitern und beobachtet das Hangende. Hierbei leisten Lampen, die mit Scheinwerfern ausgerüstet sind, wie z. B. die Weltschen Azetylenlampen, gute Dienste. Mit der fortschreitenden Entblöfsung des Hangenden wird die Raubarbeit immer gefährlicher und darf dann nur noch von einem Manne verrichtet werden.

Es wird nie die gesamte Zimmerung entfernt; vielmehr bleibt immer etwas Warnholz stehen, um durch Knistern und Prasseln anzuzeigen, wenn das Hangende beginnt in Bewegung zu geraten. Zum mindesten bleibt ein Warnstempel in der dem Fenster schräg gegenüberliegenden Ecke stehen, weil hier stets die ersten Bewegungen eintreten. Je nach der Festigkeit des Gebirges verbleibt auch weiter nach rückwärts eine gröfsere oder geringere Zahl von Warnhölzern. Bei sehr schwachem

Gebirge wird man sogar den gröſsten Teil der Zimmerung im Abschnitte belassen und nur unter festeren Stellen rauben.

Unter jeder Kappe werden immer zuerst die Endstempel fortgenommen, dann die Mittelstempel.

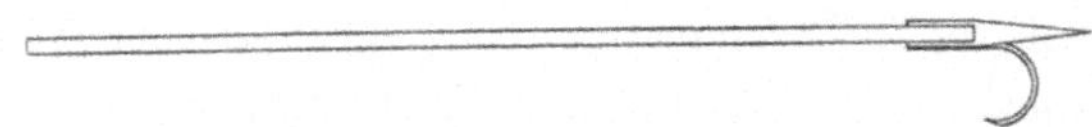

Fig. 321. **Raubhaken.** (Aus den „Verhandlungen und Untersuchungen der Preuſs. Stein- und Kohlenfall-Kommission“, Heft 5.)

Als Gezähe braucht man in Oberschlesien beim Rauben langhelmige Äxte mit sehr scharfen, schmalen Schneiden, Keilhauen, Groſsfäustel, den Raubhaken (Fig. 321) und die Raubspindel.

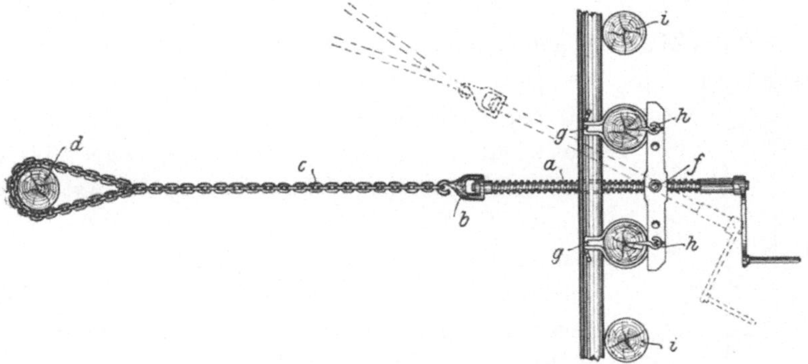

Fig. 322. **Raubspindel von Kirschnick.** (Aus der „Zeitschr. f. d. Berg-, Hütten- und Salinenwesen im Preuſs. Staate“, 1891.)

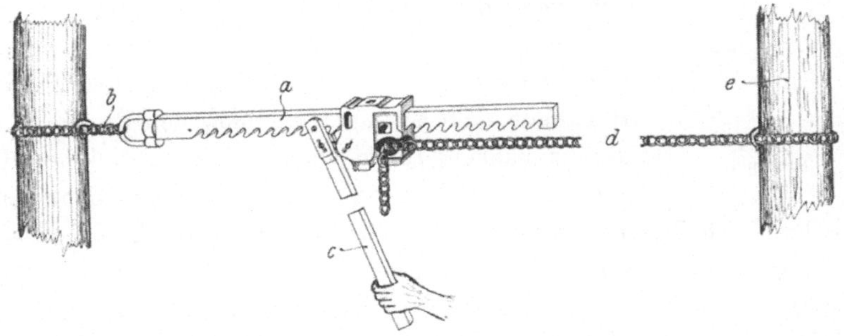

Fig. 323. **Raubgezähe.** (Aus den „Verhandlungen und Untersuchungen der Preuſs. Stein- und Kohlenfall-Kommission“, Heft 4.)

Die Raubspindel, erfunden von Direktor Kirschniok in Zabrze, hat eine Schraubenspindel *a* (Fig. 322), die durch eine Kurbel gedreht werden kann. An ihrem vorderen Ende sitzt ein Wirbel mit einem Haken *b*; in diesen wird eine Kette *c* eingehakt, deren freies Ende um den zu raubenden Stempel *d* geschlungen ist. Die Mutter der Schraubenspindel ruht zwischen zwei starken Schmiedeeisenplatten *e* und *f* und läſst sich um eine senkrechte Achse drehen, damit es möglich ist, die Spindel jedesmal nach dem gewünschten Stempel hin zu wenden. Mit Hilfe zweier Schellen *g* und Haken *h* wird die Raubspindel an zwei in Firste und Sohle eingebühnten Bolzen *i* befestigt.

Auf der Cinder Hill Colliery bei Nottingham ist nach den Berichten der Steinfallkommission ein anderes Raubwerkzeug gebräuchlich. Es besteht aus einer Zahnstange *a* (Fig. 323), die mittels einer Kette *b* an einem fest verbühnten Bolzen angeschlagen ist. Durch Hin- und Herbewegen des Klinkenhebels *c* wird die Kette *d* und der an ihr hängende Stempel *e* herangeholt.

Erstes Kapitel. Das Rauben auf Flözen von geringer Mächtigkeit

Hat die Zimmerung keinen oder nur sehr geringen Druck angenommen, so schlägt man die Stempel mit dem Groſsfäustel heraus oder hackt ihnen mit der Keilhaue unter dem Fuſse so viel Luft, daſs sie leicht weggenommen werden können. Ist dies nicht mehr möglich, dann wird mit der Axt ein Ohr von der Kehlung abgehackt. Ist dagegen der Stempel fest in die Kappe und die Sohle hineingepreſst, dann wird ihm mit der Axt eine Kerbe angehauen (Fig. 324). Diese liegt immer möglichst nahe der Sohle, damit der obere Teil noch einmal in Bauen von geringerer Höhe verwendet werden kann. Diese Arbeit muſs, namentlich wenn die Kerbe schon tief geworden ist, sehr vorsichtig ausgeführt werden; der Häuer zieht sich nach jedem Axthiebe zurück und beobachtet das Hangende. Ist es nicht möglich, den Stempel ganz durchzuhacken, reicht aber auch der Druck des Hangenden nicht dazu aus, ihn zu brechen, dann bringt man ihn durch Rammen mit einem langen Holze oder durch Gegenwerfen von Bergestücken dazu. Die Kappen und Pfähle werden mit dem Raubhaken herangezogen. Es ist überhaupt darauf zu achten, daſs möglichst wenig Holz im alten Mann zurückbleibt, weil dieses beim Vermodern die Bildung von matten Wettern und auch die Entstehung und Weiterverbreitung von Grubenbrand begünstigt.

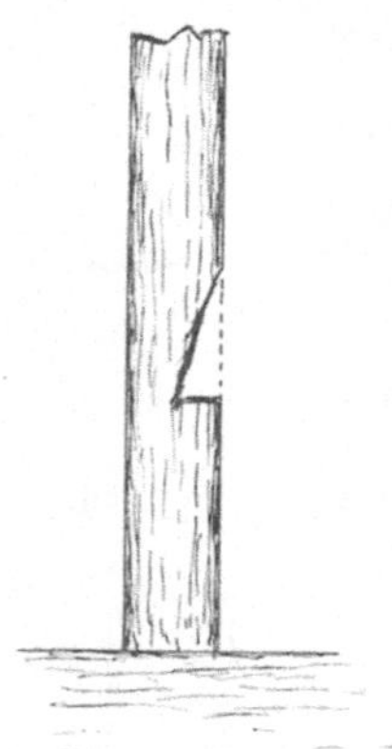

Fig. 324. Angekerbter Stempel.

Beim streichenden Pfeilerrückbau läſst man gern die letzte Kappe vor der Versatzung stehen (Fig. 317). Das Gebirge geht dann nicht bis an diese heran zu Bruche, so daſs sie widerstandsfähig bleibt.

Zweites Kapitel. Das Rauben auf Flözen von grofser Mächtigkeit.

Auf Flözen von grofser Mächtigkeit ist das Rauben bedeutend gefährlicher als in niedrigen Bauen, weil das Hangende nicht so gut beobachtet werden kann, und weil die Wucht des Zuraubens eine wesentlich gröfsere ist. Das Rauben mufs infolgedessen mit erhöhter Vorsicht ausgeführt werden. Auch darf man hier verschiedene Arten des Raubens nicht anwenden, die auf Flözen von geringer Mächtigkeit einwandfrei sind. Zunächst darf niemals ein Stempel einfach von Hand herausgeschlagen werden; denn er kann beim Umfallen den neben ihm stehenden Raubhäuer treffen oder ihm den Fluchtweg versperren. Man arbeitet vielmehr aus seinem Sohlenbühnloche heraus eine nach der Versatzung hin gerichtete Ausfuhr und zieht ihn dann in der Strecke stehend mit Hilfe eines um seinen Fufs geschlungenen Seiles oder besser mit der Raubspindel heraus. Ist er zu stark in Druck gekommen, so wird er mit der Axt eingekerbt und dann mit der Raubspindel zum Brechen gebracht.

Pfeilerabschnitte, in denen der Gebirgsdruck bereits so bedeutend ist, dafs sie nur mit grofser Vorsicht betreten werden dürfen, werden mit Dynamit zugeraubt. Dabei werden in erster Reihe die Rüstkappenstempel zerschossen, ferner noch diejenigen anderen Stempel, bei denen dies nötig erscheint. Es genügt für jeden Stempel eine Schlagpatrone von Dynamit Nr. I. Diese wird entweder an dem Stempel mit einer Drahtschlinge festgebunden oder in eine mit der Axt angehauene Kerbe gelegt und mit Letten festgeklebt oder in ein Loch geschoben, welches mit einem Zimmermannsbohrer bis in die Mitte des Stempels gebohrt wurde. Werden die Patronen nicht von der Strecke aus auf elektrischem Wege weggetan, was eigentlich immer geschehen sollte, dann sind lange Zündschnuren erforderlich, damit die wenigen Leute Zeit haben, alle Zünder in Ruhe abzubrennen. Am Streckenmundloche mufs während dieser Arbeit beständig eine brennende Lampe hängen; denn es kommt häufig vor, dafs den Häuern durch das Sprühen der Zündschnuren das Licht ausgeblasen wird. Sie sind dann trotzdem in der Lage, schnell den Ausgang zu gewinnen.

Fünfter Teil.

Der Ausbau von Füllörtern, Maschinenstuben und sonstigen großen Räumen.

Erster Abschnitt.

Allgemeines.

Will man grofse unterirdische Räume möglichst vor Druck schützen, so soll man sie so anlegen, dafs ihre Längsrichtung querschlägig verläuft. Bei sehr starkem Drucke ist es angebracht, lange und schmale Räume herzustellen; dies wird aber namentlich bei Füllörtern nicht immer durchführbar sein, während es bei Räumen, in denen Wasserhebemaschinen untergebracht werden sollen, dadurch erreicht werden kann, dafs man anstatt einer Maschine mehrere kleinere hintereinander aufstellt.

Als Baustoffe für die Verkleidung von Firste und Stöfsen dienen Holz, Eisen und Mauerung.

Holz wird zum endgültigen Ausbau nur bei kleineren Abmessungen und Verhältnissen benutzt; dagegen spielt es beim verlorenen Ausbau eines Raumes, der nachher ausgemauert werden soll, eine grofse Rolle.

Eisen wird namentlich im gemischten Ausbau angewendet, also in Verbindung mit Holz oder Mauerwerk. Es dient namentlich zur Sicherung der Firste bei kleineren und mittleren Verhältnissen.

Mauerung ist bei allen Räumen zu benutzen, deren Abmessungen das Mittelmafs überschreiten, ferner immer im schwachen Gebirge.

Zweiter Abschnitt.

Die Füllörter.

Erstes Kapitel. Füllörter für Tonnen- und Kübelförderung.

Die Benennung der Füllörter stammt aus dem Erzbergbau. Sie rührt daher, dafs an diesen Stellen, den Mündungen der Grubenbaue in den Förderschacht, das Fördergut aus den kleineren Streckenfördergefäſsen in die Schachtfördergefäſse, meistens Kübel oder Tonnen, umgefüllt wurde. Diese Füllörter müssen zur Aufnahme einer gröſseren Menge von Roherz eingerichtet sein. Gelegentlich findet hier auch schon eine Scheidung in einzelne Erzsorten und -arten statt.

Die einfachste Füllortsart ist eine unter der Streckensohle angebrachte Versenkung (Fig. 325). Vom Schacht ist sie durch eine Klappe getrennt, die sich um eine wagerechte Achse bewegen läſst. Soll der Kübel in das Füllort hinein, dann wird diese Klappe schräg in den Schacht hinein gedreht, so daſs der unterste Schachtteil verdeckt ist.

Bei regerer Förderung kann das Füllort in der aus Fig. 326 ersichtlichen Weise hergestellt werden. Für den Kübel ist im Schachtstoſse ein Absatz hergestellt. Das Füllort selbst ist als Rutsche ein-

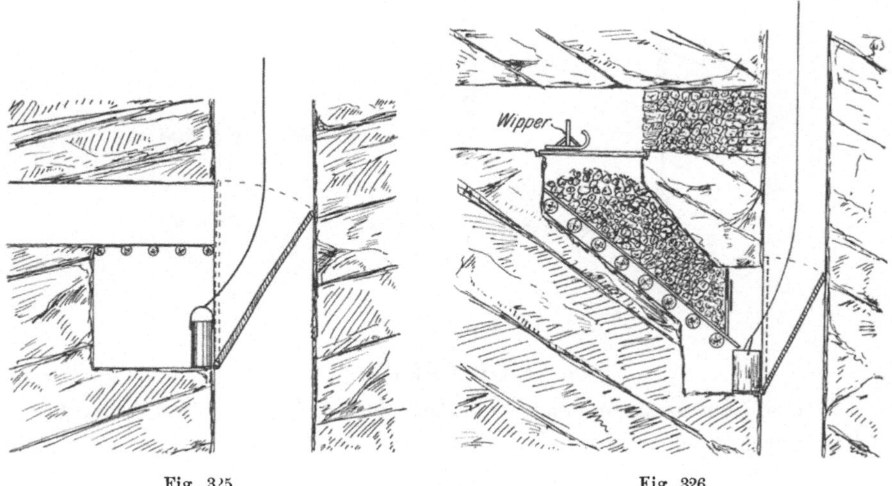

Fig. 325. Fig. 326.
Füllort für Tonnenförderung.

gerichtet; das Fördergut gleitet also unmittelbar aus dem Füllrumpfe in das Schachtfördergefäſs hinein.

Zweites Kapitel. Füllörter für Schalenförderung.

A. Lage.

Die Füllörter können zu den Querschlägen, die nach den Lagerstätten hinführen, senkrecht stehen (Fig. 327) oder ihre Verlängerung bilden (Fig. 328).

Die Lage des Füllortes parallel zum Querschlage, d. h. also seitwärts von ihm, kommt im schwachen Gebirge vor, weil anderenfalls der Schacht gefährdet werden würde.

Bei Schächten mit länglich-rechteckigem Querschnitte steht das Füllort senkrecht zum Querschlage, weil man die kurzen Schachtstöſse parallel zum Streichen legt. Wird in den Querschlägen mit Zügen gefördert, so stellt man diese im Querschlage zusammen, der hier entsprechend verbreitert ist. Bei Seil- und Kettenförderung steht die Antriebsmaschine im Querschlage oder seitwärts, dem Füllorte gegenüber. Die erstere Aufstellungsweise wird gewählt, wenn nur nach einer Seite gefördert wird; im anderen Falle steht die Maschine seitlich vom Querschlage.

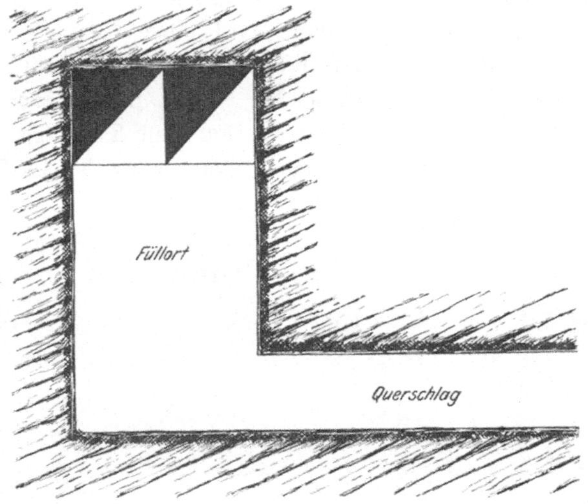

Fig. 327. Füllort.

B. Abmessungen.

Die Abmessungen eines Füllortes hängen von der Menge der täglich durchgehenden Förderung und von dem Förderverfahren ab. Bei

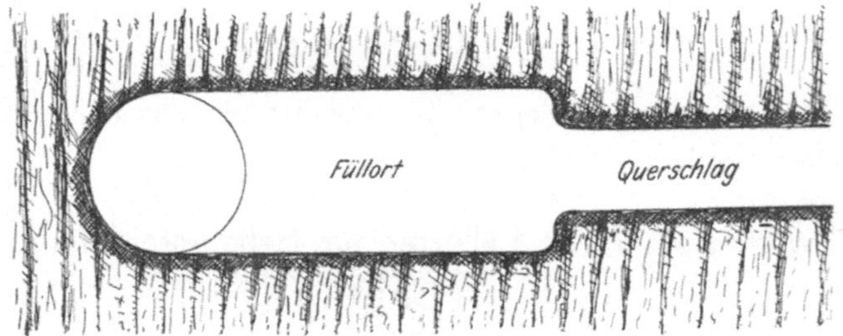

Fig. 328. Füllort.

schwacher Förderung genügt ein einseitiges, kurzes Füllort; bei stärkerer Belegung wird Durchschiebeförderung angewendet, das Füllort also zweiseitig und gröſser sein müssen. Geht in den Querschlägen Zugförderung um, dann sind im allgemeinen längere Füllörter herzustellen als bei Seil- oder Kettenförderung. In solchem Falle beträgt die Mindestlänge das Anderthalbfache der gröſsten Zuglänge. Die Breite soll gleich der von drei Gestängepaaren sein nebst dem nötigen Raum, damit die Bedienungsmannschaften sich zwischen den Zügen bezw. zwischen Zug und Stoſs gefahrlos bewegen können. Mindestens muſs die Breite des

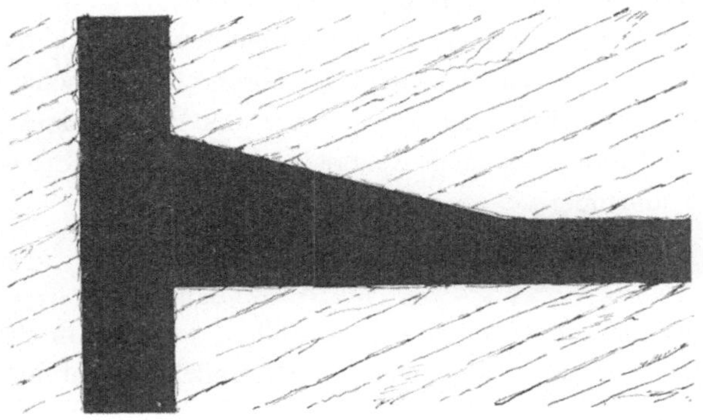

Fig. 329. Füllort.

Fig. 330. Füllort.

Fig. 331. Füllort.

Füllortes gleich der der Stirnseite beider Fördertrümer sein. Sind die Schächte rund, dann ist das richtige Maſs der Schachtdurchmesser vermehrt um die Breite der Umbruchsörter.

Die Höhe des Füllortes hängt in erster Reihe von der Länge der Hölzer ab, die hier von den Schalen abgezogen werden müssen. Der Übergang aus der Füllortshöhe nach der Streckenhöhe kann allmählich (Fig. 329), plötzlich (Fig. 330) oder stufenförmig (Fig. 331) erfolgen.

Werden unter Tage mehrere Abzugsbühnen eingerichtet, dann ist die Länge der unteren Füllortssohlen gleich der 1,5—2 fachen Länge der Förderschalen. Die Breite ist dieselbe wie die der obersten Anschlagsbühne. Die Höhe ist von dem Abstande der einzelnen Stockwerke der Förderschale abhängig.

C. Formen.

Füllörter, die ausgemauert werden sollen, erhalten in der Mehrzahl der Fälle eine langgestreckte Form. Ihr Grundriſs bildet ein Rechteck,

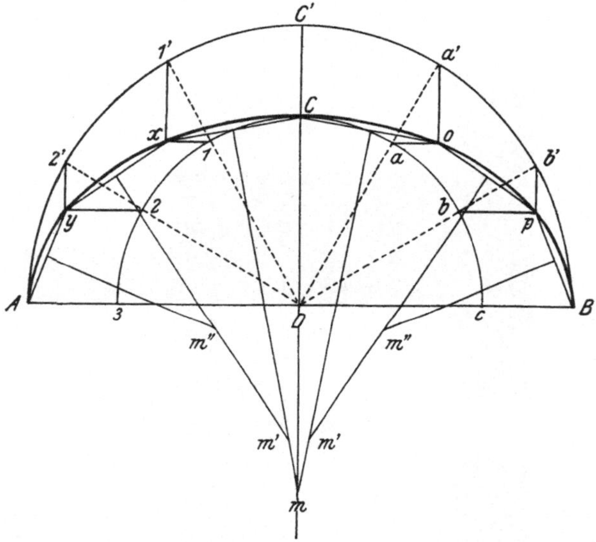

Fig. 332. Konstruktion eines Korbbogengewölbes. (Aus Lange, Katechismus der Baukonstruktionslehre.)

an dessen schmalen Seiten einerseits der Schacht, auf der anderen Seite die Mündung des Querschlages liegt.

Die Querschnittsform kann ein Rechteck sein. In diesem Falle sind die Stöſse zumeist vermauert, während die Firste mit Eisenausbau oder Kappengewölbe gesichert wird.

Soll die Firste eingewölbt werden, dann kann dies mit Tonnengewölbe, flachem Gewölbe oder mit Korbbögen geschehen. Diese letzteren kommen in neuester Zeit immer mehr in Aufnahme.

Die Lehren für Korbbogengewölbe werden auf folgende Weise entworfen. Es seien die Spannweite und die Pfeilhöhe des Gewölbes gegeben, beispielsweise die letztere gleich $^1/_3$ der Spannweite. In Fig. 332 sei *A B* die Spannweite, *C D* der Stich. Man schlägt nun um *D* mit *D C* und *D A* die beiden Halbkreise *3 C c* und *A C' B*. Die Viertelkreise *3 C* und *C c* werden nach Belieben in je 3 oder 5 oder 7 usw. gleiche Teile geteilt. Im vorliegenden Falle sind drei Teile gewählt; wir erhalten also auf dem inneren Halbkreise die Teilpunkte *3 2 1 C a b c*. Von *D* aus werden über diese Punkte weg die Radien bis zu ihrem Schnitt mit dem äufseren Kreise gezogen; dadurch erhalten wir auf diesem die Teilpunkte *A*, *2'*, *1'*, *C'*, *a'*, *b'*, *B*. Durch *2*, *1*, *a*, *b* werden die wagerechten Linien *y 2*, *x 1*, *a o*, *b p* parallel zu *A B*, durch *2'*, *1'*, *a'*, *b'*

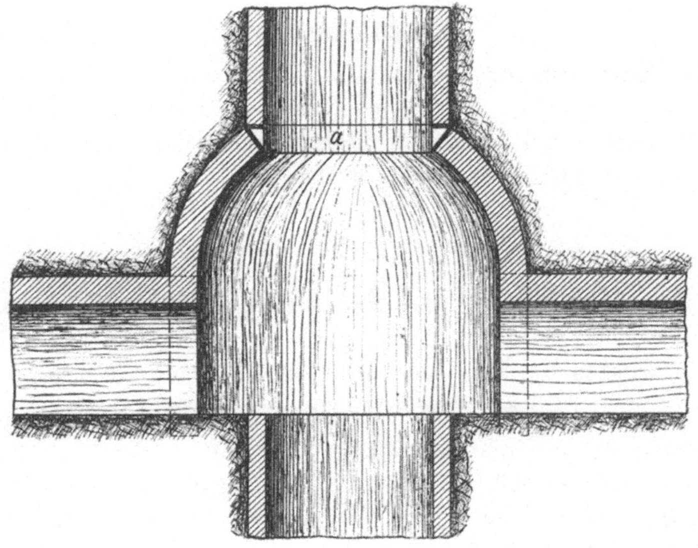

Fig. 333. Kuppelförmiges Füllort. (Aus der „Zeitschr. f. d. Berg-, Hütten- u. Salinenwesen im Preufs. Staate", 1885.)

die senkrechten Linien *2' y*, *1' x*, *a' o*, *b' p* gezogen. Die Schnittpunkte *y*, *x*, *o*, *p* dieser Wagerechten und Senkrechten liegen auf dem Umfange des Korbbogens. Man zieht die Sehnen *A y*, *y x*, *x C*, *C o*, *o p*, *p B* und errichtet auf ihnen die Mittelsenkrechten. Die Mittellote von *C x* und *C o* schneiden die Verlängerung von *C D* in *m*. Diese Mittellote wieder werden von den auf *x y* und *o p* errichteten Mittelloten in *m'* geschnitten und diese letzteren wieder in *m''* von den Mittelloten auf *y A* und *p B*. *m* ist der Mittelpunkt des Kreisbogens *x C o*; in *m'* liegen die Mittelpunkte der Kreisbögen *x y* und *o p*, in *m''* die der Kreisbögen *y A* und *p B*.

In je mehr Teile man die Halbkreise einteilt, um so gröfser wird die Zahl der Kreisbögen, aus denen der Korbbogen entsteht.

Das Korbbogengewölbe ist also eine halbe Ellipse, deren längerer Durchmesser gleich der Spannweite wird.

Soll ein runder Förderschacht von allen Seiten bequem zugänglich sein, so erhält das Füllort die Form eines Kuppelgewölbes (Fig. 333 und 334). Der Grundrifs eines solchen Füllortes ist je nach dem erforderlichen Raume entweder ein Kreis oder eine Ellipse. Die Schachttrümer stehen in diesem Falle also vollkommen frei; zur Leitung der Förderschalen mufs ein besonderer Führungsschacht, ähnlich dem Luftschachte über Tage, hergestellt werden.

Dritter Abschnitt.

Maschinenräume.

Die Maschinenräume besitzen fast durchweg die Grundrifsform eines länglichen Rechtecks. Ihre Querschnittsform ist dieselbe wie bei den gleichgestalteten Füllörtern; nur die Höhe kann bei den Maschinenstuben auf die ganze Länge die gleiche bleiben.

Vierter Abschnitt.

Die Herstellung und der Ausbau grofser Räume.

Erstes Kapitel. Das Arbeiten im festen Gebirge.

A. Der Vollausbruch.

Wenn das Gebirge, in welchem ein Füllort oder Maschinenraum hergestellt werden soll, sehr fest ist, dann kann der Raum mit seinem vollen Querschnitte auf einmal hergestellt werden. Es ist dann also nur ein einziger Ortsstofs vorhanden, vor dem eine gröfsere Anzahl von Arbeitern angelegt ist. Als verlorener Ausbau dienen Kappen, die an beiden Enden eingebühnt sind und von einer entsprechenden Anzahl von Stempeln getragen werden. Dieser Ausbau ist insofern ungünstig, als bei der nachfolgenden Einwölbung der Firste die Ecken mit vermauert oder doch mindestens mit Bergen zugesetzt werden müssen. Ferner bedingt die Ausarbeitung dieser Ecken höhere Herstellungskosten. Darum wird es häufig vorgezogen, die Firste gleich von Anfang an in gewölbten Formen auszuschiefsen und den verlorenen Ausbau daselbst in Vieleckszimmerung auszuführen.

Je nach der Festigkeit des Gebirges kann man bei Herstellung und Ausmauerung des Raumes verschieden vorgehen. Die üblichsten Verfahren sind die folgenden:

1. Man stellt erst den Hohlraum mit vollem Querschnitte und auf seine ganze Länge her. Dann erst beginnt die Ausmauerung.

2. Es wird gleichzeitig der Ortsstofs vorgetrieben und hinter dem Rücken der Häuer die Mauerung aufgeführt. Selbstverständlich mufs diese hinreichenden Abstand vom Orte haben, damit sie nicht durch umherfliegende Sprengstücke beschädigt wird. Aufserdem sind in diesem Falle sowohl für die Bergeabfuhr als auch für die Herbeischaffung der Mauerungsmaterialien gesonderte Schienenwege herzustellen.

3. Der Raum wird in Absätzen hergestellt und ausgemauert, d. h. es wird zunächst nur ein Teil desselben von bestimmter Länge ausgeschossen; dann stellt man die Gewinnungsarbeiten ein und vermauert diesen Teil bis auf einige Meter an den Ortsstofs heran. Die Gewinnungs- und Ausmauerungsarbeiten wechseln nun so lange miteinander ab, bis der ganze Raum fertig ist.

In dieser eben geschilderten Weise wurde das nördliche Füllort in der 352 m-Sohle des Marieschachtes auf kons. Friedensgrube bei Friedenshütte hergestellt. Seine Gesamtlänge betrug 35 m, die Breite 11 m und die Höhe 5,5 m. Die einzelnen Absätze waren 3—4 m lang. Die Lehrbögen bestanden aus einer doppelten Lage von 50 mm starken Bohlen (Fig. 335); die eine Lage war aus fünf, die andere aus sechs Segmenten zusammengesetzt. Das Gewölbe erhielt eine Spannweite von 10 m und 2,5 m Pfeilhöhe.

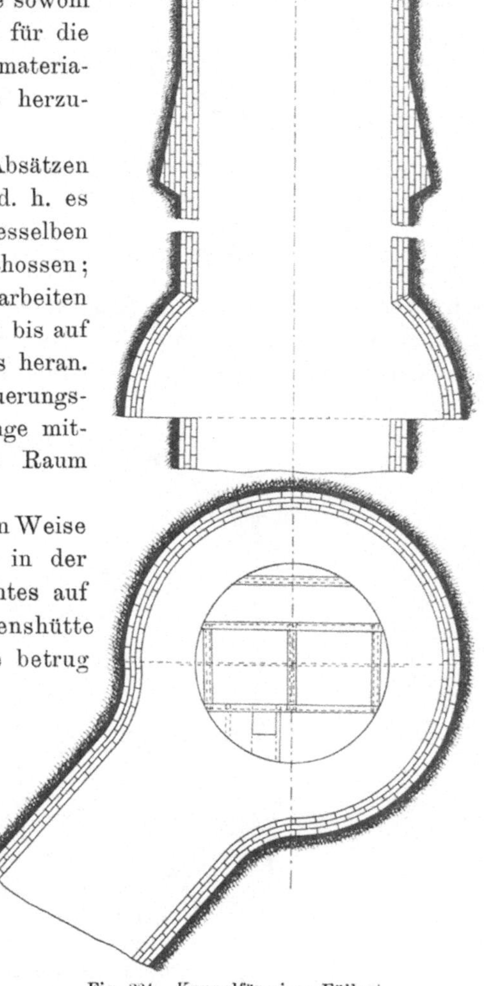

Fig. 334. Kuppelförmiges Füllort. (Aus der „Zeitschr. f. d. Berg-, Hütten- und Salinenwesen im Preufs. Staate", 1889.)

Unter den Widerlagern für das Firstengewölbe wird in passender Höhe an beiden Stöfsen ein Absatz *a* (Fig. 336) angebracht. Dieser dient zur Aufnahme des Gestänges für einen Laufkran, der beim Zusammensetzen der Maschinen und beim Auswechseln einzelner Teile (z. B. Ventile) stets gebraucht wird.

Bei quellender Sohle wird auch diese durch ein Gewölbe verwahrt. Solche Sohlengewölbe sind immer dann am Platze, wenn der untere Teil des Raumes als Sumpf dienen soll. Die Sohle der eigentlichen Maschinenkammer wird dann durch Querträger *b* (Fig. 336) gebildet, die man einbühnt oder auf Konsolen verlagert. Unter die Querträger kommen

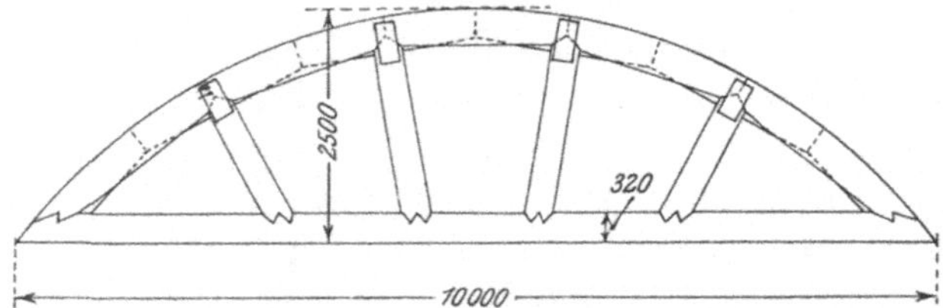

Fig. 335. Lehrbogen für Füllortsmauerung.

ein oder zwei Reihen von Längsunterzügen *c*, die von gemauerten Pfeilern *d* getragen werden. Die Füfse *e* dieser Pfeiler gehen am besten durch das Sohlengewölbe hindurch und stehen unmittelbar auf dem Gebirge auf.

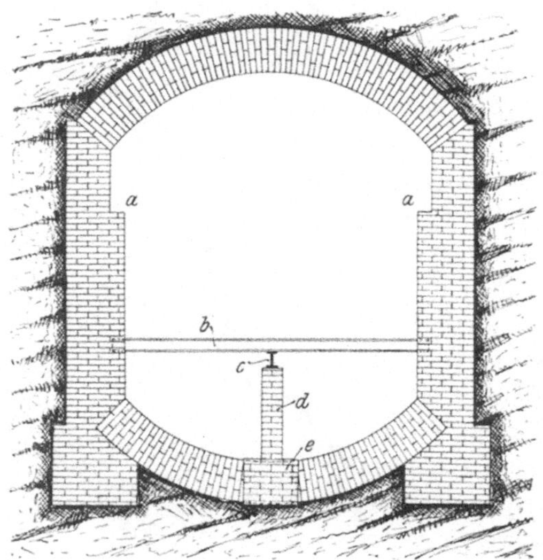

Fig. 336. Maschinenraum.

Die Herstellung von Füllörtern im Vollausbruch unterscheidet sich in nichts von der von Maschinenräumen. Es bleibt nur übrig, hier einiges über die Herstellung kuppelförmiger Füllörter zu sagen. In solchem Falle teuft man zunächst den Schacht bis auf die Füllortssohle ab und stellt hier den unteren Schachtstuhl (Tragegeviert, Tragekranz) zusammen. Auf diesen wird der Schachtausbau aufgesetzt, so dafs die Last des gesamten Ausbaues auf dem Sohlengebirge ruht. Nun weitet man das Füllort entweder im ganzen oder in einzelnen Segmenten aus.

Zur Herstellung der Kuppel im Mauerwerk braucht man keine besonderen Lehrbögen oder -gerüste aufzustellen. Die Form kann vollständig genau mit Hilfe eines einzigen Radius eingehalten werden. Als solcher

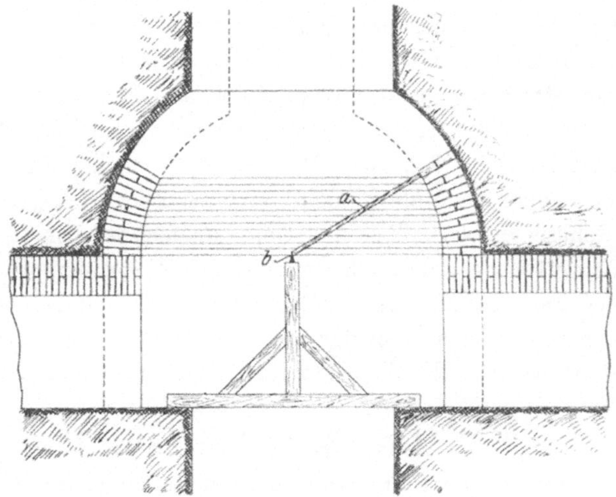

Fig. 337. Herstellung eines kuppelförmigen Füllortes.

dient eine Latte *a* (Fig. 337), die man von einem genau festgelegten Mittelpunkte *b* aus nach jedem neu eingebauten Steine hin richtet.

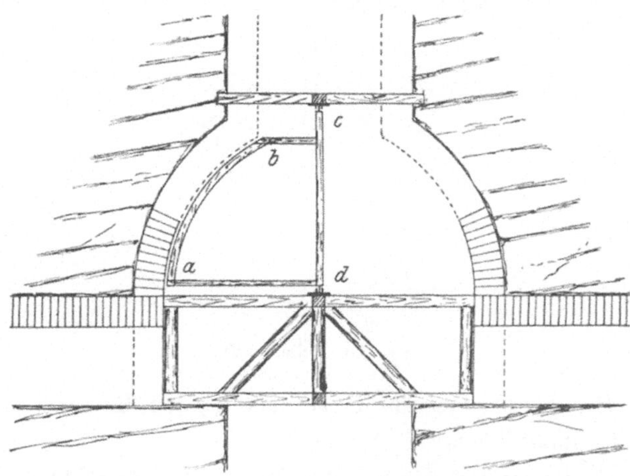

Fig. 338. Herstellung eines kuppelförmigen Füllortes.

Ist der Schacht noch nicht mit dem Einbaue versehen, dann läfst sich auch die in Fig. 338 dargestellte bogenförmige Lehre *ab* gebrauchen, welche um die senkrechte Achse *cd* gedreht werden kann.

Diese Lehre wird mit dem Aufrücken der Füllortsmauer verkürzt, indem man den Radius *ad* nach oben schiebt. Sie kann dann stets frei über der Arbeitsbühne gedreht werden. Ein besonderer Vorzug von ihr ist ferner noch, dafs man auch Kuppeln herstellen kann, die nach mehreren Radien von verschiedener Länge gewölbt sind. Dies ist zwar auch bei dem eben geschilderten Verfahren möglich, jedoch müssen dort die verschiedenen Mittelpunkte immer erst besonders angegeben werden.

Bei der Mauerung in der Kuppel ist es erforderlich, dafs jeder einzelne Stein so lange mit der Hand festgehalten und angedrückt wird, bis der Mörtel abgebunden hat. Dies ist stets nach einigen Sekunden der Fall, besonders wenn ein schnell bindender Zement angewendet wird.

Den Schlufs des Gewölbes bildet ein gufseiserner Ring *a* (Fig. 333), dessen äufsere Fläche sich der Krümmung der Füllortskuppel anschliefst. Dieser Ring kann auch, wie aus Fig. 334 ersichtlich ist, weggelassen werden, wenn unmittelbar über der Kuppel eine feste Gesteinsschicht vorhanden ist, in welcher die Schachtmauer sicher gegründet werden kann.

B. Der Scheibenbau.

Beim Scheibenbaue teilt man den herzustellenden Raum in mehrere übereinanderliegende Scheiben ein. Ihre Zahl beträgt gewöhnlich zwei

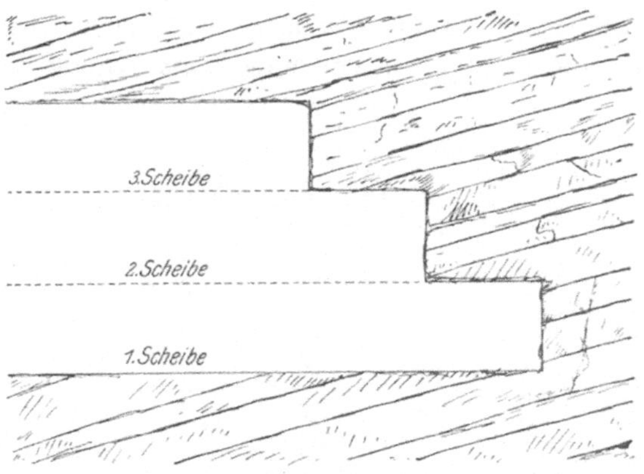

Fig. 339. Scheibenbau.

bis drei. Sie hängt von der Höhe des ganzen Raumes ab, da eine jede Scheibe nicht höher als 3 m sein soll.

Je nach der Gröfse des Gebirgsdruckes und den Abmessungen des herzustellenden Raumes treibt man nur immer eine einzige Scheibe vor oder nimmt alle gleichzeitig in Angriff. In diesem letzteren Falle wird der Ortsstofs treppenförmig abgestuft und entweder mit Firstenbau (Fig. 339) oder mit Strossenbau (Fig. 340) vorgegangen. Dadurch erreicht man, dafs jedes weiter vorgetriebene Ort dem nächstfolgenden als Einbruch dient. Seltener findet sich der Fall, dafs die unterste und oberste Scheibe am weitesten vor sind (Fig. 341); durch ein derartiges Vorgehen wird bezweckt, zwischen ihnen eine sichere Gesteinsschwebe zu belassen.

Jede Scheibe kann ferner der Breite nach in Unterabteilungen zerlegt werden. Man kann sie sich dann also als aus nebeneinanderliegen-

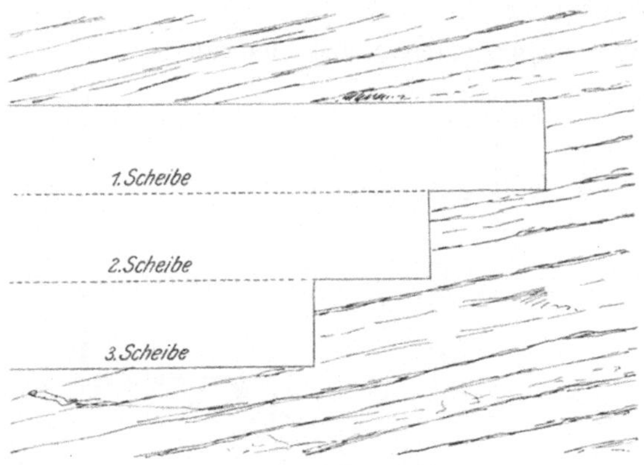

Fig. 340. Scheibenbau.

den Strecken zusammengesetzt denken. Die einzelnen Ortsstöfse innerhalb jeder Scheibe müssen ebenfalls verschieden weit vorgetrieben sein; es ist gut, den mittelsten am weitesten vor sein zu lassen (Fig. **342**).

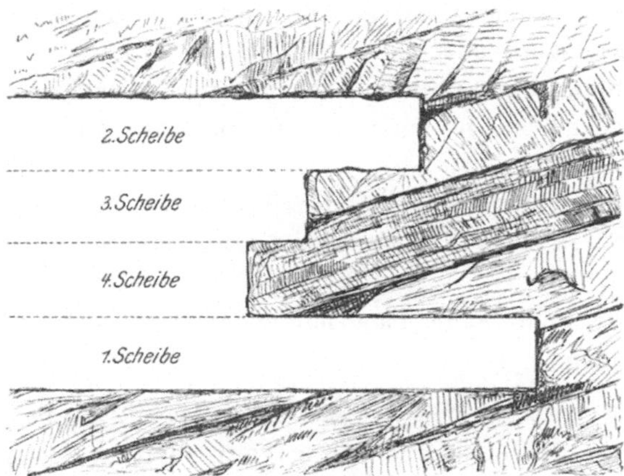

Fig. 341. Scheibenbau.

Er bildet dann das Einbruchsort in seiner Scheibe. Ein weiterer Vorteil ist, dafs die gesamte Förderung der Scheibe in dieser Strecke zusammengezogen werden kann.

Die Art und Weise, wie bei der Ausmauerung eines mit Scheibenbau hergestellten Raumes vorgegangen wird, hängt von dem beim Ausschiefsen angewendeten Verfahren ab. Werden alle Scheiben zugleich vorgetrieben, dann kann man ebenso verfahren wie beim Vollausbruche. Man kann also

1. erst den ganzen Raum ausgewinnen und nachher ausmauern oder
2. ausgewinnen und gleichzeitig die Mauerung in kurzem Abstande nachfolgen lassen oder
3. absatzweise ausgewinnen und ausmauern.

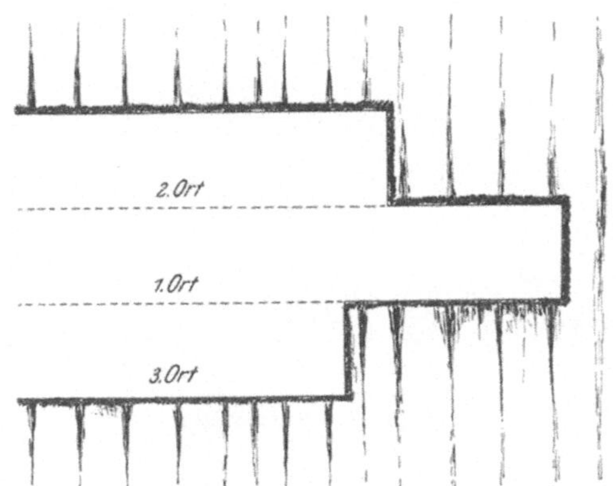

Fig. 342. Einteilung einer Scheibe in parallele Örter. (Grundrifs.)

Wird jede Scheibe einzeln aufgefahren, dann kann man auch

1. erst alle Scheiben auf ihre Gesamtlänge ausgewinnen und dann den Raum ausmauern oder
2. den Raum absatzweise herstellen und absatzweise ausmauern, indem von jeder Scheibe nacheinander zunächst nur ein Teil herausgeschossen wird,
3. stellt man jede einzelne Scheibe im ganzen oder in Absätzen fertig und mauert sie aus, ehe man die nächste Scheibe überhaupt in Angriff nimmt.

In diesem Falle kann man mit der untersten oder der obersten Scheibe beginnen.

Wird die unterste Scheibe zuerst in Angriff genommen, so wird der Raum nach Art eines Pfeilers in verlorenen Ausbau gesetzt. Die Stofsmauern werden hergestellt, aber nicht bis an die Firste hochgeführt, sondern bleiben von ihr ungefähr 0,5 m ab (Fig. 343). Ehe nun die nächstobere Scheibe begonnen wird, bedeckt man die Stofsmauern mit starken Bohlen oder Halbholz, damit sie nicht durch umherfliegende Sprengstücke beschädigt werden. Noch besser, aber auch teurer ist es, wenn man den unteren Raum mit Bergen versetzt. Der verlorene Ausbau des nächsten Teiles besteht ebenfalls wieder aus

Kappen und Stempeln. Die Stempel werden auch am Fufsende gekehlt und auf die Kappen des unteren Abschnittes aufgesetzt. Doch findet man auch häufig, dafs die Kappen der unteren Scheibe erst dicht mit Bohlen überdeckt werden, um als Arbeitsbühne für den neuen Ab-

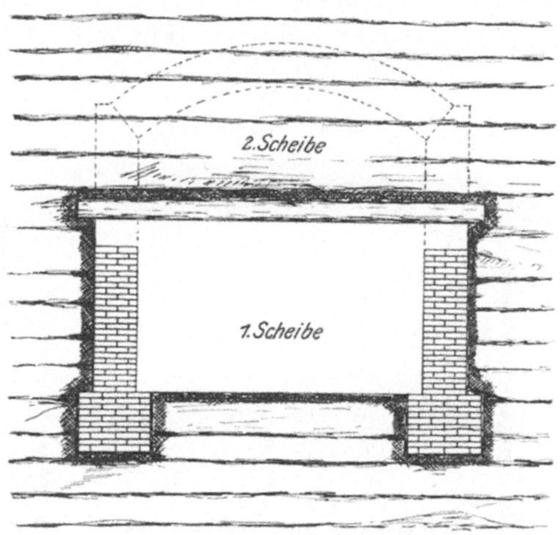

Fig. 343. Scheibenbau von unten nach oben.

schnitt zu dienen, und dafs die Stempel dann mit glattem Fufse auf diesen Bohlen aufstehen. Natürlich dürfen sie nur wieder in der Verlängerung eines unteren Stempels liegen. Der Ausbau des obersten

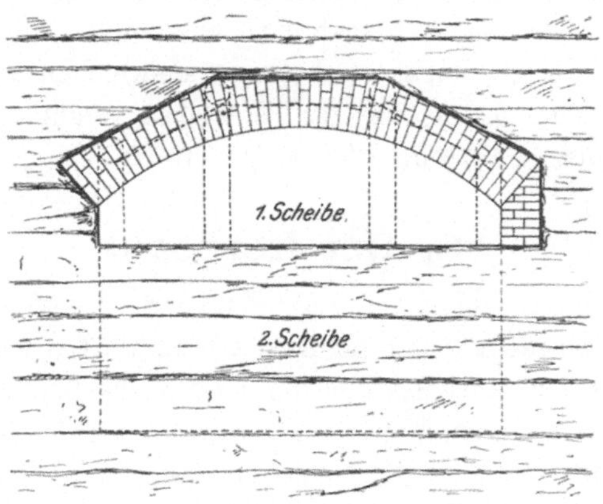

Fig. 344. Scheibenbau von oben nach unten.

Abschnittes mufs sich der Bogenform der Firste anpassen. Die einzelnen Kappen und Stempel sind untereinander zu verspeeren bezw. zu verspreizen.

Als Beispiel für die Herstellung eines Raumes, dessen oberste Scheibe zuerst in Angriff genommen wird, sei der neue Maschinenraum in der 78 m-Sohle auf Adolfschacht bei Tarnowitz angeführt. Bevor noch die oberste Scheibe fertiggestellt war, wurde mit dem Ausschiefsen der zweiten begonnen. In jeder wurde immer abwechselnd der freie Raum ausgewonnen und vermauert. Die Widerlager für das Gewölbe wurden im Gestein ausgearbeitet; wo dieses zu schwach war, führte man Stofsmauern von geringer Höhe auf (Fig. 344 rechts). Die in der

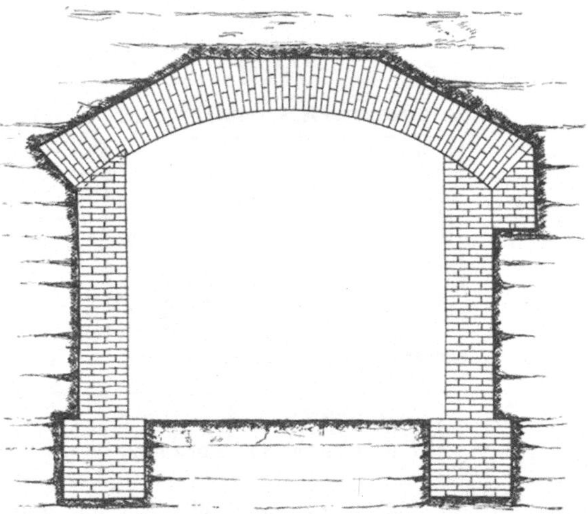

Fig. 345. Im Scheibenbau hergestellter Maschinenraum.

unteren Scheibe errichteten Stofsmauern unterstützten das Firstengewölbe in der aus Fig. 345 rechts zu ersehenden Weise. Da sie bei seitlichem Drucke zu leicht nach innen ausweichen konnten, wurden weiterhin auf der Innenseite des Gewölbes Schlitze ausgespart, in welche die Stofsmauern eingriffen (Fig. 345 links).

C. Der Kernbau.

Der Kernbau ist diejenige Herstellungsart, die sich für die gröfsten räumlichen Abmessungen und für Arbeiten in stark druckhaftem Gebirge eignet. Es werden zunächst nur die Umfangsflächen des Raumes freigelegt, so dafs sie durch Mauerung verkleidet werden können. In der Mitte des Raumes bleibt das Gestein bis zuletzt als Kern stehen. Gegen diesen wird die Zimmerung verstrebt, die als verlorener Ausbau die freigelegten Flächen schützt. Die Längsachse des Kernes, somit auch des ganzen Raumes, mufs querschlägige Richtung haben, weil anderenfalls der Kern durch den Druck ins Rutschen käme.

Der Hauptvorzug des Kernbaues ist, dafs man zum verlorenen Ausbau nur kurzes Holz braucht. Dieses wird bei entsprechender Stärke auch sicher dem gröfsten Druck widerstehen; wenn dagegen beim Vollausbruche auch allerstärkstes Holz eingebaut würde, wird es doch infolge seiner Länge sich leicht durchbiegen und dann brechen.

Der Kernbau schreitet gewöhnlich von unten nach oben vor. Zunächst treibt man für die Füſse der Stoſsmauern zwei parallele Umfassungsstrecken *1 a* und *1 b* (Fig. 346). Ihr Abstand ist so groſs zu wählen, daſs die beiden äuſseren Streckenstöſse die Seitenstöſse des Raumes im Gestein bilden. Beide Strecken werden genau nach der gleichen Stunde getrieben. Um sich von der Wahrung des gleichmäſsigen Abstandes zu überzeugen, sowie zur Regelung der Wetterführung werden sie von Zeit zu Zeit durch Durchhiebe verbunden. Sind

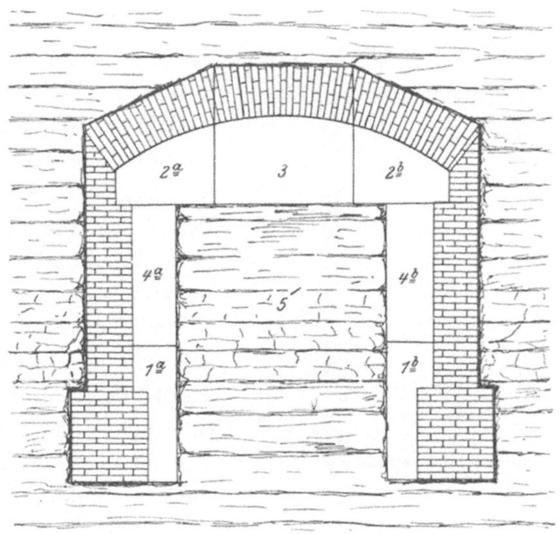

Fig. 346. Kernbau.

sie auf die Länge vorgetrieben, welche der Maschinenraum erhalten soll, so wird noch einmal ein Durchhieb aufgefahren, in welchem nachher die rückwärtige Stirnmauer des Raumes errichtet wird.

Zu gleicher Zeit werden die Umfassungsstrecken *2 a* und *2 b* in derselben Weise hergestellt. Sie bleiben bei gröſserer Höhe des Raumes von dem unteren Streckenpaare durch Gesteinsschweben getrennt; wenn erforderlich, werden sie mit ihnen durch senkrechte Hochbrechen *4 a* und *4 b* verbunden.

Steht das obere Umfassungsstreckenpaar unmittelbar auf dem unteren auf, dann werden die im unteren eingebauten Kappen mit Bohlen überdeckt und bilden so die Arbeitsbühne für den oberen Raum.

Die Höhe dieser Strecken beträgt 2—3 m, ihre Breite nicht unter 1,2—1,4 m; die letztere muſs so bemessen werden, daſs bei Aufführung der Stoſsmauern, die Arbeiter noch zwischen diesen und den inneren Streckenstöſsen bequem Platz haben.

Während des Ausmauerns werden die Gesteinsschweben *4 a*, *4 b* zwischen dem oberen und unteren Streckenpaare meterweise weggespitzt, so daſs die Stöſse bis an die Widerlager heran in einem Stücke vermauert werden können.

Noch während des Vortriebes der Streckenpaare *1* und *2* oder erst während der Ausmauerungsarbeiten wird schlieſslich auch die Firstenstrecke *3* aufgefahren. Nun kann also auch in den Räumen *2 a*, *2 b* und *3* das Firstengewölbe eingebracht werden. Je nach der Gröſse des vorhandenen Gebirgsdruckes und der Gesamtbreite des Raumes wird man die Strecke *3* gleich in ihrer ganzen Länge auffahren und den Raum erst nachher überwölben, die Auswölbung der Auffahrung auf dem Fuſse folgen lassen oder beide Arbeiten absatzweise vornehmen.

Fig. 347. Verzimmerung der Umfangsstrecken beim Kernbau.

Nachdem die Ausmauerungsarbeiten beendet sind, wird der Kern *5* entfernt. Meistens wird dies schon mit Keilhauen und Brechstangen gelingen. Muſs doch einmal geschossen werden, dann verfüllt man den Raum zwischen ihm und dem Mauerwerke mit Sand oder Bergen oder bedeckt die im Bereiche der Sprengschüsse liegenden Mauerflächen mit Bohlen, Halbholz oder Rundholz.

Von Bedeutung ist der sachgemäſse verlorene Ausbau der einzelnen Strecken. In den seitlichen Umfassungsstrecken genügen zumeist halbe Türstöcke, d. h. Kappen mit einem Endstempel auf der Kernseite (Fig. 347). Die Verbindung zwischen beiden muſs auf Firsten- und Stoſsdruck berechnet sein; es ist also deutsches Holz zu stellen. Firste und Kernseite sind gut mit Bohlen zu verziehen.

Wo der Raum beschränkt ist, und wo man wegen hohen Druckes die Umfangsstrecken eng halten muſs, empfiehlt sich als Streckenquerschnitt die Trapezform mit nach oben gerichteter gröſserer Grundlinie (Fig. 348). Auch in diesem Falle werden halbe Türstöcke gestellt. Werden zu ihrer Verstärkung Unterzüge *a* eingebaut, dann ist eine Verspeerung der Kappen überflüssig. Die unter die Längskappen geschlagenen Stempel *b* kommen in die Felder zwischen den Türstock-

Fig. 348. Verzimmerung der Umfangsstrecken beim Kernbau.

beinen *c* zu stehen, weil auf diese Weise die Streckenbreite nicht verringert wird. Die Verstärkung durch Unterzüge ist im unteren Strecken-

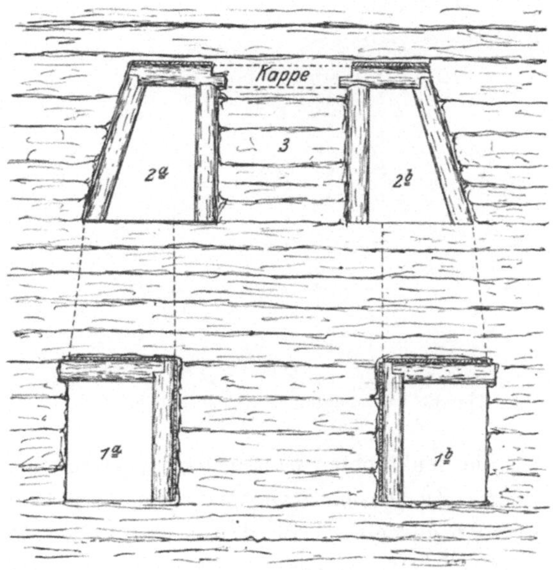

Fig. 349. Kernbau.

paare unbedingt erforderlich, wenn die oberen Umfangsstrecken unmittelbar auf den unteren aufstehen.

Die Kappen der Sohlenstrecken werden, wenn sie keine Endstempel erhalten, an beiden Enden eingebühnt. In den Firstenstrecken stehen die Stempel mit geschartem Fuſse auf diesen Kappen und werden durch Spreizen gesichert. Die Kappen der in der Firste gelegenen Umfassungsstrecken werden ebenfalls an beiden Enden eingebühnt. An dem Innenende, welches dem Kerne zugewendet ist, erhalten sie Blattungen, die zunächst in den Bühnlöchern liegen. Diese Blattungen dienen als Auflage für die Kappen, welche bei der nun folgenden Ausweitung der mittleren Firstenstrecke *3* (Fig. 349) zwischen den beiden Umfassungsstrecken *2 a* und *2 b* eingebaut werden. Zur ferneren Sicherung der Kappen von Firstenstrecke *3* auf den Blattungen der Nachbarkappen dienen Klammern, umgelegte Eisenbänder und dergleichen.

D. Der vereinigte Kern- und Scheibenbau.

Eine Vereinigung von Kernbau und Scheibenbau wird dadurch erzielt, daſs man den Raum für das Firstengewölbe als Scheibe *a* her-

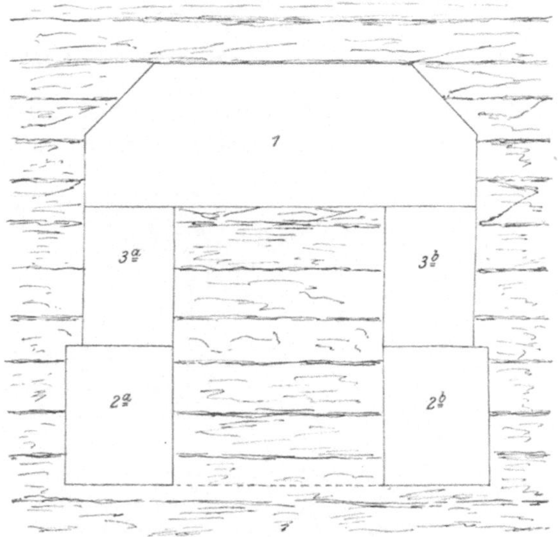

Fig 350. Vereinigter Kern- und Scheibenbau.

stellt (Fig. 350), die senkrechten Stoſsmauern aber nach dem Kernbauverfahren aufführt. Zu diesem Zwecke werden zwei parallele Sohlenstrecken *2 a* und *2 b* getrieben; von da aus wird in dem Mittelstück *3 a* und *3 b* bis zur obersten Scheibe absatzweise hochgebrochen und gemauert.

Man kann entweder mit der Inangriffnahme der Firstenscheibe oder mit dem Vortriebe der Sohlenstrecken beginnen.

Der vereinigte Kern- und Scheibenbau ist besonders im schiefrigen Gebirge am Platze, während man im Sandstein auch bei streichender Längsachse des Raumes den einfachen Kernbau anwenden kann.

Zweites Kapitel. Das Arbeiten im losen bezw. schwimmenden Gebirge.

Im stark druckhaften Gebirge, welches in vielen Fällen gar keinen inneren Zusammenhang mehr besitzt, vielfach sogar schwimmend ist, wendet man den Kernbau an.

Man beginnt die Arbeit mit dem Vortriebe der beiden Sohlenstrecken *1 a* und *1 b* (Fig. 351); zugleich wird in der Firste die Mittel-

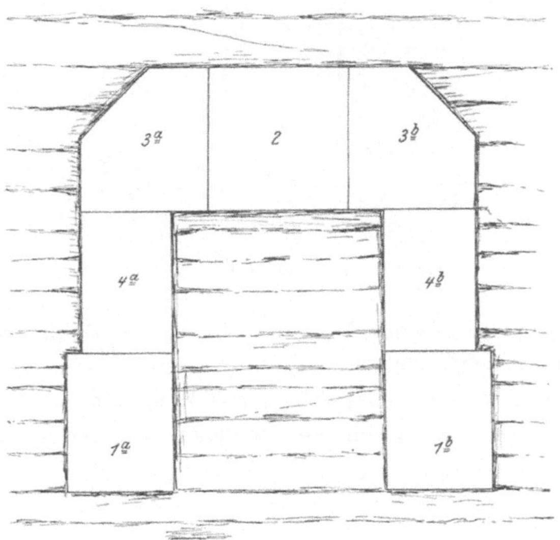

Fig. 351. Kernbau im losen Gebirge.

strecke *2* angelegt. Von dieser aus werden nach rechts und links hin die Räume *3 a* und *3 b* ausgeweitet, so dafs man zur Gewölbemauerung übergehen kann. Auch diese Arbeit wird am besten absatzweise ausgeführt. Zuletzt wird von *1 a* und *1 b* aus stückweise in den Feldern *4 a* und *4 b* hochgebrochen und gleichzeitig die Mauerung nachgeführt.

Am zweckmäfsigsten ist es, im schwachen Gebirge schmale, aber lange Maschinenstuben auszuarbeiten. Solche Räume werden ohne Kern von zwei übereinanderliegenden Mittelstrecken aus in Angriff genommen. Die untere Strecke *1* (Fig. 352) ist weiter vor als Strecke *2*. Die Stempel *a* stehen auf Quergrundsohlen *b*; die Kappen *c* haben auf beiden Enden Blattung. Auf diesen Kappen ist eine dichte Bretterverschalung *d* als Wetterscheider verlegt. Die Unterstrecke dient zur Förderung und Wasserableitung. Beim Ausweiten der Räume *3 a* und *3 b* werden die Kappen der Unterstrecke verlängert. Auf diese Ver-

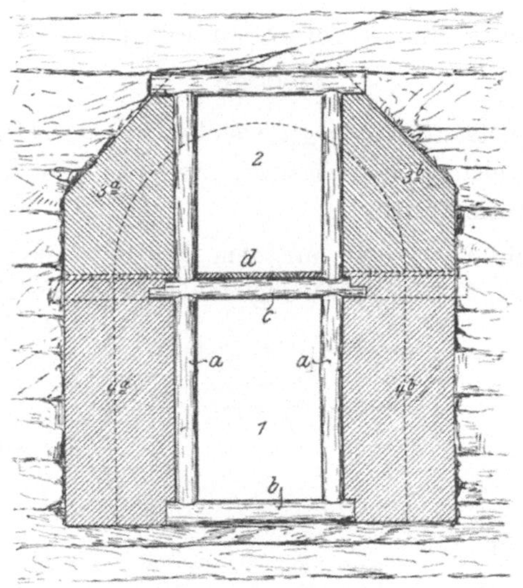

Fig. 352. Kernbau im losen Gebirge.

längerungen (Quergrundsohlen) kommt ein starker Bohlenbelag zur Verlagerung des Firstengewölbes.

Darauf wird von Sohlenstrecke *1* aus Raum *4 a* und *4 b* ausgeweitet und das Firstengewölbe durch die Stoſsmauern unterfangen.

Sachregister.

(Die Zahlen geben die Seiten an.)

Pierersche Hofbuchdruckerei Stephan Geibel & Co.
in Altenburg.